通信原理实验教程

主　编：李世宝
副主编：卢晓轩　杨　会　李海燕　赵　瑞

U0209419

電子工業出版社·
Publishing House of Electronics Industry
北京·**BEIJING**

内 容 简 介

本书以提升学生通信原理理论素养及实践能力为目标，着重培养学生对通信系统的分析能力和设计能力。本书有 3 个模块（理实交互实验、虚实结合实验、探究性实验），理实交互实验（模块 1）以理论为统领，选配合适的实验环节，在理实交互中达到更好地理解理论的目的；虚实结合实验（模块 2）是按照"实验过程三步走，实验结果三对照"的原则组织实验的，有效发挥虚拟仿真实验平台及硬件实验平台各自的优势；探究性实验（模块 3）基于探究性项目思想，安排学生自主选择实验课题、自主设计实验方案、自主完成实验过程、自主分析数据并得到结论。全书内容深入浅出、简明扼要、实用性强。

本书既可作为学生及教师的参考书，又可作为实验指导书。

图书在版编目（CIP）数据

通信原理实验教程 / 李世宝主编. -- 北京 ：电子
工业出版社，2024. 8. -- ISBN 978-7-121-48644-9

Ⅰ. TN911-33

中国国家版本馆 CIP 数据核字第 2024YD9074 号

责任编辑：杜 军

印　　刷：三河市君旺印务有限公司
装　　订：三河市君旺印务有限公司
出版发行：电子工业出版社
　　　　　北京市海淀区万寿路 173 信箱　邮编：100036
开　　本：787×1 092　1/16　印张：17.5　字数：506 千字
版　　次：2024 年 8 月第 1 版
印　　次：2024 年 8 月第 1 次印刷
定　　价：59.00 元

凡所购买电子工业出版社图书有缺损问题，请向购买书店调换。若书店售缺，请与本社发行部联系，联系及邮购电话：（010）88254888，88258888。

质量投诉请发邮件至 zlts@phei.com.cn，盗版侵权举报请发邮件至 dbqq@phei.com.cn。

本书咨询联系方式：dujun@phei.com.cn。

前　言

"通信原理"是通信工程、电子工程等专业的必修课程，也是通信专业方向的核心课程。该课程内容的特点是抽象、理论性强，许多知识点教师难以表述、学生难以理解。编者根据十几年的教学经验，梳理出"通信原理"课程经典的教学难点，结合 Simulink 建模仿真环境或虚拟仿真实验平台，本着理实交互的思路编写了了本书。

本书是由多所高校一线教师和企业专家联合编写的理实一体、虚实结合、数智赋能、校企共建的产教融合教材，弥补了传统实验教材"重实践、轻理论"的不足。模块 1 为理实交互实验，各个知识点均结合仿真实验进行讲解，在理论与实践交互中加强对知识点的理解。模块 2 为虚实结合实验，实验组织模式能有效发挥理论描述、虚拟仿真实验平台、硬件实验平台的优势，有效提升理论学习效果和实践动手能力。模块 3 为探究性实验，要求学生独立自主提出问题、做出假设、设计解决方案并得出相关结论，能够有效培养学生的创新性思维及解决复杂问题的能力。

本书由中国石油大学（华东）海洋与空间信息学院李世宝教授任主编，中国石油大学（华东）海洋与空间信息学院卢晓轩、宿迁学院信息工程学院杨会、山东大学信息科学与工程学院李海燕、南京润众科技有限公司赵瑞任副主编。李世宝、卢晓轩共同完成了理实交互实验和探究性实验的编写，李海燕和杨会共同完成了虚实结合实验的编写，赵瑞参与了理实交互实验、虚实结合实验的编写。

由于编者水平有限，书中难免有疏漏和不妥之处，恳请广大读者批评指正。

编　者

目　　录

模块 1　理实交互实验

绪论

本模块的各个实验均以理论为统领，选配合适的实验环节，在理实交互中，达到更好地理解理论的目的。具体来说，就是在整体的知识架构中摘取难以理解的知识点，结合仿真实验，对其进行结果复现，即理论学习+亲自动手，在理论与实践中加强对知识点的理解。该实验理念能够将理论与实验有机结合起来，经中国石油大学（华东）通信工程本科教学实践检验，对学生理论理解水平及工程实践能力的提升均有显著效果。

1.1　码元再生消除噪声积累

1.1.1　难点描述

在中继过程中，数字信号的状态数有限，可以通过抽样判决"猜出"发送的码元，这是因为数字信号具有离散的状态，接收端可以通过抽样和决策的方式，将收到的信号映射到最接近的已知码元上。而在模拟信号中，状态数是无限的，不存在类似数字信号的离散码元，这意味着在模拟信号的传输和中继过程中，无法通过简单的抽样判决来确定发送的信号。两种信号中继时对噪声的处理，初学者难以直观想象，本节结合 Simulink 仿真实验，深入分析不同中继方式对消除噪声积累的影响。

1.1.2　理论说明

本节以 Simulink 仿真实验作为支撑。

仿真 1（数字信号仿真实验）是一路数字信号先通过加噪、滤波、衰减后进行中继来消除噪声；然后再次进行加噪、滤波、衰减，并再次进行中继，观察噪声积累情况。仿真 2（模拟信号仿真实验）是一路模拟信号先通过加噪、滤波、衰减后进行中继来消除噪声；然后再次进行加噪、滤波、衰减，并再次进行中继，观察噪声积累情况。

1. 数字信号仿真实验

数字信号仿真实验思路如图 1-1-1 所示。

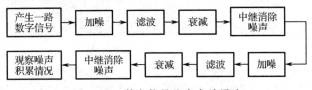

图 1-1-1　数字信号仿真实验思路

图 1-1-2 所示为由随机序列发生器产生的单极性不归零波形。

该波形经过信道传输，经加噪、滤波、衰减后的波形如图 1-1-3 所示。

对如图 1-1-3 所示的波形进行抽样判决，得到如图 1-1-4 所示的波形。从图 1-1-4 中可以看出，数字信号经过信道传输后，通过抽样判决仍然可以恢复出原始码元。

对该数字信号再次进行加噪、滤波、衰减，并进行中继，对比两次信道输出的码元波形，观察噪声积累情况。由图 1-1-5 可以看出，数字信号在传输和中继过程中，可以通过抽样判决来恢复原始码元，消除噪声积累。

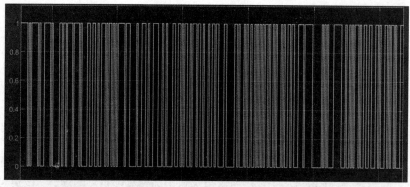

图 1-1-2 由随机序列发生器产生的单极性不归零波形

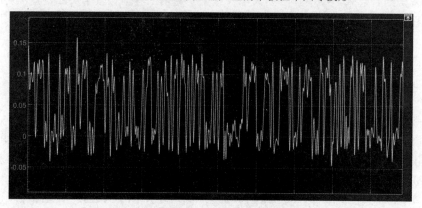

图 1-1-3 经加噪、滤波、衰减后的波形

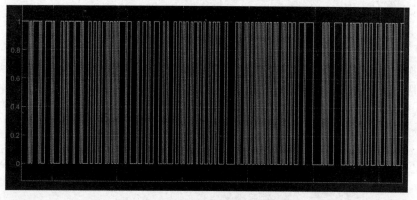

图 1-1-4 进行抽样判决后的波形

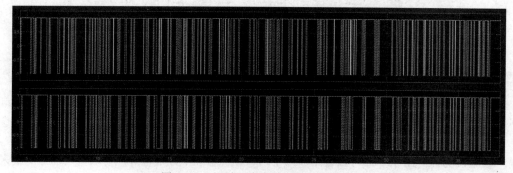

图 1-1-5 经过两次中继后的波形对比

2. 模拟信号仿真实验

模拟信号仿真实验思路与数字信号仿真实验思路一致。图 1-1-6 所示为用均匀分布随机信号模块产生的一路模拟信号。

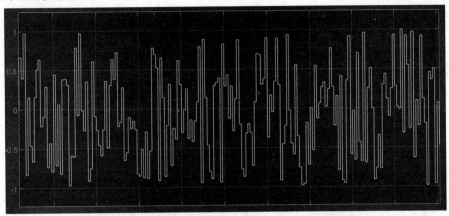

图 1-1-6　用均匀分布随机信号模块产生的一路模拟信号

上述信号经信道传输和加噪、滤波、衰减后，得到如图 1-1-7 所示的波形。

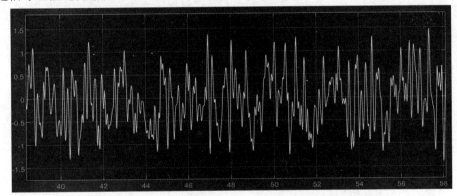

图 1-1-7　经信道传输和加噪、滤波、衰减后的波形

而模拟信号的状态数是无限的，不能像数字信号那样通过抽样判决进行信号再生来消除噪声积累，中继时只能把信号和噪声一起放大，送入下一级信道。在下一级信道中，又经过一轮加噪、滤波、衰减，中继时还是只能直接对信号和噪声进行放大，导致噪声逐级积累。

1.1.3　亲自动手，观察并体会码元再生消除噪声积累的过程

1. 观察数字信号传输过程

（1）打开 MATLAB 软件的 Simulink，搭建如图 1-1-8 所示的仿真实验框图。

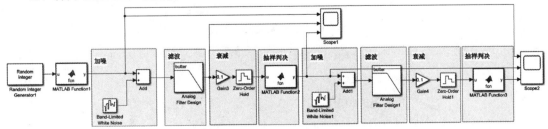

图 1-1-8　数字信号传输仿真实验框图

在实验系统中，随机序列发生器 1（Random Integer Generator1）的作用是产生单极性不归零波形，嵌入式函数 1（MATLAB Function1）的作用是将随机序列发生器 1 产生的单极性不归零波形调整为双极性不归零波形，带限白噪声（Band-Limited White Noise）模块用来给数字信号叠加噪声，低通滤波器（Analog Filter Design）用来模拟信道的滤波特性，零阶保持器（Zero-Order Hold）结合嵌入式函数 2 和 3（MATLAB Function2/3）的作用是对码元进行抽样判决，Scope1 用来观察第一次信道传输前后数字码元的变化情况，Scope2 用来观察两次中继前后码元波形的变化情况。各模块的参数设置如图 1-1-9～图 1-1-15 所示。

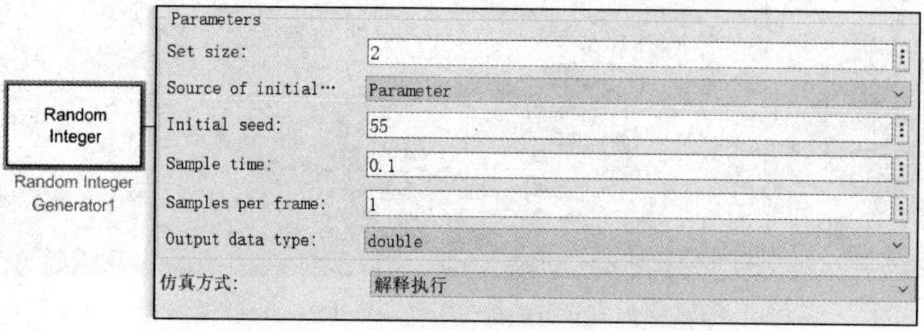

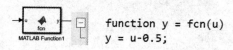

图 1-1-9　随机序列发生器 1 参数设置

由图 1-1-9 可见，Sample time=0.1s，说明码元速率为 10Bd；Set size=2，说明是二进制信号。

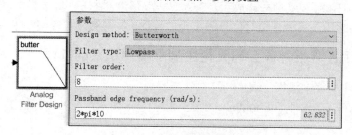

图 1-1-10　嵌入式函数 1 参数设置

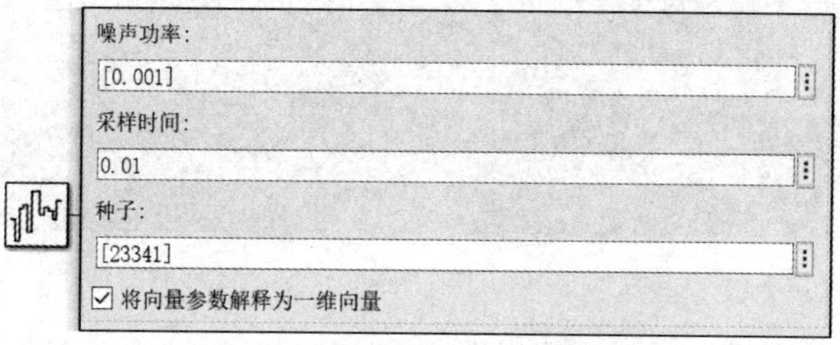

图 1-1-11　带限白噪声参数设置

图 1-1-12　低通滤波器参数设置

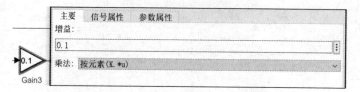

图 1-1-13　信道增益（Gain3）参数设置

图 1-1-14　零阶保持器参数设置

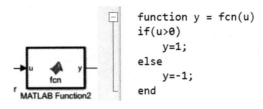

图 1-1-15　嵌入式函数 2 参数设置

将采样时间设为 0.2s，对信道传输后的信号进行抽样判决，大于 0 判为 1，小于 0 判为-1。

（2）将运行时间设为 1000s，通过 Scope1 观察第一次信道传输前后数字码元的变化情况，通过 Scope2 观察两次中继前后码元波形的变化情况。

2．观察模拟信号传输过程

（1）打开 MATLAB 软件的 Simulink，搭建如图 1-1-16 所示的仿真实验框图。

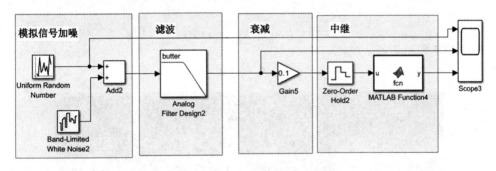

图 1-1-16　模拟信号传输仿真实验框图

在实验系统中，均匀分布随机信号（Uniform Random Number）模块的作用是产生随机序列的模拟信号，带限白噪声 2（Band-Limited White Noise2）模块用来给模拟信号叠加噪声，低通滤波器 2（Analog Filter Design2）用来模拟信道的滤波特性，零阶保持器 2（Zero-Order Hold2）结合嵌入式函数 4（MATLAB Function4）的作用是对信号进行抽样判决，Scope3 用来观察信道传输前后信号的变化情况。均匀分布随机信号模块参数设置如图 1-1-17 所示。

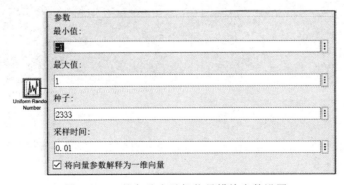

图 1-1-17　均匀分布随机信号模块参数设置

其余模块设置同数字信号。

（2）设置运行时间为 1000s，通过 Scope3 观察信道传输前后信号的变化情况。

1.2 高斯白噪声

1.2.1 难点描述

高斯白噪声常作为通信系统中的噪声模型，对于"高斯""白"两种特性的理解是学习高斯白噪声的重点和难点。"高斯"的含义是噪声的瞬时值服从正态分布，"白"的含义是噪声的功率谱密度在通带范围内是一个常数。本节结合 Simulink 仿真实验，通过直观展示高斯白噪声的特点来加强对高斯白噪声概念的理解。

1.2.2 理论说明

本节以 Simulink 仿真实验作为支撑。

1. 理解"白"的含义

白噪声 $n(t)$ 为功率谱密度在所有频率上均为常数的噪声，即

$$P_n(f) = \frac{n_0}{2}(-\infty < f < +\infty)（双边功率谱密度）\qquad(1\text{-}2\text{-}1)$$

或

$$P_n(f) = n_0(0 < f < +\infty)（单边功率谱密度）\qquad(1\text{-}2\text{-}2)$$

式中，n_0 为正常数，单位为 W/Hz。

图 1-2-1 所示为带限白噪声模块产生的高斯白噪声。

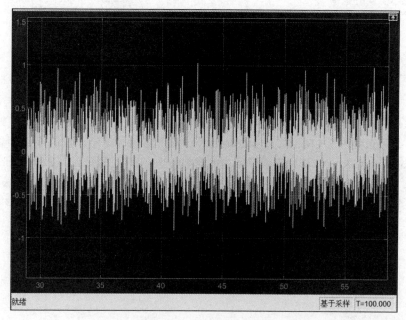

图 1-2-1　带限白噪声模块产生的高斯白噪声

使用频谱分析仪（Spectrum Analyzer）分析该噪声的功率谱密度，如图 1-2-2 所示。高斯白噪声的功率谱密度是一条直线。

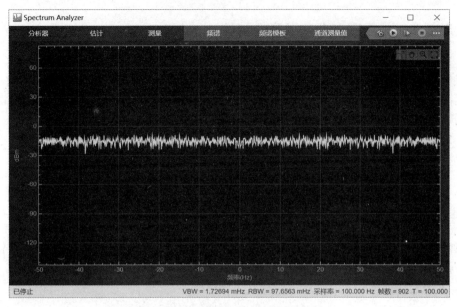

图 1-2-2　高斯白噪声的功率谱密度

2. 理解"高斯"的含义

所谓高斯过程，就是指其在任一时刻的取值都是一个正态分布的随机变量，也称高斯随机变量，其一维概率密度函数为

$$f(x) = \frac{1}{\sqrt{2\pi}\sigma} \exp\left[-\frac{(x-a)^2}{2\sigma^2}\right] \quad （1\text{-}2\text{-}3）$$

式中，a 为均值；σ^2 为方差。

正态分布函数曲线如图 1-2-3 所示。

在 Simulink 仿真实验中，通过计算噪声信号的概率密度函数来绘制其概率密度函数曲线，如

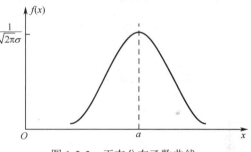

图 1-2-3　正态分布函数曲线

图 1-2-4 所示。可见，其概率密度函数曲线服从正态分布，即在时域上服从"高斯"特性。

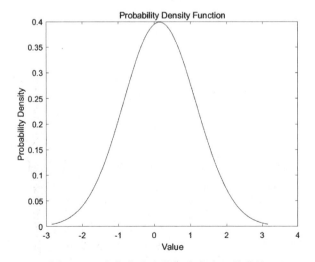

图 1-2-4　高斯白噪声的概率密度函数曲线

1.2.3 亲自动手，观察高斯白噪声的特性

（1）打开 MATLAB 软件的 Simulink，搭建如图 1-2-5 所示的仿真实验框图。

在实验系统中，Band-Limited White Noise 的作用是产生高斯白噪声，Spectrum Analyzer 的作用是观察高斯白噪声的频谱，Scope 的作用是观察高斯白噪声的时域波形，MATLAB Function 的作用是通过嵌入式函数来绘制高斯白噪声的概率密度函数曲线。Band-Limited White Noise 参数设置如图 1-2-6 所示。

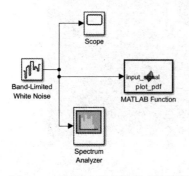

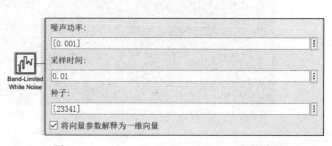

图 1-2-5　高斯白噪声仿真实验框图　　　　图 1-2-6　Band-Limited White Noise 参数设置

MATLAB Function 代码如下：

```
function plot_pdf(input_signal)
% 输入信号
x = input_signal;
% 计算概率密度函数
[pdf, x_out] = ksdensity(x);
% 绘制概率密度函数曲线
plot(x_out, pdf);
% 添加标题和标签
title('Probability Density Function');
xlabel('Value');
ylabel('Probability Density');
end
```

（2）将运行时间设为 1000s，嵌入式函数（MATLAB Function）会自动绘制高斯白噪声的概率密度函数曲线；打开频谱分析仪，观察高斯白噪声的频谱；理解高斯白噪声的特性。

1.3　幅频失真和相频失真

1.3.1　难点描述

幅频失真和相频失真均会导致信号畸变，然而，初学者很难直观、形象地理解信号畸变的过程，本节借助仿真实验来直观体验幅频失真、相频失真导致的信号畸变。

1.3.2　理论说明

1. 信道无失真传输的条件

信道无失真传输的条件为

$$H(\omega) = Ke^{-\omega t_{\mathrm{d}}} \tag{1-3-1}$$

从而，幅频特性［见图 1-3-1（a）］为

$$|H(\omega)| = K \tag{1-3-2}$$

相频特性［见图 1-3-1（b）］为

$$\varphi(\omega) = \omega t_{\mathrm{d}} \tag{1-3-3}$$

群迟延特性［见图 1-3-1（c）］为

$$\tau(\omega) = t_{\mathrm{d}} \tag{1-3-4}$$

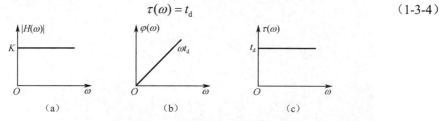

图 1-3-1　幅频特性、相频特性、群迟延特性

　　由无失真传输的幅频特性可知，信号在通过信道传输时，其每个频率分量的衰减是相同的；由无失真传输的群迟延特性可知，每个频率分量的延迟时间是相同的。也就是说，信号的各个频率分量整体衰减且整体延迟，信号不畸变。

　　2. 幅频失真

　　如果信号的各个频率分量的衰减不同，则会造成信号畸变，属于幅频失真。设发送的测试信号的时域波形如图 1-3-2 所示，该信号的功率谱如图 1-3-3 所示。由图 1-3-3 可知，该信号由 10Hz、30Hz、50Hz 这 3 个频率分量组成。设置传输过程中 3 个频率分量的衰减系数分别为 0.2、0.8、0.5，接收信号波形如图 1-3-4 所示。

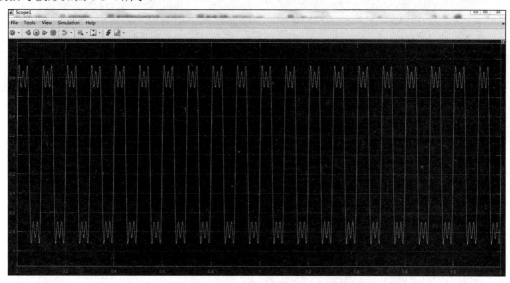

图 1-3-2　发送的测试信号的时域波形

　　对比图 1-3-2 和图 1-3-4 可知，各个频率分量的衰减不同会造成信号畸变。

　　3. 相频失真

　　信号的各个频率分量的延迟时间不同也会造成信号畸变，这属于相频失真。设发送的测试信号的时域波形如图 1-3-2 所示，设置传输过程中 3 个频率分量的延迟时间分别为 0.13s、0.05s、0.23s，接收信号波形如图 1-3-5 所示。

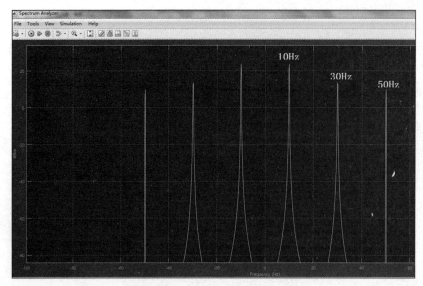

图 1-3-3　发送的测试信号的功率谱

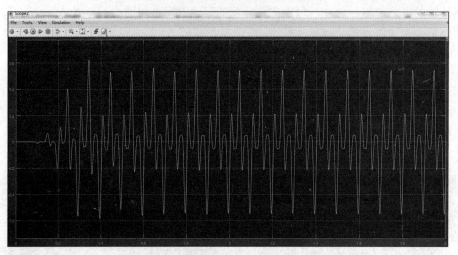

图 1-3-4　接收信号波形（幅频失真）

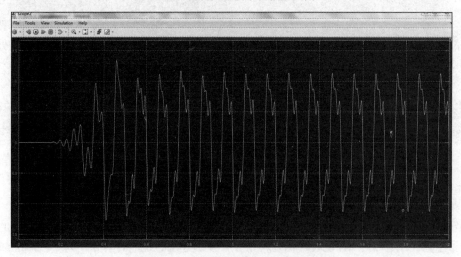

图 1-3-5　接收信号波形（相频失真）

对比图 1-3-2 和图 1-3-5 可知，各频率分量的延迟时间不同也会造成信号畸变。

1.3.3 亲自动手，体会信号失真

1. 观察幅频失真

（1）打开 MATLAB 软件的 Simulink，搭建如图 1-3-6 所示的仿真实验框图。

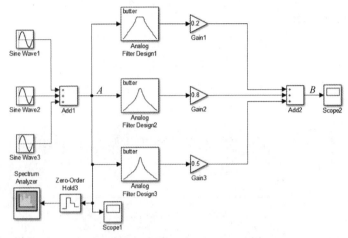

图 1-3-6 观察幅频失真仿真实验框图

在实验系统中，3 个正弦波发生器（Sine Wave1～Sine Wave3）的作用是产生 3 路单频正弦波（频率分别为 10Hz、30Hz、50Hz）；Add1 的作用是将 3 路单频正弦波相加，得到发送信号波形（A 点波形）；3 个带通滤波器（Analog Filter Design1～Analog Filter Design3）的作用是将 3 个频率分量分路；Gain1～Gain3 的作用是分别设置 3 个频率分量的衰减系数（分别设置为 0.2、0.8、0.5）；Add2 的作用是将衰减后的 3 路信号相加，得到接收信号（B 点信号）；频谱分析仪（Spectrum Analyzer）的作用是观察 A 点信号的频谱；Scope1 的作用是观察 A 点信号的时域波形；Scope2 的作用是观察 B 点信号的时域波形。各模块参数设置如图 1-3-7～图 1-3-9 所示。

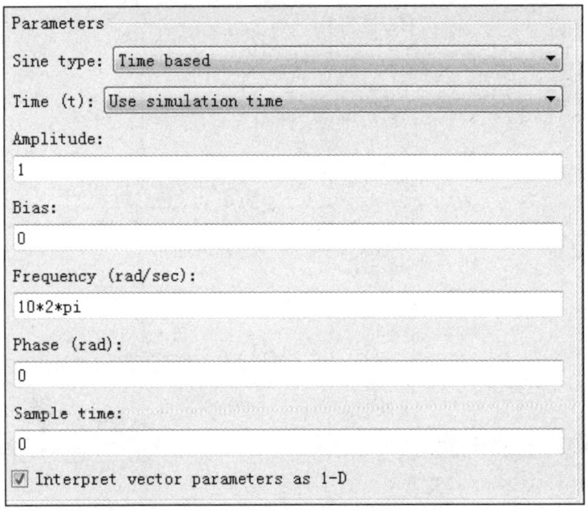

```
Parameters
Sine type:  Time based                          ▼
Time (t):   Use simulation time                 ▼
Amplitude:
1
Bias:
0
Frequency (rad/sec):
10*2*pi
Phase (rad):
0
Sample time:
0
☑ Interpret vector parameters as 1-D
```

图 1-3-7 Sine Wave1 参数设置

Sine Wave2 的参数："Amplitude"为"1/3"，"Frequency（rad/sec）"为"30*2*pi"。Sine Wave3 的参数："Amplitude"为"1/5"，"Frequency（rad/sec）"为"50*2*pi"。

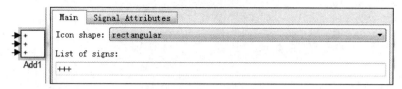

图 1-3-8 Add1 参数设置

Add2 的参数设置同 Add1。

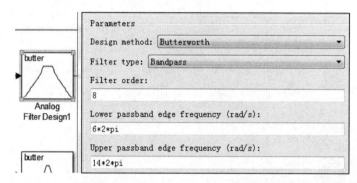

图 1-3-9 Analog Filter Design1 参数设置

Analog Filter Design2 的参数："Lower passband edge frequency（rad/s）"为"26*2*pi"，"Upper passband edge frequency（rad/s）"为"34*2*pi"。Analog Filter Design3 的参数："Lower passband edge frequency（rad/s）"为"46*2*pi"，"Upper passband edge frequency（rad/s）"为"54*2*pi"。

Gain1～Gain3 的参数分别设置为 0.2、0.8、0.5。

Zero-Order Hold3 的参数设置为 0.005。

（2）将运行时间设为 2s，运行系统，观察 Scope1 和 Scope2 显示的波形，体会幅频失真；将运行时间设为 20s，运行系统，打开频谱分析仪，观察波形的频谱分量。

2. 观察相频失真

（1）打开 MATLAB 软件的 Simulink，搭建如图 1-3-10 所示的仿真实验框图。

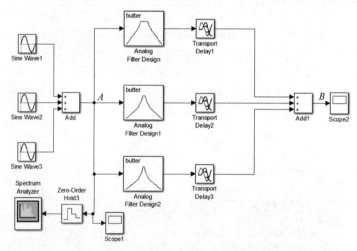

图 1-3-10 观察相频失真仿真实验框图

在实验系统中，3 个延迟器（Transport Delay1～Transport Delay3）的作用是设置 3 个频率分量的延迟时间（分别设置为 0.13s、0.05s、0.23s），其他模块的功能和设置同幅频失真。

（2）将运行时间设为 2s，运行系统，观察 Scope1 和 Scope2 显示的波形，体会相频失真；将运行时间设为 20s，运行系统，打开频谱分析仪，观察波形的频谱分量。

1.4　频率选择性衰落

1.4.1　难点描述

多径传播会造成频率选择性衰落，初学者对频率选择性衰落的成因、特点及其对传输信号的影响难以理解，本节结合 Simulink 仿真实验，深入探讨频率选择性衰落。

1.4.2　理论说明

频率选择性衰落是由多径时延差造成的，为探讨多径时延差对信道幅频特性的影响，假设多径传播的路径只有两条，信道模型如图 1-4-1 所示。

其中，k 为两条路径的衰减系数，$\Delta\tau(t)$ 为两条路径信号传输的相对时延差（两径时延差）。

当信道输入信号为 $s_i(t)$ 时，输出信号为

$$s_o(t) = ks_i(t) + ks_i[t - \Delta\tau(t)] \tag{1-4-1}$$

$$s_o(\omega) = ks_i(\omega) + ks_i(\omega)e^{-j\omega\Delta\tau(t)} \tag{1-4-2}$$

$$H(\omega) = \frac{s_o(\omega)}{s_i(\omega)} = k[1 + e^{-j\omega\Delta\tau(t)}] \tag{1-4-3}$$

信道幅频特性为

$$\begin{aligned} |H(\omega)| &= \left| k[1 + e^{-j\omega\Delta\tau(t)}] \right| = k\left| 1 + \cos\omega\Delta\tau(t) - j\sin\omega\Delta\tau(t) \right| \\ &= 2k\left| \cos\frac{\omega\Delta\tau(t)}{2} \right|\left| \cos\frac{\omega\Delta\tau(t)}{2} - j\sin\frac{\omega\Delta\tau(t)}{2} \right| \\ &= 2k\left| \cos\frac{\omega\Delta\tau(t)}{2} \right| \end{aligned} \tag{1-4-4}$$

表示对于信号的不同频率分量，信道将有不同的衰减。显然，信号在通过具有这种传输特性的信道时，信号的不同频率分量的衰减不同，有的频点衰减较小，传输效果好，是传输极点；有的频点衰减较大甚至衰减为零，是传输零点。信道幅频特性如图 1-4-2 所示。

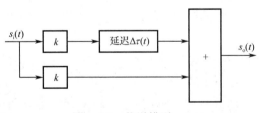

图 1-4-1　信道模型

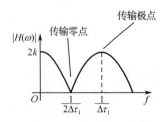

图 1-4-2　信道幅频特性

设两径时延差 $\Delta\tau$=0.1s，代入式（1-4-4）进行计算。

（1）令 $H(\omega)$=0，得到传输零点为 5Hz、15Hz、25Hz、35Hz、45Hz……

（2）令 $H(\omega)$=1，得到传输极点为 10Hz、20Hz、30Hz、40Hz、50Hz……

为直观展示频率选择性衰落特性，设发送扫频信号。扫频信号随着时间的推移，频率线性升高，时间点和频点一一对应，因此，可以通过时域波形的衰减情况看出频域波形的衰减情况。图 1-4-3 所示为发送的扫频信号（时域波形），信号频率从 0 秒的 0Hz 线性升高到 2 秒的 200Hz。

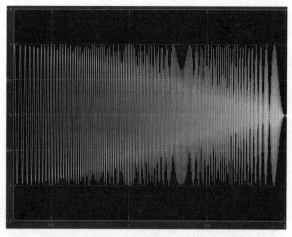

图 1-4-3　发送的扫频信号（时域波形）

该信号经过上述两径信道传输后，接收信号（时域波形）如图 1-4-4 所示。

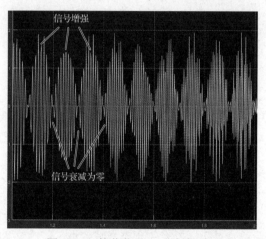

图 1-4-4　接收信号（时域波形）

由图 1-4-4 可知，某些时间点（频点）信号增强，表现为传输极点；某些时间点（频点）信号衰减为零，表现为传输零点。画出接收信号的功率谱，就更能看出传输零点和传输极点，如图 1-4-5 所示。

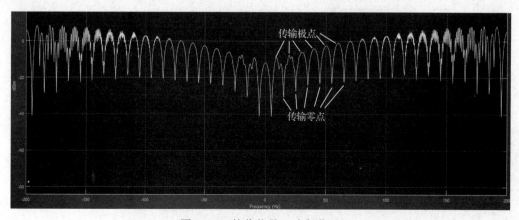

图 1-4-5　接收信号（功率谱）

由图 1-4-5 可知，传输极点和传输零点与计算结果一致。

为探究传输零点的成因，将图 1-4-3 中的扫频信号去掉，更换为 5Hz 的单频正弦波，发送波形如图 1-4-6 的上半部分所示，接收波形如图 1-4-6 的下半部分所示。

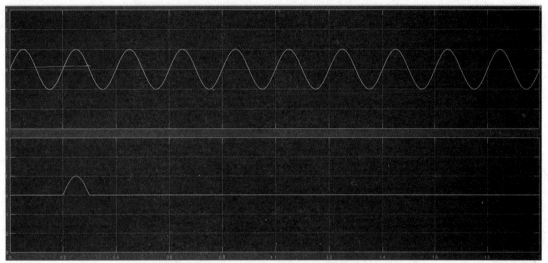

图 1-4-6　5Hz 单频正弦波的发送和接收波形

由图 1-4-6 可知，该信号遭遇传输零点，衰减为零，5Hz 信号的周期为 0.2s，两径时延差为 0.1s，因此，信道两支路输出信号反相，相互抵消，这是传输零点的成因。

为探究传输极点的成因，将单频正弦波信源频率设置为 10Hz，发送波形如图 1-4-7 的上半部分所示，接收波形如图 1-4-7 的下半部分所示。

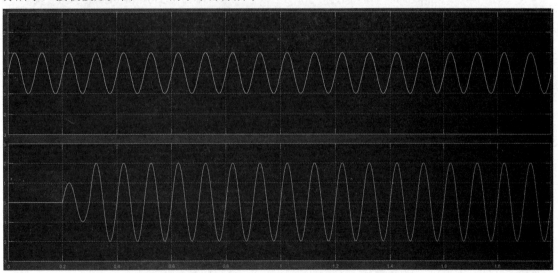

图 1-4-7　10Hz 单频正弦波的发送和接收波形

由图 1-4-7 可知，该信号得到了增强，10Hz 信号的周期为 0.1s，两径时延差为 0.1s，因此，信道两支路输出信号同相，相互增强，这是传输极点的成因。

1.4.3　亲自动手，体会实验过程

（1）打开 MATLAB 软件的 Simulink，搭建如图 1-4-8 所示的仿真实验框图。

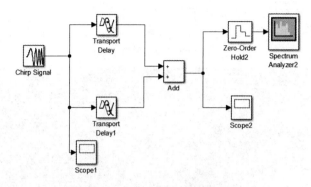

图 1-4-8　多径传播仿真实验框图

在实验系统中，Chirp Signal（扫频信号发生器）的作用是产生扫频信号，其参数设置如图 1-4-9 所示。

两个延迟器的参数分别为 0.2 和 0.3，即两径时延差为 0.1s。

Zero-Order Hold2 的作用是规定频谱分析仪的显示频段，其参数设置如图 1-4-10 所示。

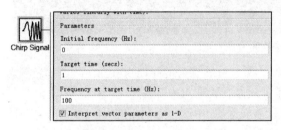

图 1-4-9　Chirp Signal 参数设置

图 1-4-10　Zero-Order Hold2 参数设置

图 1-4-10 中的 0.0025 限制频谱分析仪的显示频段为 400Hz（−200～200Hz）。

Scope1 用来观察发送信号，Scope2 用来观察接收信号，Spectrum Analyzer2 用来观察接收信号的功率谱。

（2）将运行时间设为 2s，运行系统，观察 Scope1 和 Scope2 显示的波形，分析频率选择性衰落（观察 0～2s 的波形）；将运行时间设为 20s，运行系统，打开频谱分析仪，显示传输零点和传输极点。

（3）将图 1-4-8 中的扫频信号发生器更换成正弦信号发生器，其参数设置如图 1-4-11 所示，运行系统，观察 Scope1 和 Scope2 显示的波形，分析传输零点的成因。

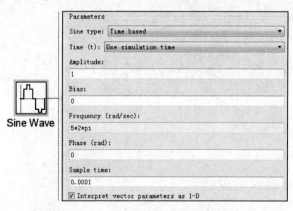

图 1-4-11　正弦信号发生器参数设置

（4）将正弦信号发生器中的"Frequency（rad/sec）"设置为"10*2*pi"，运行系统，观察 Scope1 和 Scope2 显示的波形，分析传输极点的成因。

1.5　DSB 调制过程中的频谱变换

1.5.1　难点描述

调制把基带信号的频谱搬到载频位置，该过程需要结合时域、频域表达式进行变换，并结合图形进行分析，导致部分初学者理解不充分。本节结合虚拟仿真实验，对 DSB 调制过程中的频谱搬移进行深入剖析。

1.5.2　理论说明

DSB 调制器模型如图 1-5-1 所示。其中，$m(t)$是基带信号，$\cos\omega_c t$ 是单频载波信号，$s_m(t)$为 DSB 已调信号。

1. DSB 调制过程时域分析

DSB 已调信号的表达式为

$$s_m(t) = m(t)\cos\omega_c t \tag{1-5-1}$$

基带信号 $m(t)$的时域波形如图 1-5-2 所示。

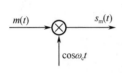

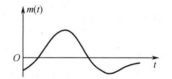

图 1-5-1　DSB 调制器模型　　　　图 1-5-2　基带信号 $m(t)$的时域波形

单频载波信号 $\cos\omega_c t$ 的时域波形如图 1-5-3 所示。

基带信号 $m(t)$与单频载波信号 $\cos\omega_c t$ 相乘后，得到 DSB 已调信号 $s_m(t)$。$s_m(t)$的时域波形如图 1-5-4 所示。

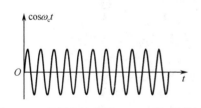

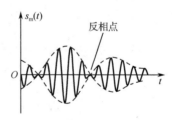

图 1-5-3　单频载波信号 $\cos\omega_c t$ 的时域波形　　　图 1-5-4　DSB 已调信号 $s_m(t)$的时域波形

2. DSB 调制过程频域分析

设 $m(t)$对应的频谱为 $M(\omega)$，则基带信号 $m(t)$的频域波形如图 1-5-5 所示。

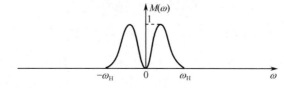

图 1-5-5　基带信号 $m(t)$的频域波形

单频载波信号 $\cos\omega_\mathrm{c}t$ 的频谱表达式为

$$\cos\omega_\mathrm{c}t \Leftrightarrow \pi[\delta(\omega+\omega_\mathrm{c})+\delta(\omega-\omega_\mathrm{c})] \tag{1-5-2}$$

对应的频谱如图 1-5-6 所示。

相乘过程中，对应频域卷积过程为

$$m(t)\cos\omega_\mathrm{c}t \Leftrightarrow \frac{1}{2\pi}M(\omega)*\pi[\delta(\omega+\omega_\mathrm{c})+\delta(\omega-\omega_\mathrm{c})]$$

$$=\frac{1}{2}M(\omega)*\delta(\omega+\omega_\mathrm{c})+\frac{1}{2}M(\omega)*\delta(\omega-\omega_\mathrm{c}) \tag{1-5-3}$$

$$=\frac{1}{2}M(\omega+\omega_\mathrm{c})+\frac{1}{2}M(\omega-\omega_\mathrm{c}) \tag{1-5-4}$$

由式（1-5-4）可知，DSB 已调信号的频谱搬移到 $\pm\omega_\mathrm{c}$ 处，双边谱在基带谱 $M(\omega)$ 的基础上高度减半。DSB 已调信号的频谱如图 1-5-7 所示。

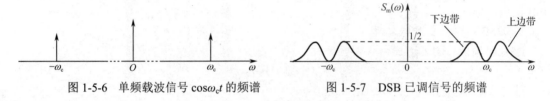

图 1-5-6　单频载波信号 $\cos\omega_\mathrm{c}t$ 的频谱　　　　图 1-5-7　DSB 已调信号的频谱

1.5.3　实验系统说明

选用虚拟仿真实验系统通信原理的幅度调制（AM）和 DSB 调制解调实验。

1. 实验框图说明

AM 和 DSB 调制解调实验框图如图 1-5-8 所示。

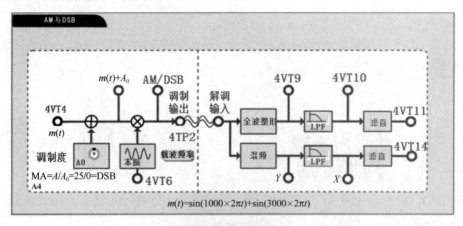

图 1-5-8　AM 和 DSB 调制解调实验框图

当 A_0=0 时，由 4TP2 观测点可观察到 DSB 已调信号，其时域表达式为

$$s_\mathrm{m}(t)=m(t)\sin(64\times2\pi t) \tag{1-5-5}$$

2. 观测点说明

● 4VT4：原始信号输出。

- 4VT6：本振输出。
- 4TP2：调制输出。

1.5.4　亲自动手，观察并体会频谱变换

1. 观察基带信号的频谱

（1）设置 $A_0=0$，载波频率为 64kHz。

（2）使用示波器测量 4VT4，观察基带信号的时域波形（见图 1-5-9）；使用示波器的 Math->FFT 功能观察基带信号的频谱，如图 1-5-10 所示。

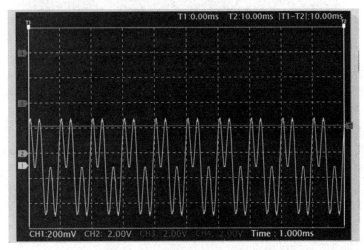

图 1-5-9　基带信号的时域波形

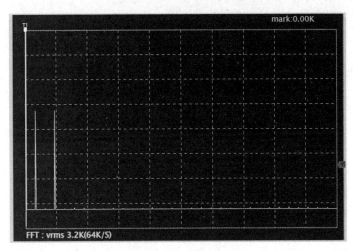

图 1-5-10　基带信号的频谱

在图 1-5-10 中，"FFT:vrms 3.2K(64K/S)" 说明每个方格的宽度是 3.2kHz，可见，基带信号的频谱是 1kHz 和 3kHz 两条谱线，与设定一致。

2. 观察载波信号的频谱

使用示波器测量 4VT6，观察载波信号；使用示波器的 Math->FFT 功能观察载波信号的频谱，如图 1-5-11 所示。

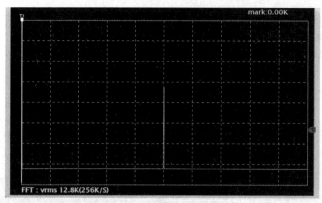

图 1-5-11　载波信号的频谱

由图 1-5-11 可见，每个方格的宽度是 12.8kHz，载频点与零频点间隔 5 个方格，因此载波频率为 64kHz，与设定的载波频率一致；两个边带分别是由 61kHz、63kHz 两条离散谱线组成的下边带，以及由 65kHz、67kHz 两条离散谱线组成的上边带。

3. 观察 DSB 已调信号的频谱

使用示波器测量 4TP2，观察 DSB 已调信号的时域波形；使用示波器的 Math->FFT 功能观察 DSB 已调信号的频谱。

注：在观察频谱时，注意将两个频段的频谱显示全，此处最常见的错误是只调出了高频段频谱的一部分。

要求：

（1）注意观察时域波形的反相点。

（2）观察频谱中的载频点有无离散载波分量。

（3）观察载频点两侧的边带频谱分量，从离散分量的位置和高度两方面与基带信号的频谱分量做对比，结合理论，体会调制过程中的频谱搬移过程。

1.6　DSB 相干解调过程中的频谱变换

1.6.1　难点描述

调制在发送端把基带信号的频谱搬到载频位置，相干解调在接收端对已调信号再次进行频谱搬移，即把在载频位置的已调信号的频谱搬回原始基带位置。在接收的已调信号和本地载波信号相乘的过程中，需要将已调信号的频谱从双边谱出发进行整体搬移并在基带叠加。该过程需要结合较复杂的时域、频域表达式进行变换，导致学习者经常对频谱搬移注意不到位。例如，从已调信号的单边谱出发进行搬移，或者没有注意到搬移过程中频谱幅度的变化，或者没有注意到搬移后的频谱叠加等。正确画出频谱结构是确定解调器的关键参数——低通滤波器（LPF）的截止频率的前提条件。本节结合虚拟仿真实验，对相干解调过程中的频谱搬移进行深入剖析。

1.6.2　理论说明

DSB 已调信号只能用相干解调方式来解调。下面说明 DSB 相干解调过程中的频谱搬移。

相干解调器的一般模型如图 1-6-1 所示。

1. 相乘过程中的时域分析

接收的 DSB 已调信号的表达式为

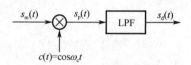

图 1-6-1　相干解调器的一般模型

$$s_{\mathrm{m}}(t) = m(t)\cos\omega_{\mathrm{c}}t \qquad (1\text{-}6\text{-}1)$$

其与本地载波信号 $c(t)$ 相乘后得

$$
\begin{aligned}
s_{\mathrm{p}}(t) &= s_{\mathrm{m}}(t)\cos\omega_{\mathrm{c}}t \\
&= m(t)\cos^2(\omega_{\mathrm{c}}t) \\
&= \frac{1}{2}m(t) + \frac{1}{2}m(t)\cos(2\omega_{\mathrm{c}}t) \qquad (1\text{-}6\text{-}2)
\end{aligned}
$$

式中，$m(t)$ 在基带频段；$m(t)\cos(2\omega_{\mathrm{c}}t)$ 在载频的倍频频段。

2. 相乘过程中的频域分析

接收的 DSB 已调信号的频谱为

$$S_{\mathrm{m}}(\omega) = \frac{1}{2}[M(\omega+\omega_{\mathrm{c}}) + M(\omega-\omega_{\mathrm{c}})] \qquad (1\text{-}6\text{-}3)$$

对应的频谱如图 1-6-2 所示。

本地载波信号 $\cos\omega_{\mathrm{c}}t$ 的频谱表达式为

$$\cos\omega_{\mathrm{c}}t \Leftrightarrow \pi[\delta(\omega+\omega_{\mathrm{c}}) + \delta(\omega-\omega_{\mathrm{c}})] \qquad (1\text{-}6\text{-}4)$$

对应的频谱如图 1-6-3 所示。

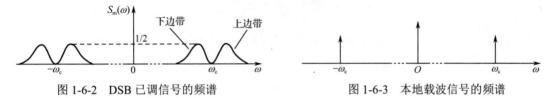

图 1-6-2　DSB 已调信号的频谱　　　　　　　图 1-6-3　本地载波信号的频谱

在相乘过程中，对应频域卷积过程为

$$
\begin{aligned}
s_{\mathrm{m}}(t)\cos\omega_{\mathrm{c}}t &\Leftrightarrow \frac{1}{2\pi}S_{\mathrm{m}}(\omega) * \pi[\delta(\omega+\omega_{\mathrm{c}}) + \delta(\omega-\omega_{\mathrm{c}})] \\
&= \frac{1}{2}S_{\mathrm{m}}(\omega) * \delta(\omega+\omega_{\mathrm{c}}) + \frac{1}{2}S_{\mathrm{m}}(\omega) * \delta(\omega-\omega_{\mathrm{c}}) \qquad (1\text{-}6\text{-}5) \\
&= \frac{1}{2}S_{\mathrm{m}}(\omega+\omega_{\mathrm{c}}) + \frac{1}{2}S_{\mathrm{m}}(\omega-\omega_{\mathrm{c}}) \qquad (1\text{-}6\text{-}6) \\
&= \frac{1}{4}M(\omega+2\omega_{\mathrm{c}}) + \frac{1}{2}M(\omega) + \frac{1}{4}M(\omega-2\omega_{\mathrm{c}}) \qquad (1\text{-}6\text{-}7)
\end{aligned}
$$

式（1-6-5）表明，把图 1-6-2 作为一个整体（注：不能只考虑正半轴的一半频谱），分别与 $\delta(\omega+\omega_{\mathrm{c}})$ 和 $\delta(\omega-\omega_{\mathrm{c}})$ 做卷积。$S_{\mathrm{m}}(\omega)$ 与 $\delta(\omega+\omega_{\mathrm{c}})$ 做卷积时，$S_{\mathrm{m}}(\omega)$ 的双边谱整体向左搬移 ω_{c}，谱高度乘以 1/2 变为 1/4。$S_{\mathrm{m}}(\omega)$ 与 $\delta(\omega-\omega_{\mathrm{c}})$ 做卷积时，$S_{\mathrm{m}}(\omega)$ 的双边谱整体向右搬移 ω_{c}，谱高度乘以 1/2 变为 1/4。在零频附近，两个 $M(\omega)$ 叠加，谱高度变为 1/2，如式（1-6-7）所示。频谱的搬移和叠加如图 1-6-4 所示。

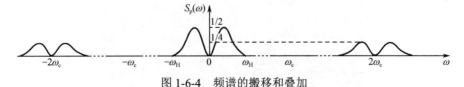

图 1-6-4　频谱的搬移和叠加

相乘器后的低通滤波器应该保证基带信号的频谱通过，并最大限度地滤除噪声。由图 1-6-4 可见，低通滤波器的截止频率应该为 f_{H}。

1.6.3 实验系统说明

选用虚拟仿真实验系统通信原理的 AM 和 DSB 调制解调实验。

1. 实验框图说明

AM 和 DSB 调制解调实验框图如图 1-6-5 所示。

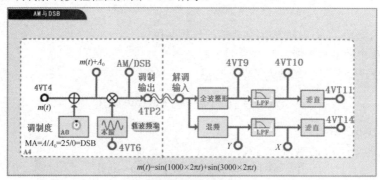

图 1-6-5　AM 和 DSB 调制解调实验框图

当 $A_0=0$ 时，由 4TP2 观测点可观察到 DSB 已调信号，其时域表达式为

$$s_\mathrm{m}(t)=m(t)\sin(64\times2\pi t) \tag{1-6-8}$$

解调分为两路，下支路是相干解调。

2. 观测点说明

● 4TP2：调制输出。

● Y：相干解调混频输出。

● 4VT14：相干解调输出。

1.6.4 亲自动手，观察并体会频谱变换

1. 观察 DSB 已调信号的频谱

（1）设置 $A_0=0$，载波频率为 64kHz。

（2）使用示波器测量 4TP2，观察 DSB 已调信号的波形；使用示波器的 Math->FFT 功能观察 DSB 已调信号的频谱，如图 1-6-6 所示。

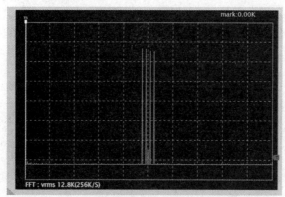

图 1-6-6　DSB 已调信号的频谱

由图 1-6-6 可见，每个方格的宽度是 12.8kHz，载频点与零频点间隔 5 个方格，因此载波频率为 64kHz，与设定的载波频率一致。两个边带分别是由 61kHz、63kHz 两条离散谱线组成的下边带，以及由 65kHz、67kHz 两条离散谱线组成的上边带。

2. 观察观测点 Y 处的频谱

使用示波器测量观测点 Y 处的波形（在相干解调过程中，从相乘器输出的波形），使用示波器的 Math->FFT 功能观察观测点 Y 处的频谱。

要求：

（1）计算高频段频谱的中心位置，与前面的理论说明进行对比。

（2）定性比较高频段频谱与基带频谱的高度，与前面的理论说明进行对比。

（3）根据该频谱，推测低通滤波器的截止频率。

1.7　在基带信号中加入直流分量 A_0 对 AM 系统的影响

1.7.1　难点描述

在进行 DSB 调制时，输入调制器的基带信号没有直流分量；而 AM 则恰恰相反，输入调制器的基带信号中有较大的直流分量 A_0，目的是使已调信号的包络随着基带信号成正比变化，以方便使用包络检波器来解调，但该直流分量的加入给基带信号的时域波形和频谱、已调信号的时域波形和频谱、解调器选择等带来了全方位的影响，初学者往往容易片面、孤立地看待某一方面，而难以形成对 AM 的全面把握。本节结合虚拟仿真实验，对在基带信号中加入直流分量 A_0 对 AM 系统的影响进行全面分析。

1.7.2　理论说明

AM 调制器模型如图 1-7-1 所示。本部分讲解以虚拟仿真实验系统通信原理的 AM 和 DSB 调制解调实验为基础。

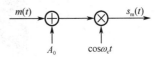

图 1-7-1　AM 调制器模型

1. 直流分量 A_0 的加入对基带信号的影响

设基带信号为 $m(t)=\sin(1000\times2\pi t)+\sin(3000\times2\pi t)$，它是两个单频正弦波合成信号，其时域波形如图 1-7-2 所示。

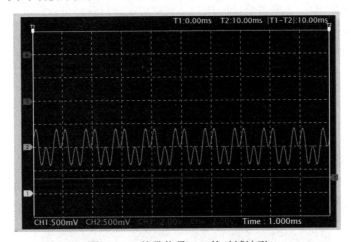

图 1-7-2　基带信号 $m(t)$ 的时域波形

$m(t)$ 的频谱如图 1-7-3 所示。

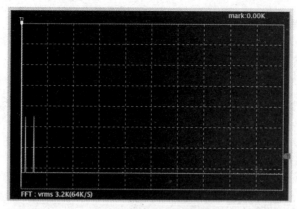

图 1-7-3　$m(t)$的频谱

由图 1-7-3 可知，每个方格的宽度是 3.2kHz。可见，基带信号的频谱是 1kHz 和 3kHz 两条离散谱线，与设定一致。

加入较大的直流分量 A_0 后，$m(t)+A_0$ 的时域波形如图 1-7-4 所示。

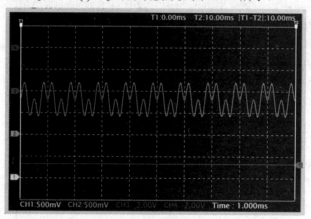

图 1-7-4　$m(t)+A_0$ 的时域波形

由图 1-7-4 可见，波形实现了明显抬升。时域波形完全抬升到横轴以上，保证了已调信号的包络与基带信号成正比。

加入较大的直流分量 A_0 后，$m(t)+A_0$ 的频谱如图 1-7-5 所示。

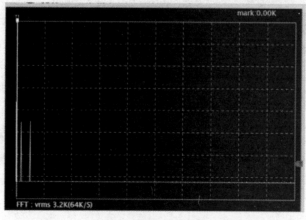

图 1-7-5　$m(t)+A_0$ 的频谱

由图 1-7-5 可见，由于直流分量 A_0 的加入，出现了很高的 0Hz 离散谱线（图中 0Hz 离散谱线的高度没有完全显示，其真实高度更高）。该基带信号的频谱通过调制搬移到载频位置，0Hz 导致 AM 已调信号出现单频载波项。

2. 直流分量 A_0 的加入对 AM 已调信号的影响

AM 已调信号的时域表达式如下：

$$s_{\mathrm{AM}}(t) = [A_0 + m(t)]\cos\omega_c t = A_0\cos\omega_c t + m(t)\cos\omega_c t \tag{1-7-1}$$

式中，A_0 为外加的直流分量；$m(t)$ 为基带信号；$A_0\cos\omega_c t$ 为单频载波项，直流分量 A_0 导致 AM 已调信号出现了 $A_0\cos\omega_c t$。AM 已调信号的时域波形如图 1-7-6 所示。

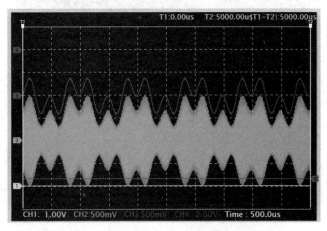

图 1-7-6　AM 已调信号的时域波形

在图 1-7-6 中，AM 已调信号是下方的灰色波形，基带信号 $m(t)$ 是上方波形。可见，AM 已调信号的上包络与基带信号成正比，此时可以选择包络检波器进行解调。包络检波器的结构比相干解调器的结构简单很多，这是在基带信号中加入直流分量 A_0 带来的正贡献，也是相比于 DSB 调制，AM 最大的优势所在。

如果去掉直流分量 A_0，则调制变成了 DSB 调制，DSB 已调信号的时域波形如图 1-7-7 所示。

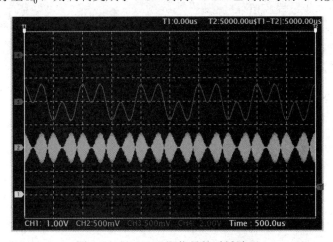

图 1-7-7　DSB 已调信号的时域波形

在图 1-7-7 中，DSB 已调信号是下方的灰色波形，基带信号 $m(t)$ 是上方波形。可见，DSB 已调信号的上包络与基带信号不成正比，此时不能用包络检波器进行解调，只能使用相干解调器。

对式（1-7-1）做傅里叶变换，得到 AM 已调信号的频域表达式：

$$S_{\mathrm{AM}}(\omega) = \pi A_0[\delta(\omega+\omega_{\mathrm{c}})+\delta(\omega-\omega_{\mathrm{c}})]+\frac{1}{2}[M(\omega+\omega_{\mathrm{c}})+M(\omega-\omega_{\mathrm{c}})] \tag{1-7-2}$$

AM 已调信号的频谱如图 1-7-8 所示。

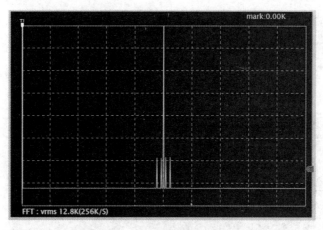

图 1-7-8　AM 已调信号的频谱

系统选择的载波频率为 64kHz，图 1-7-8 中最高的谱线所在位置为 64kHz，是时域单频载波 $A_0\cos\omega_{\mathrm{c}}t$ 在频域对应的图形，可以看作调制过程将 0Hz 谱线搬移到载频点（双边带，高度乘以 1/2）。两边 4 个矮离散谱线是边带频谱，可以看作将基带频谱搬移到载频附近（双边带，高度乘以 1/2），这 4 个边带谱线从左到右依次是：下边带，(64−3)kHz 谱线；下边带，(64−1)kHz 谱线；上边带，(64+1)kHz 谱线；上边带，(64+3)kHz 谱线。单频载波谱线是加入直流分量 A_0 在频域的反映，该载波分量不表达信息，从表达信息的角度来看，导致功率利用率下降，这是加入直流分量 A_0 带来的负贡献。

3．直流分量 A_0 的加入对解调器选择的影响

对于 $A_0=0$ 的 DSB 已调信号，只能选择相干解调方式，而 AM 已调信号的包络与基带信号成正比变化，如图 1-7-6 所示，因此可以选择包络检波器进行非相干解调，包络检波器相比于相干解调器，省却了载波同步过程和相乘过程。

总之，对于 AM，加入直流分量 A_0 可以使接收机结构简化，但会带来功率利用率下降的消极影响，适用于一个发射机发射，很多接收机接收的场景，如广播。发射机可以加大发射功率，弥补功率利用率较低的缺陷。

1.7.3　实验系统说明

选用虚拟仿真实验系统通信原理的 AM 和 DSB 调制解调实验。

1．实验框图说明

AM 和 DSB 调制解调实验框图如图 1-7-9 所示。

当 $A_0=0$ 时，由 4TP2 观测点可观察到 DSB 已调信号，其时域表达式为

$$s_{\mathrm{m}}(t)=m(t)\sin(64\times2\pi t) \tag{1-7-3}$$

调制度（调幅系数）MA$=A/A_0$，$A=25$，A_0 可以设置。当 $A_0=0$ 时，AM 变成 DSB 调制。

解调分为两路，一路使用相干解调法（下支路），另一路使用非相干解调法（上支路）。非相干解调法为包络检波法，先进行全波整形，然后进行低通滤波，最后滤除直流分量。相干解调法先混频，然后进行低通滤波，最后滤除直流分量。

包络检波法比较简单，但是仅仅适用于 AM；相干解调法既适用于 AM，又适用于 DSB 调制。

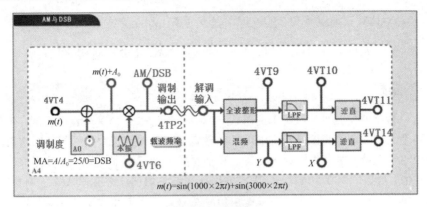

图 1-7-9　AM 和 DSB 调制解调实验框图

2.　观测点说明

● 4VT4：原始信号输出。

● 4VT6：本振输出。

● $m(t)+A_0$：添加直流分量输出。

● 4TP2：调制输出。

● 4VT9：全波整形输出。

● 4VT10：整形后滤波输出。

● 4VT11：非相干解调输出。

● Y：相干解调混频输出。

● X：相干解调滤波输出。

● 4VT14：相干解调输出。

1.7.4　亲自动手，观察并体会直流分量 A_0 的加入带来的影响

1.　观察直流分量 A_0 的加入对基带信号的影响

将示波器的通道 1 和 2 分别接在观测点 4VT4 与 $m(t)+A_0$ 上，设置 $A_0=50$，对比观察加入直流分量 A_0 前后的基带信号的时域波形。使用示波器的 Math->FFT 功能观察加入直流分量 A_0 前后的基带信号频谱的变化。

2.　观察直流分量 A_0 的加入对 AM 已调信号的影响

设置载波频率为 64kHz。

（1）将示波器的通道 1 接在 4TP2 处，观察 AM 已调信号的波形；使用示波器的 Math->FFT 功能观察 AM 已调信号的频谱，注意观察载频离散谱。将示波器的通道 2 接在 4VT4 处，双踪显示基带信号的波形和 AM 已调信号的波形，注意观察 AM 已调信号的包络和基带信号的关系。

（2）设置 $A_0=0$，观察 AM 已调信号的波形；使用示波器的 Math->FFT 功能观察 AM 已调信号的频谱，注意观察载频离散谱的变化，以及 AM 已调信号的包络和基带信号的关系。

3.　观察直流分量 A_0 的加入对解调器选择的影响

将示波器的通道 1 接在 4VT4 处，观察基带信号的波形；通道 2 接在 4VT11 处，观察包络检波器输出的解调波形；通道 3 接在 4VT14 处，观察相干解调器输出的解调波形。

设置 $A_0=50$，对比观察通道 1 和 2 的波形，以及通道 1 和 3 的波形。

设置 $A_0=0$，对比观察通道 1 和 2 的波形，以及通道 1 和 3 的波形。

1.8 大信噪比宽带调频非相干解调过程

1.8.1 难点描述

在当今这个数字通信几乎一统天下的时代，模拟调频（FM）以其优良的性能，依然占据着一席之地，特别是大信噪比宽带调频，它能以牺牲带宽为代价得到很大的调制制度增益。调频信号的频谱结构相对于基带信号发生了很大变化，它不再像 AM 信号那样只是线性搬移，其时域信号的包络是恒定值，与基带信号不成比例，因此采用非线性解调往往不能像 AM 解调那样直观理解，容易给学习者带来一定的困扰。本节结合虚拟仿真实验，对大信噪比宽带调频非相干解调过程进行直观展示，并对相关理论进行分析。

1.8.2 理论说明

设基带信号为 $m(t)=\sin(1000\times2\pi t)+\sin(3000\times2\pi t)$，它是两个单频正弦波合成信号，其时域波形如图 1-8-1 所示。

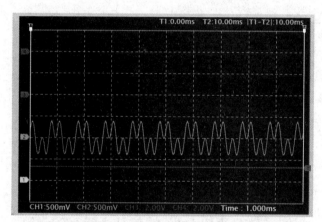

图 1-8-1 基带信号 $m(t)$的时域波形

调频是指基带信号对载波 $A\cos(\omega_c t+\theta)$ 相对于 ω_c 的瞬时角频偏进行调制：

$$s_m(t) = A\cos[\omega_c t + \theta(t)] \tag{1-8-1}$$

式中，$\theta(t)$是瞬时相位相对于 $\omega_c t$ 的瞬时相位偏移。$\dfrac{\mathrm{d}\theta(t)}{\mathrm{d}t}$ 是瞬时相位相对于 ω_c 的瞬时频率偏移，随基带信号 $m(t)$做线性变化，如式（1-8-2）所示。

$$\frac{\mathrm{d}\theta(t)}{\mathrm{d}t} = K_{FM}m(t) \tag{1-8-2}$$

式中，K_{FM} 是引入的系数，称为调频器的灵敏度（调频系数、调频常数），由调频电路决定，单位是 rad/V=（2πHz/V）。

瞬时相位偏移 $\theta(t)$ 为

$$\theta(t) = K_{FM}\int m(t)\mathrm{d}t \tag{1-8-3}$$

这样，FM 已调信号的时域表达式为

$$s_{FM}(t) = A\cos[\omega_c t + K_{FM}\int m(\tau)\mathrm{d}\tau] \tag{1-8-4}$$

FM 已调信号是一个等幅正弦信号，其时域波形如图 1-8-2 所示。

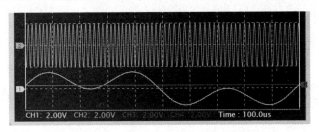

图 1-8-2　FM 已调信号的时域波形

FM 已调信号的解调是指要产生一个与输入 FM 已调信号的频率呈线性关系的输出电压。完成这种频率-电压转换关系的器件是频率检波器，简称鉴频器。

鉴频器有多种，图 1-8-3 描述了一种用振幅鉴频器进行非相干解调的原理框图。

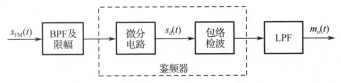

图 1-8-3　用振幅鉴频器进行非相干解调的原理框图

在图 1-8-3 中，微分电路和包络检波构成了具有近似理想鉴频特性的鉴频器。微分电路的作用是把幅度恒定的调频波 $s_{FM}(t)$ 变成幅度和频率都随 $m(t)$ 变化的调幅调频波：

$$s'_{FM}(t) = -A[\omega_c + K_{FM}m(t)]\sin[\omega_c t + K_{FM}\int m(\tau)d\tau] \tag{1-8-5}$$

$s_{FM}(t)$ 微分后信号与基带信号的时域波形对比如图 1-8-4 所示。其中，$s_{FM}(t)$ 微分后信号是下方的灰色波形，基带信号 $m(t)$ 是上方的波形。

可见，FM 已调信号的上包络与基带信号成正比，此时可以选择包络检波器进行解调。包络检波器将其幅度变化检出并滤去直流，经低通滤波后即得到解调输出。图 1-8-5 所示为解调信号波形（下方波形）与基带信号波形（上方波形）对比。

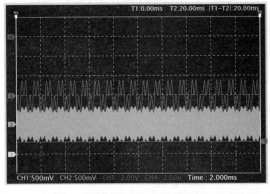

图 1-8-4　$s_{FM}(t)$ 微分后信号与基带信号的时域波形对比

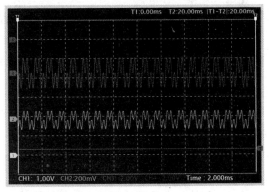

图 1-8-5　解调信号波形与基带信号波形对比

1.8.3　实验系统说明

选用虚拟仿真实验系统通信原理的 FM 调制解调实验。

1. 实验框图说明

FM 调制解调实验框图如图 1-8-6 所示。

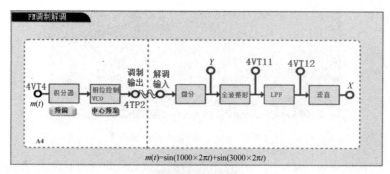

$m(t)=\sin(1000\times2\pi t)+\sin(3000\times2\pi t)$

图 1-8-6　FM 调制解调实验框图

2. 观测点说明

● 4VT4：原始信号输出。

● 4TP2：调制输出。

● Y：微分鉴频输出。

● 4VT11：整形输出。

● 4VT12：滤波输出。

● X：解调输出。

1.8.4　亲自动手，观察并体会 FM 解调过程

设置频偏（频率偏移）为 32kHz，中心频率为 128kHz。

（1）将示波器的通道 1 和 2 分别接在观测点 4VT4 与 4TP2 处，观察基带信号波形和已调信号波形。

（2）观察 FM 解调过程。

将示波器的通道 1 和 2 分别接在观测点 4VT4 与 Y 处，观察基带信号波形和微分后信号波形，对比基带信号波形的形状与微分后信号波形的包络。

将示波器的通道 1 和 2 分别接在观测点 4VT4 与 4VT11 处，观察基带信号波形和全波整形后信号波形，对比基带信号波形的形状与全波整形后信号波形的包络。

1.9　双极性不归零信号和单极性归零信号的组合使用

1.9.1　难点描述

各种不同的数字基带信号波形各有所长，也各有所短，在选择数字基带信号波形的过程中，常常会面临选择了某种数字基带信号波形的优点，但难以接受其缺点的问题。在这种情况下，可以考虑组合使用不同的数字基带信号，达到扬长避短的目的。本节详细描述双极性不归零信号和单极性归零信号的组合使用。

1.9.2　理论说明

本节以 Simulink 仿真实验作为支撑。

1. 双极性不归零波形频谱分析

波特率为 10Bd 的数字双极性不归零信号波形如图 1-9-1 所示。

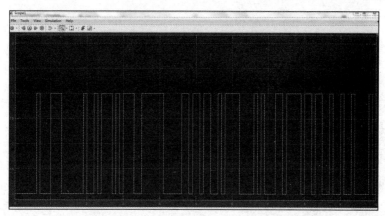

图 1-9-1 波特率为 10Bd 的数字双极性不归零信号波形

由图 1-9-1 可知，双极性不归零信号波形中 1（+1）码对应的波形为 $g_1(t)=g(t)$，0（-1）码对应的波形为 $g_2(t)=-g(t)$。其中，$g(t)$ 为如式（1-9-1）所示的门函数。

$$g(t) = \begin{cases} 1 & |t| \leqslant \dfrac{T_B}{2} \\ 0 & \text{其他} \end{cases} \tag{1-9-1}$$

其频谱函数为

$$G(f) = T_B \left[\frac{\sin \pi f T_B}{\pi f T_B} \right] = T_B \mathrm{Sa}(\pi f T_B) \tag{1-9-2}$$

数字基带信号的功率谱密度如下：

$$\begin{aligned} P_S(f) = &f_B P(1-P) \left| G_1(f) - G_2(f) \right|^2 + \\ &\sum_{m=-\infty}^{\infty} \left| f_B [P G_1(mf_B) + (1-P) G_2(mf_B)] \right|^2 \delta(f - mf_B) \end{aligned} \tag{1-9-3}$$

假设 1 码和 0 码的发生概率相等，即 $P=1/2$，又因为 $g_1(t)=g(t)$，$g_2(t)=-g(t)$，所以有

$$PG_1(mf_B) + (1-P)G_2(mf_B) = \frac{1}{2}G(mf_B) - \frac{1}{2}G(mf_B) = 0 \tag{1-9-4}$$

因此，双极性不归零信号的功率谱密度为

$$P_S(f) = f_B P(1-P) \left| G_1(f) - G_2(f) \right|^2 = T_B \mathrm{Sa}^2(\pi f T_B) \tag{1-9-5}$$

双极性不归零信号的功率谱如图 1-9-2 所示。

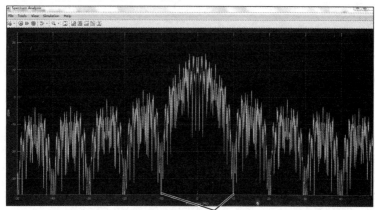

10Hz处没有离散谱线，是第一过零点

图 1-9-2 双极性不归零信号的功率谱

由图 1-9-2 可见，第一零点带宽为 10Hz，在 ±10Hz 处是第一过零点，没有离散谱线，即没有提取定时信息所需的离散谱线。

2. 单极性归零波形频谱分析

波特率为 10Bd、占空比为 1/2 的单极性归零信号波形如图 1-9-3 所示。

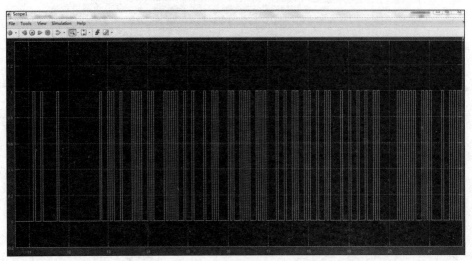

图 1-9-3　波特率为 10Bd、占空比为 1/2 的单极性归零信号波形

该信号波形示意图如图 1-9-4 所示。

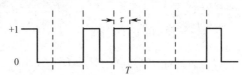

图 1-9-4　波特率为 10Bd、占空比（τ/T）为 1/2 的单极性归零信号波形示意图

1 码对应的信号 $g(t)$ 是高度为 1 的半占空 RZ 矩形脉冲，即图 1-9-3 中的 $g_1(t)$。

$$G_1(f) = G(f) = \frac{T_B}{2} \mathrm{Sa}\left(\frac{\pi f\, T_B}{2}\right) \tag{1-9-6}$$

0 码对应的信号 $g_2(t)=0$。将 $g_1(t)$ 和 $g_2(t)$ 代入式（1-9-3），得到功率谱密度，如式（1-9-7）所示。

$$P_S(f) = \frac{T_B}{16}\mathrm{Sa}^2\left(\frac{\pi f T_B}{2}\right) + \frac{1}{16}\sum_{m=-\infty}^{\infty}\mathrm{Sa}^2\left(\frac{m\pi}{2}\right)\delta(f - mf_B) \tag{1-9-7}$$

当 $m=\pm1$ 时，有 $\mathrm{Sa}\left(\dfrac{\pm\pi}{2}\right)\neq 0$，$f=\pm f_B$（有离散谱线），因此有定时分量。

波特率为 10Bd、占空比为 1/2 的单极性归零信号的功率谱如图 1-9-5 所示。

由图 1-9-5 可见，在 10Hz 处有离散谱线，方便提取定时信息，第一零点带宽为 20Hz，是不归零波形第一零点带宽的 2 倍。

可见，双极性不归零波形的带宽没有展宽，但没有定时分量；单极性归零信号有定时分量，但带宽展宽了。在实际应用中，可以考虑将两种信号组合使用。

3. 基于双极性不归零信号进行传输，基于单极性归零信号进行位同步

在设计数字基带系统时，用双极性不归零信号波形作为传输波形，带宽没有展宽；信号到达接收端，在进行位同步时，将双极性不归零信号波形整形成单极性归零波形，以利于提取定时分量，如图 1-9-6 所示。

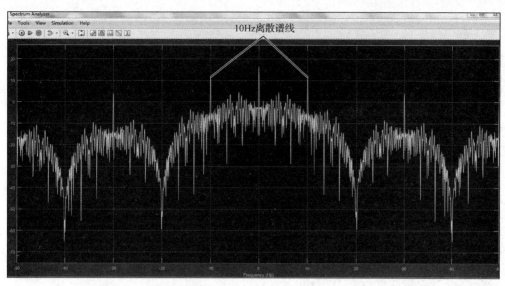

图 1-9-5　波特率为 10Bd、占空比为 1/2 的单极性归零信号的功率谱

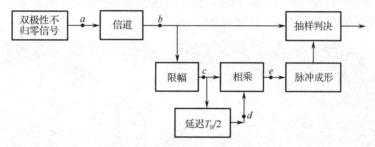

图 1-9-6　双极性不归零信号和单极性归零信号的组合使用

其中，a 点信号采用如图 1-9-1 所示的二进制双极性不归零信号，波特率为 10Bd，第一零点带宽为 10Hz。设信道带宽为 10Hz，则 b 点信号波形如图 1-9-7 所示。

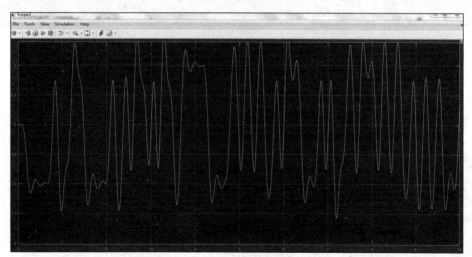

图 1-9-7　b 点信号波形（经过信道滤波后的双极性不归零信号波形）

b 点信号分两路，上支路进入抽样判决器，等待被抽样判决；下支路被整形成单极性归零信号，以利于位同步生成抽样脉冲。这里重点说明下支路信号被整形成单极性归零信号的过程。

b 点信号经过限幅判决后，如限幅判决门限为 0V，得到 c 点信号波形，如图 1-9-8 所示。

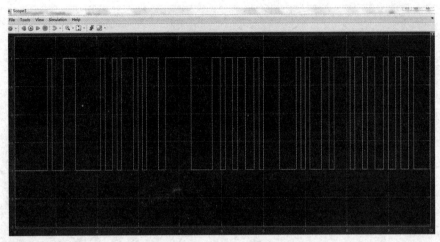

图 1-9-8　c 点信号波形

c 点信号不是抽样判决后的信号，只是近似为发送的双极性不归零信号，它实际上不是宽度为 T_B 的码元。对该点信号延迟 $T_B/2$ 得到 d 点信号，其波形如图 1-9-9 所示。

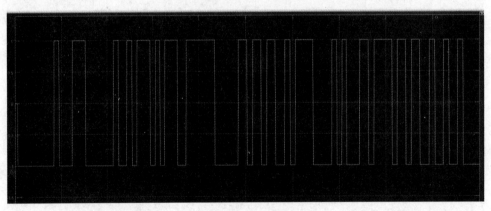

图 1-9-9　d 点信号波形

将 c 点信号与 d 点信号相乘，则部分信号将成为单极性归零信号。相乘后，e 点的单极性归零信号波形如图 1-9-10 所示。

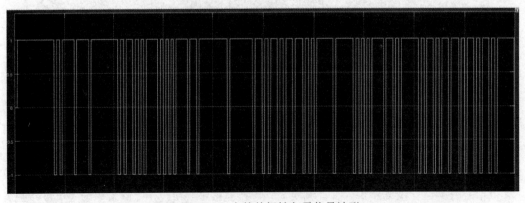

图 1-9-10　e 点的单极性归零信号波形

e 点信号的功率谱如图 1-9-11 所示。

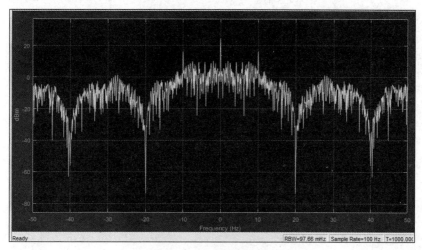

图 1-9-11　*e* 点信号的功率谱

由图 1-9-11 可见，该信号出现了 10Hz 的离散分量，后续电路提取该分量并进行整形，就能得到位同步脉冲。

该双极性不归零信号和单极性归零信号的组合使用方案发挥了两种信号各自的优点：传输时用双极性不归零信号，带宽没有展宽；位同步时，将双极性不归零信号整形成单极性归零信号，此时已经传输完毕，即使有带宽展宽也没有关系，利用出现的 10Hz 离散谱线进行位同步。

1.9.3　亲自动手，体会实验过程

1. 观察双极性不归零信号波形及其功率谱

（1）打开 MATLAB 软件的 Simulink，搭建如图 1-9-12 所示的仿真实验框图。

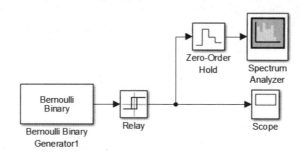

图 1-9-12　双极性不归零波形仿真实验框图

在实验系统中，Bernoulli Binary Generator1（伯努利二进制序列发生器 1）的作用是产生单极性不归零信号，Relay 的作用是将伯努利二进制序列发生器产生的单极性不归零信号调整为双极性不归零信号，Scope 的作用是观察双极性不归零信号波形，Spectrum Analyzer（频谱分析仪）用于观察双极性不归零信号的功率谱，Zero-Order Hold（零阶保持器）用于拓展频谱分析仪的横坐标，频谱分析仪横坐标的频率跨度总是等于该器件紧邻的前面器件的抽样频率。各模块参数设置如图 1-9-13～图 1-9-15 所示。

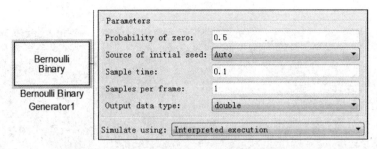

图 1-9-13　Bernoulli Binary Generator1 参数设置

由图 1-9-13 可见，"Sample time"设置为"0.1"，说明每秒发送 10 个单极性不归零二进制码元。

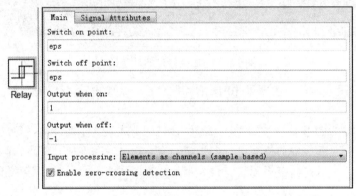

图 1-9-14　Relay 参数设置

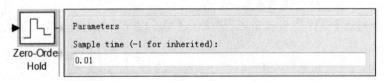

图 1-9-15　Zero-Order Hold 参数设置

由图 1-9-15 可见，"Sample time（–1 for inherited）"设置为"0.01"，意思是将其后的频谱分析仪横坐标显示的范围拓展为–50～50Hz。

（2）将运行时间设置为 1000s，运行后观察 Scope 显示的波形、频谱分析仪显示的功率谱，以及离散分量情况及第一零点带宽，尤其要注意观察定时谱线的显示情况。

2. 观察单极性归零信号波形及其功率谱

（1）打开 MATLAB 软件的 Simulink，搭建如图 1-9-16 所示的仿真实验框图。

在实验系统中，Bernoulli Binary Generator1 的作用是产生单极性不归零波形，码元长度为 0.1s；Pulse Generator（脉冲发生器）的作用是产生周期为 0.1s、占空比为 1/2 的周期脉冲序列；Product（相乘器）的作用是将上述两路信号相乘，获得码元长度为 0.1s、占空比为 1/2 的单极性二进制信号；Scope 的作用是观察单极性不归零信号波形；Scope1 的作用是观察单极性归零信号波形；Spectrum Analyzer 的作用是观察单极性不归零信号的功率谱；Zero-Order Hold 的作用是拓展频谱分析仪的横坐标。Bernoulli Binary Generator1 参数设置同图 1-9-13、Zero-Order Hold 参数设置同图 1-9-15，其他模块参数设置如图 1-9-17 和图 1-9-18 所示。

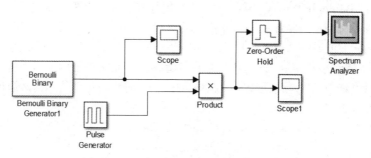

图 1-9-16　单极性归零波形仿真实验框图

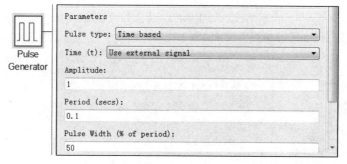

图 1-9-17　Pulse Generator 参数设置

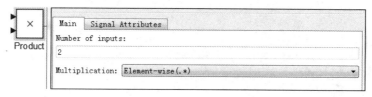

图 1-9-18　Product 参数设置

（2）将运行时间设置为 1000s，运行后观察 Scope 显示的单极性不归零信号波形和码元长度；观察 Scope1 显示的单极性归零信号波形，以及占空比和码元长度；观察频谱分析仪显示的功率谱，以及离散分量情况及第一零点带宽，尤其要注意观察定时谱线的显示情况。

3．双极性不归零信号与单极性归零信号的组合使用

（1）打开 MATLAB 软件的 Simulink，搭建如图 1-9-19 所示的仿真实验框图。

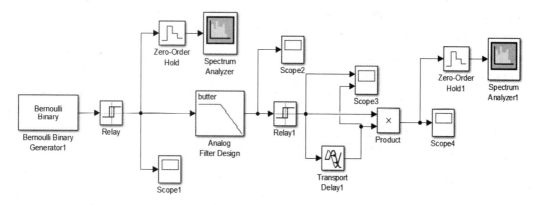

图 1-9-19　双极性不归零信号与单极性归零信号的组合使用仿真实验框图

在实验系统中，Bernoulli Binary Generator1 的作用是产生单极性不归零信号，码元长度为 0.1s；Relay 的作用是将伯努利二进制序列发生器产生的单极性不归零信号调整为双极性不归零信号；Analog Filter Design（低通滤波器）的作用是模拟信道的滤波特性，截止频率为 10Hz；Relay1、Transport Delay1（延迟器）、Product 的作用是将信道输出的双极性不归零信号整形成单极性归零信号，相当于图 1-9-6 中接收端的下支路。其中，Relay1 的作用是将收到的圆滑的模拟波形限幅判决成方波，延迟器的作用是使信号延迟半个码元，两路信号相乘，得到单极性归零信号。Scope1 的作用是观察双极性不归零信号波形，Scope2 的作用是观察经过信道滤波后的双极性不归零信号波形，Scope3 的作用是对比显示整形后的方波及延迟半个码元后的方波，Scope4 的作用是显示整形后的单极性归零信号波形，Spectrum Analyzer 的作用是显示发送端双极性不归零信号的功率谱，Spectrum Analyzer1 的作用是显示接收端单极性归零信号的功率谱。Zero-Order Hold 的作用是拓展频谱分析仪的横坐标。Bernoulli Binary Generator1、Relay 及 Relay1、Zero-Order Hold 参数设置同图 1-9-12 中相同模块参数设置，Product 参数设置同图 1-9-18，其他模块参数设置如图 1-9-20 和图 1-9-21 所示。

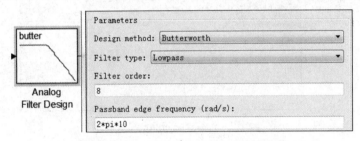

图 1-9-20　Analog Filter Design 参数设置

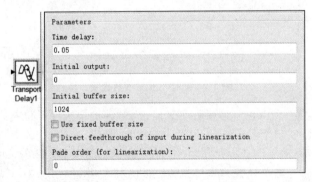

图 1-9-21　Transport Delay1 参数设置

（2）将运行时间设置为 1000s，运行后，观察 Scope1 显示的双极性不归零信号波形，以及 Spectrum Analyzer 显示的双极性不归零信号的功率谱，思考功率谱第一零点带宽、离散谱与时域波形的关系；观察 Scope2 显示的经过信道滤波的双极性不归零信号波形，体会信道的滤波作用；观察 Scope3 显示的延迟前后的单极性不归零信号波形；观察 Scope4 显示整形完毕的单极性归零信号波形，以及 Spectrum Analyzer1 显示的单极性归零信号的功率谱与离散分量情况及第一零点带宽，尤其要注意观察定时谱线的情况。

1.10　求解数字双相码的功率谱

1.10.1　难点描述

在应用数字基带信号的功率谱公式求解数字双相码的功率谱的过程中，选择表示 1 码和 0 码的基本脉冲是一个容易困扰学生的难点，求解基本脉冲的傅里叶变换过程也是一个难点。本节从基本脉冲选择、傅里叶变换过程、带宽变化、定时离散谱功率计算等方面，结合实验过程进行系统描述。

1.10.2 理论说明

本节以 Simulink 仿真实验作为支撑。

1. 数字双相码的编码规则

数字双相码的编码规则：1 码用 10 取代，0 码用 01 取代，如图 1-10-1 所示。在图 1-10-1 中，上半部分是原始信码，可以看出，码元长度为 T_B=0.1s，波特率为 10Bd，每个方格对应一个码元；下半部分是对应的双相码，可以看出，码元长度减半。

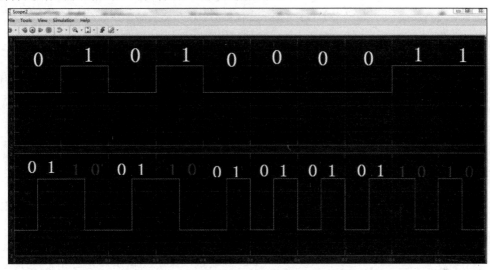

图 1-10-1 数字双相码

2. 数字双相码功率谱的求解

已知随机序列的双边功率谱密度为

$$P_S(f) = f_B p(1-p)\left|G_1(f) - G_2(f)\right|^2 + \sum_{m=-\infty}^{\infty} \left|f_B[pG_1(mf_B) + (1-p)G_2(mf_B)]\right|^2 \delta(f - mf_B) \quad (1-10-1)$$

$g_1(t)$ 和 $g_2(t)$ 分别代表 0 和 1，其出现概率分别为 p 和 $1-p$，对应的傅里叶变换分别为 $G_1(f)$ 和 $G_2(f)$。因此，用上述公式求解功率谱的关键是确定表示 0 和 1 的基本波形 $g_1(t)$ 和 $g_2(t)$。此处最常见的错误是将编码后的 1 和 0 的波形作为双相码的基本脉冲波形。$g_2(t)$ 如图 1-10-2 所示，$g_1(t) = -g_2(t)$，此时波形为双极性不归零信号波形，且 0 和 1 的概率相等，没有离散谱线。

然而，上述选择方式的错误在于没有把编码后 10 和 01 作为基本脉冲，导致不能表达 1 和 0 总是结伴出现的状态，也不能表达 0 和 1 总是结伴出现的状态。因此，双相码基本波形的选择应该是将 10 作为表示原始信码 1 的基本脉冲波形。此时 $g_2(t)$ 如图 1-10-3 所示，$g_1(t) = -g_2(t) = -g(t)$。

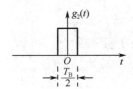

图 1-10-2 门宽为 $T_B/2$ 的门函数 $g_2(t)$

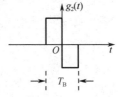

图 1-10-3 表示原始信码 1 的双相码基本波形

该基本脉冲的表达式为

$$g_2(t) = g(t) = \begin{cases} 1 & -\dfrac{T_B}{2} \leqslant t \leqslant 0 \\ -1 & 0 < t \leqslant \dfrac{T_B}{2} \end{cases} \qquad (1\text{-}10\text{-}2)$$

此时，有

$$G(f) = e^{j\omega\frac{T_B}{4}} \frac{T_B}{2} \mathrm{Sa}\left(\frac{\omega T_B}{4}\right) - e^{-j\omega\frac{T_B}{4}} \frac{T_B}{2} \mathrm{Sa}\left(\frac{\omega T_B}{4}\right) = jT_B \sin\left(\frac{\pi f T_B}{2}\right) \mathrm{Sa}\left(\frac{\pi f T_B}{2}\right) \qquad (1\text{-}10\text{-}3)$$

当 $f = mf_B$ 时，有

$$G(mf_B) = \begin{cases} 0 & m\text{为偶数} \\ jT_B \sin\left(\dfrac{m\pi}{2}\right) \mathrm{Sa}\left(\dfrac{m\pi}{2}\right) & m\text{为奇数} \end{cases} \qquad (1\text{-}10\text{-}4)$$

由于 $g_1(t) = -g_2(t) = -g(t)$，因此式（1-10-1）化简为

$$P_S(f) = 4f_B p(1-p)|G(f)|^2 + \sum_{m=-\infty}^{\infty} |f_B(2p-1)G(mf_B)|^2 \delta(f-mf_B) \qquad (1\text{-}10\text{-}5)$$

将式（1-10-3）和式（1-10-4）代入式（1-10-5）得

$$P_S(f) = 4f_B p(1-p)T_B^2 \sin^2\left(\frac{\pi f T_B}{2}\right) \mathrm{Sa}^2\left(\frac{\pi f T_B}{2}\right) + \sum_{m=-\infty}^{\infty} \left| jf_B(2p-1)T_B \sin\left(\frac{m\pi}{2}\right) \mathrm{Sa}\left(\frac{m\pi}{2}\right) \right|^2 \delta(f-mf_B)$$

化简得

$$P_S(f) = 4p(1-p)T_B \sin^2\left(\frac{\pi f T_B}{2}\right) \mathrm{Sa}^2\left(\frac{\pi f T_B}{2}\right) + \sum_{m=-\infty}^{\infty} \left| j(2p-1)\sin\left(\frac{m\pi}{2}\right) \mathrm{Sa}\left(\frac{m\pi}{2}\right) \right|^2 \delta(f-mf_B) \qquad (1\text{-}10\text{-}6)$$

由式（1-10-6）可见，信号功率谱既有离散谱，又有连续谱，如图 1-10-4 所示。

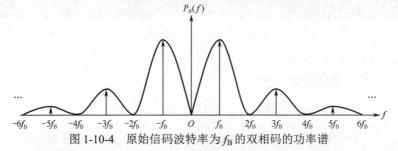

图 1-10-4　原始信码波特率为 f_B 的双相码的功率谱

该双相码对应仿真所得功率谱如图 1-10-5 所示。

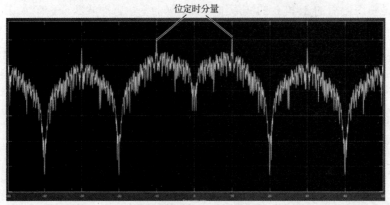

图 1-10-5　原始信码波特率为 f_B 的双相码仿真所得功率谱

图 1-10-4 和图 1-10-5 中的双相码的离散谱位置、过零点等关键信息一致。双相码在 f_B 处有离散谱，即有位定时分量。

图 1-10-1 中的原始信码的功率谱如图 1-10-6 所示。

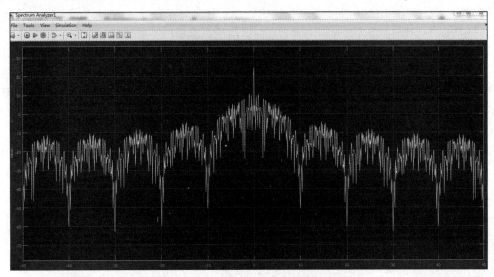

图 1-10-6 图 1-10-1 中的原始信码的功率谱

由图 1-10-6 可见，波特率为 10Bd 的原始信码的第一零点带宽为 10Hz；由图 1-10-5 可见，双相码的第一零点带宽为 20Hz，可见，编码后带宽加倍。

3. 位定时分量功率计算

计算 $f=\pm f_B$ 的离散谱功率，并将两功率累加（因为是双边功率谱密度，所以计算功率时除直流分量外，其他分量功率都要×2）。

$$P(f_B) = 2 \times \left| \mathrm{j}(2p-1)\mathrm{Sa}\left(\frac{\pi}{2}\right) \right|^2 = \frac{8}{\pi^2}(2p-1)^2 \tag{1-10-7}$$

1.10.3 亲自动手，体会实验过程

观察双相码波形及其功率谱，体会信号变换过程及双相码的优/缺点。

（1）打开 MATLAB 软件的 Simulink，搭建如图 1-10-7 所示的仿真实验框图。

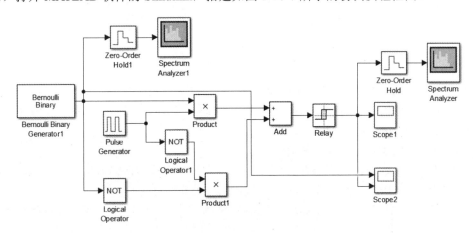

图 1-10-7 数字双相码仿真实验框图

在实验系统中，Bernoulli Binary Generator1 的作用是产生单极性不归零信号，与 Pulse Generator（脉冲发生器）和 Product（相乘器）配合，将原始信码中的 1 码变为 10，Bernoulli Binary Generator1 产生的信号经过逻辑器件 NOT，将 1 码变为 0 码、0 码变为 1 码，将其与 Pulse Generator 经过逻辑器件 NOT 后的波形相乘，得到原始信码 0 码对应的双相码编码 01。Add（相加器）将两种双相码相加，得到原始信码的双相码信号，但该信号是单极性不归零信号，经过 Relay，得到双极性双相码。Scope1 的作用是观察双相码波形，Scope2 的作用是对比观察原始信码和双相码波形，Spectrum Analyzer 的作用是观察双相码的功率谱，Spectrum Analyzer1 的作用是观察原始信码的功率谱，Zero-Order Hold 的作用是拓展频谱分析仪的横坐标，频谱分析仪横坐标的频率跨度总是等于该模块紧邻的前面模块的抽样频率。各模块参数设置如图 1-10-8～图 1-10-14（图 1-10-10 和图 1-10-11 除外）所示。

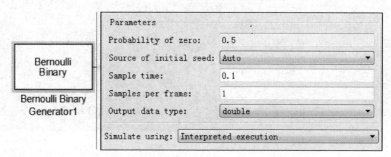

图 1-10-8　Bernoulli Binary Generator1 参数设置

由图 1-10-8 可见，"Sample time"设置为"0.1"，说明每秒发送 10 个单极性不归零二进制码元；"Probability of zero"设置为"0.5"，说明 0 出现的概率为 0.5，之所以将其设置为 0.5，是想说明 0 和 1 等概率出现并不能使双相码的离散谱消失。

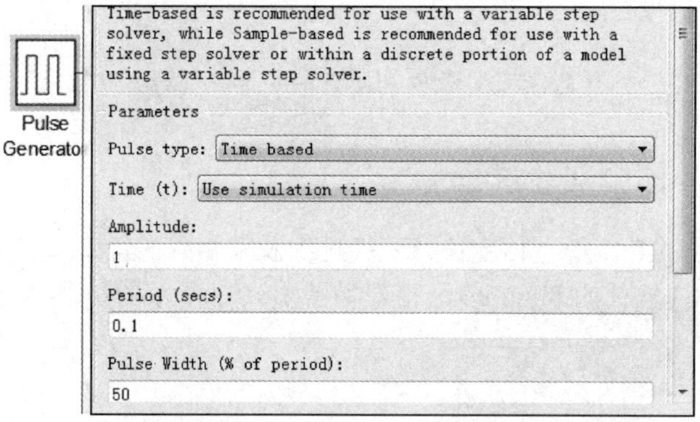

图 1-10-9　Pulse Generator 参数设置

由图 1-10-9 可见，该脉冲发生器产生幅度为 1、周期为 0.1s、占空比为 1/2（50%）的周期信号。脉冲发生器产生的波形（见图 1-10-10 中的下半部分）和原始信码（见图 1-10-10 中的上半部分）在 Product 输入端的态势如图 1-10-10 所示。

因此，Product 的输出信号是 1 码对应的双相码。

图 1-10-10 中的波形经过逻辑器件 NOT 后，均取反，取反后两信号接入 Product1。取反后两信号对比图如图 1-10-11 所示。Product1 的输出信号是 0 码对应的双相码。

两信号经过 Add（此处不能用 Sum）相加后，得到单极性双相码，并经过 Relay 得到双极性双相码。

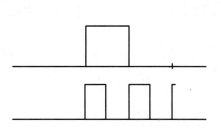

图 1-10-10　脉冲发生器产生的信号和原始信码
在 Product 输入端的态势

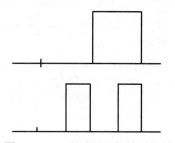

图 1-10-11　取反后两信号对比图

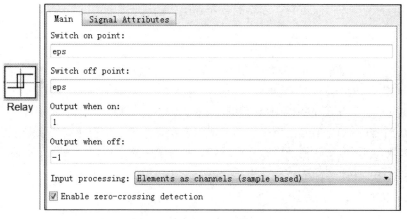

图 1-10-12　Relay 参数设置

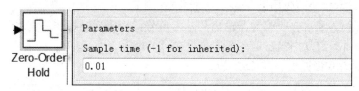

图 1-10-13　Zero-Order Hold 参数设置

由图 1-10-13 可见，"Sample time（-1 for inherited）"设置为"0.01"，作用是将其后的频谱分析仪横坐标显示的范围拓展为-50～50Hz。

两个逻辑器件 NOT 的参数设置如图 1-10-14 所示。

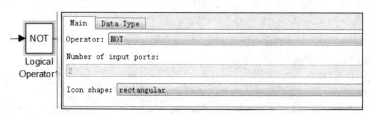

图 1-10-14　两个逻辑器件 NOT 的参数设置

（2）将运行时间设置为 100s，运行。

① 观察 Scope2 显示的原始信码波形，观察码元宽度、高度、占空比等，思考其第一零点带宽。

② 观察 Spectrum Analyzer1 显示的原始信码的功率谱，以及信号的第一零点带宽等。

③ 观察 Scope1 显示的经过信道滤波后的双相码波形，并与原始信码波形进行对比，体会双相码的编码规则。

④ 观察 Spectrum Analyzer 显示的双相码的功率谱，尤其要注意观察位定时分量的情况，思考功率谱显示的第一零点带宽、离散谱与时域波形的关系。

⑤ 自己接示波器，观察双相码的生成过程。

1.11　数字基带信号的眼图

在整个通信系统中，通常利用眼图来估计和改善（通过调整）传输系统的性能。我们知道，在实际的通信系统中，数字信号经过非理想的传输系统必定会产生畸变，也会引入噪声和干扰，即总是在不同程度上存在码间串扰。在码间串扰和噪声同时存在的情况下，很难对传输系统的性能进行定量分析，常常甚至得不到近似结果。为了便于评价实际传输系统的性能，常用眼图进行分析。

1.11.1　难点描述

眼图可以直观地估计系统的码间串扰和噪声的影响，是一种常用的测试手段。通常在学习眼图时，总是以双极性不归零信号为例来说明其成因及用途，单一的例子种类限制了学习者对眼图的理解，也限制了学习者对其他基带信号波形的直观理解。本节以双极性不归零信号、AMI 码、多进制信号为例来对比说明眼图。

1.11.2　理论说明

本节以 Simulink 仿真实验作为支撑。

1. 双极性不归零信号的眼图

眼图就是将解调后经过接收滤波器输出的基带信号，用码元时钟作为同步信号，以基带信号的一个或少数码元周期反复扫描在示波器屏幕上显示的波形。

图 1-11-1 所示为双极性不归零信号波形。

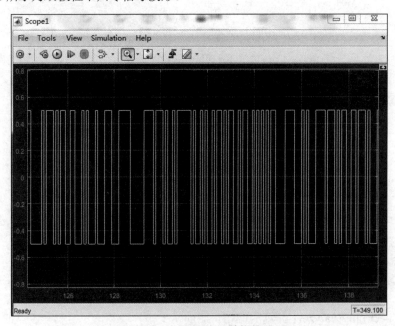

图 1-11-1　双极性不归零信号波形

该信号经过信道传输滤波后的信号波形如图 1-11-2 所示。

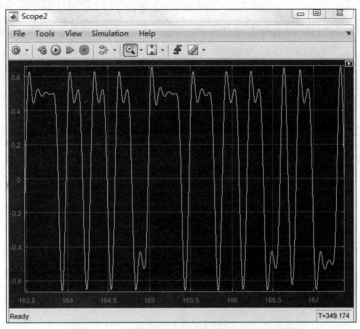

图 1-11-2 经过信道传输滤波后的信号波形

调整示波器水平扫描周期，使码元叠加在数个码元周期内，便形成了眼图。如图 1-11-3 所示，这是在 4 个码元周期内叠加形成的横向 4 只"眼睛"的眼图。

图 1-11-3 双极性不归零信号的眼图

图 1-11-3 中的眼图是在没有加噪声的情况下看到的，当有码间串扰或噪声时，码元波形的位置就会发生随机偏离，波形也会变形，导致信号叠加后眼图的"眼睛"的张开程度变小，码间串扰和噪声越大，"眼睛"的张开程度越小，甚至会完全闭合。图 1-11-4 所示为加入一定噪声后的眼图。

由图 1-11-4 可见，当加入噪声后，眼眶变粗，"眼睛"的张开程度变小。

眼图除了能直观看出信号遭受的干扰大小，还能看出很多信息，具体信息标注于如图 1-11-5 所示的眼图模型中。

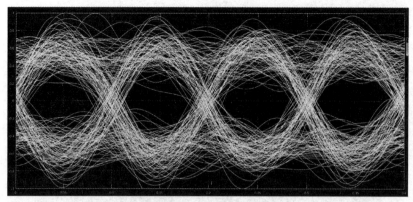

图 1-11-4　加入一定噪声后的眼图

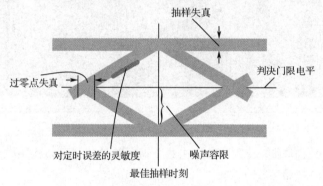

图 1-11-5　眼图模型

图 1-11-3～图 1-11-5 中的"眼睛"上方的水平线是由于连 1 脉冲叠加形成的,"眼睛"下方的水平线是由于连 0 脉冲叠加形成的,叠加效果标注在图 1-11-6 中。

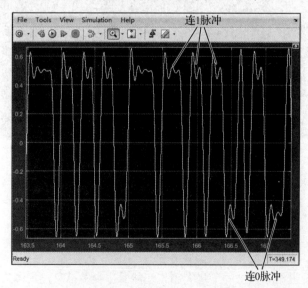

图 1-11-6　形成"眼睛"上、下方水平线的连 1 和连 0 脉冲

需要注意的是,不是所有基带信号的眼图都有上、下水平线,即没有连 1 和连 0 脉冲,此时,

眼图中就没有上、下水平线，如 AMI 码波形和 HDB3 码波形。

2. AMI 码波形的眼图

AMI 码的编码规则：原始信码中的 1 码交替由 +1 和 -1 取代，0 码不变。AMI 码波形如图 1-11-7 所示。

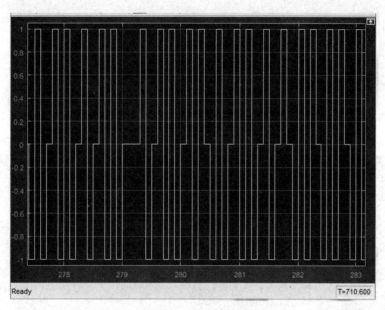

图 1-11-7　AMI 码波形

波形经过信道滤波后的 AMI 码波形如图 1-11-8 所示。

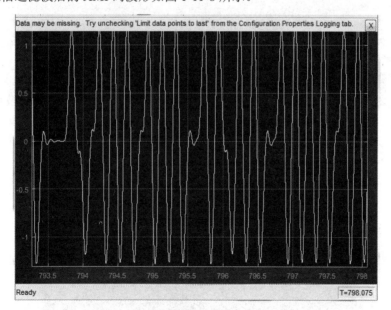

图 1-11-8　经过信道滤波后的 AMI 码波形

由 AMI 码的编码规则及波形可知，AMI 码波形出现了三电平，且没有两个或多个相邻的 +1，也没有两个或多个相邻的 -1。图 1-11-8 中的波形叠加出的眼图如图 1-11-9 和图 1-11-10 所示。

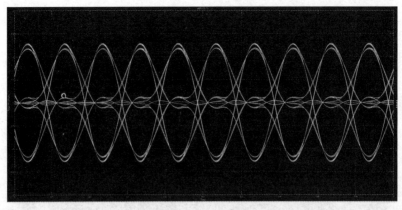

图 1-11-9　AMI 码波形的眼图（横向 10 只"眼睛"）

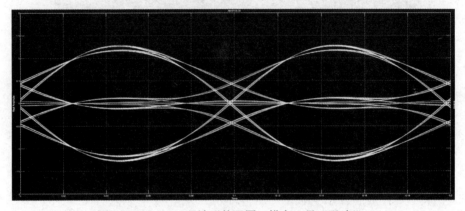

图 1-11-10　AMI 码波形的眼图（横向 2 只"眼睛"）

由图 1-11-9 和图 1-11-10 可以看出，AMI 码波形的眼图中出现了三电平，且没有上、下水平线，真实地反映了 AMI 码编码规则下波形的特征。

3. 多进制波形的眼图

M 进制波形有 M 种电平状态，对应的眼图特征是竖向有 $M-1$ 只"眼睛"。8 进制波形如图 1-11-11 所示。

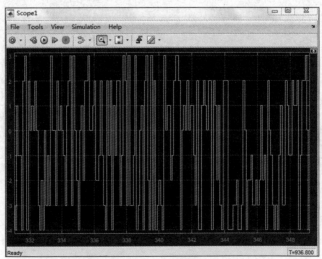

图 1-11-11　8 进制波形

经过信道滤波后的 8 进制波形如图 1-11-12 所示。

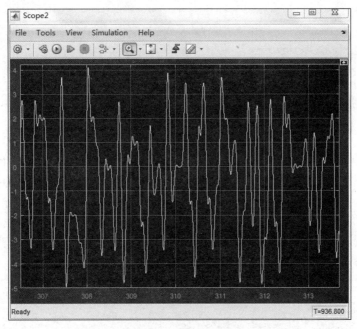

图 1-11-12　经过信道滤波后的 8 进制波形

8 进制波形叠加出的眼图，即 8 进制波形的眼图如图 1-11-13 所示。

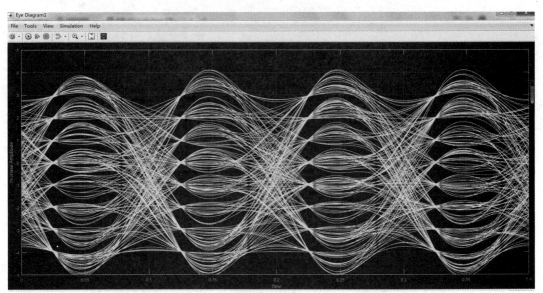

图 1-11-13　8 进制波形的眼图（横向 4 只"眼睛"）

1.11.3　亲自动手，观察眼图，体会实验过程

1. 双极性不归零波形的眼图

（1）打开 MATLAB 软件的 Simulink，搭建如图 1-11-14 所示的仿真实验框图。

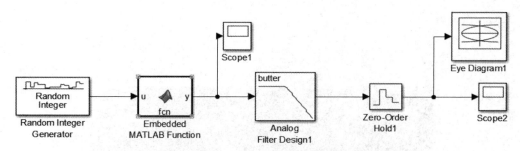

图 1-11-14　双极性不归零波形的眼图仿真实验框图

在实验系统中，Random Integer Generator（随机序列发生器）的作用是产生单极性不归零波形，Embedded MATLAB Function（嵌入式函数）的作用是将随机序列发生器产生的单极性不归零波形调整为双极性不归零波形，Scope1 的作用是观察双极性不归零波形，Analog Filter Design1 的作用是模拟信道的滤波特性，Zero-Order Hold1 的作用是将低通滤波器输出的模拟信号数字化，以满足眼图模块的要求；Eye Diagram1（眼图模块 1）的作用是观察眼图，Scope2 的作用是观察通过信道后的双极性不归零波形。各模块参数设置如图 1-11-15～图 1-11-20 所示。

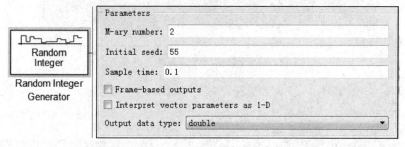

图 1-11-15　Random Integer Generator 参数设置

由图 1-11-15 可见，"Sample time"设置为"0.1"，说明码元波特率为 10Bd；"M-ary number"设置为"2"，说明是二进制信号。

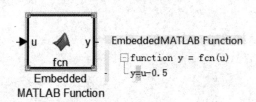

图 1-11-16　Embedded MATLAB Function 参数设置

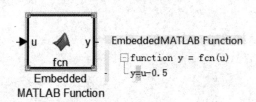

图 1-11-17　Analog Filter Design1 参数设置

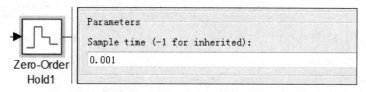

图 1-11-18　Zero-Order Hold1 参数设置

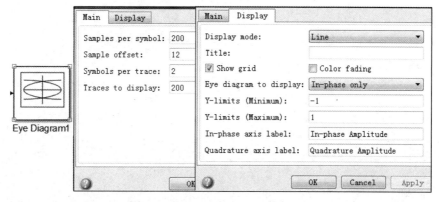

图 1-11-19　Eye Diagram1 参数设置

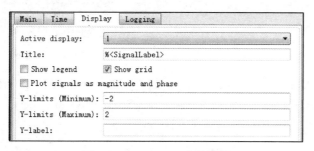

图 1-11-20　Scope1 参数设置

Scope2 参数设置同 Scope1。

（2）将运行时间设置为 1000s，运行后观察 Scope1、Scope2 及 Eye Diagram1 的显示图，体会眼图与基带信号的联系。

（3）加入噪声后，观察眼图。

加入噪声模块后的 AMI 系统如图 1-11-21 所示，圈中模块的功能是加入噪声。

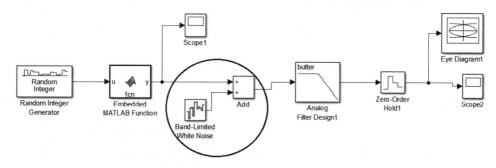

图 1-11-21　加入噪声模块后的 AMI 系统

其中，Band-Limited White Noise 参数设置如图 1-11-22 所示。

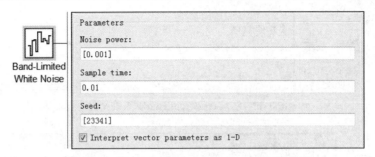

图 1-11-22　Band-Limited White Noise 参数设置

2. AMI 码波形的眼图

（1）搭建可以产生 AMI 码波形及观察眼图的 Simulink 实验系统，如图 1-11-23 所示。

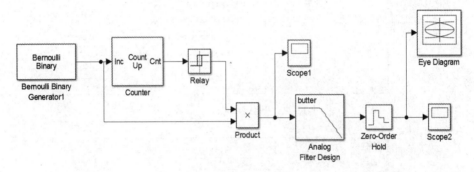

图 1-11-23　可以产生 AMI 码波形及观察眼图的 Simulink 实验系统

其中，Bemoulli Binary Generator1 参数设置同图 1-11-15，Analog Filter Design 参数设置同图 1-11-17，Zero-Order Hold 参数设置同图 1-11-18，Scope1 和 Scope2 参数设置同图 1-11-20。

其他模块的参数设置如图 1-11-24～图 1-11-26 所示。

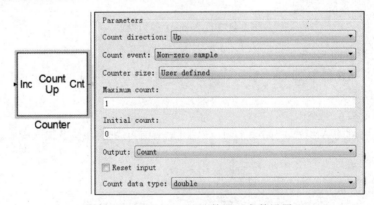

图 1-11-24　Counter（计数器）参数设置

其中，"Count event"设置为"Non-zero sample"，说明计数器计非零抽样；"Count direction"设置为"Up"，说明计数器向上计数；"Initial count"设置为"0"，"Maximun count"设置为"1"，说明计数器计数到 1。它和后续的 Relay 配合，将输入的信码 1 交替编码为+1、-1。

（2）将系统运行时间设置为 1000s，打开 Scope1，观察 AMI 码波形；打开 Scope2，观察经信道滤波后的 AMI 码波形，注意观察有无连 1 脉冲及三电平情况。

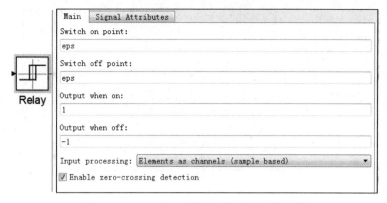

图 1-11-25　Relay（滞环比较器）参数设置

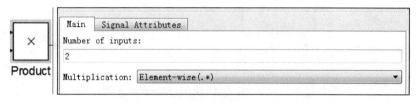

图 1-11-26　Product（相乘器）参数设置

（3）设置 Eye Diagram 的"View"菜单下的"Configuration Properties"，如图 1-11-27 所示，观察眼图。

（4）设置 Eye Diagram 的"View"菜单下的"Configuration Properties"，如图 1-11-28 所示，观察眼图。

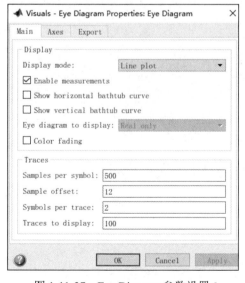

图 1-11-27　Eye Diagram 参数设置 1

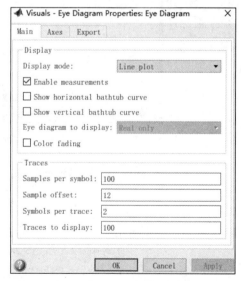

图 1-11-28　Eye Diagram 参数设置 2

3．8 进制波形的眼图

（1）基于 Simulink 搭建 8 进制波形仿真实验系统，同双极性不归零波形系统，主要模块参数设置也同双极性不归零波形。需要重新设置参数的模块及其具体设置如图 1-11-29～图 1-11-32 所示。

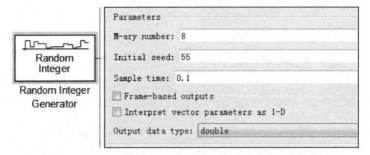

图 1-11-29　Random Integer Generator 参数设置

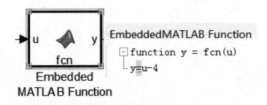

图 1-11-30　Embedded MATLAB Function 参数设置

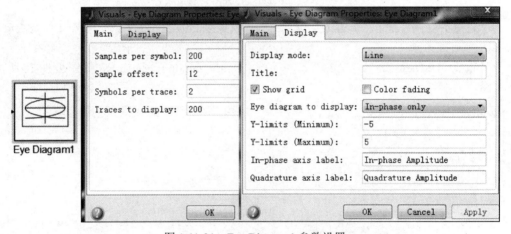

图 1-11-31　Eye Diagram1 参数设置

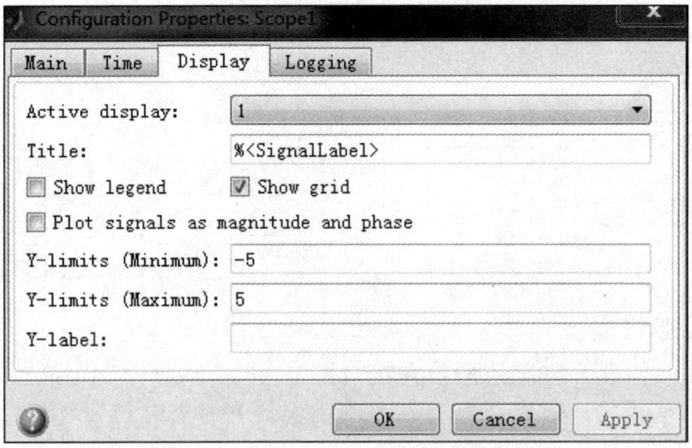

图 1-11-32　Scope1 参数设置

Scope2 参数设置同 Scope1。

（2）观察 Scope1 和 Scope2 显示的波形。

（3）观察 Eye Diagram 显示的眼图。

1.12　2ASK 调制过程中的频谱变换

1.12.1　难点描述

2ASK 调制过程把数字基带信号的频谱搬移到载频位置。该过程需要结合时域、频域表达式进行变换，并结合图形进行分析，导致部分初学者难以理解。本节结合虚拟仿真系统对 2ASK 调制过程中的频谱变换进行详细分析。

1.12.2　理论说明

2ASK 已调信号的产生方法通常有两种：模拟相乘法（见图 1-12-1）和数字键控法（见图 1-12-2）。

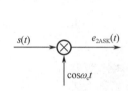

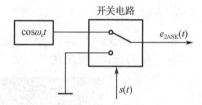

图 1-12-1　2ASK 调制器模型-模拟相乘法　　　　图 1-12-2　2ASK 调制器模型-数字键控法

其中，$s(t)$ 是基带信号，$\cos\omega_c t$ 是单频载波，$e_{2ASK}(t)$ 是 2ASK 已调信号。就频谱搬移而言，上述两种方法是等效的。

1. 2ASK 调制过程中的时域分析

2ASK 信号的表达式为

$$e_{2ASK}(t) = s(t)\cos\omega_c t \tag{1-12-1}$$

基带信号 $s(t)$ 的时域波形如图 1-12-3 所示。

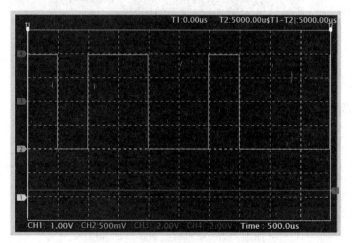

图 1-12-3　基带信号 $s(t)$ 的时域波形

在图 1-12-3 中，有"Time:500.0μs"，每个码占一个方格，说明基带信号的码元宽度 T_s=500μs，码元速率 R_B=2Bd。图 1-12-3 中是单极性波形，占空比为 1。

基带信号、单频载波（24kHz）、2ASK 已调信号时域波形对比如图 1-12-4 所示。

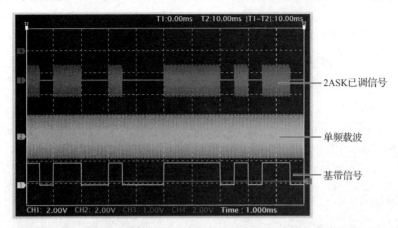

图 1-12-4　基带信号、单频载波、2ASK 已调信号时域波形对比

2．2ASK 调制过程中的频域分析

码元速率 $R_B=2\times10^3$Bd，单极性波形，占空比为 1，因此，可以计算出其第一零点带宽为 2kHz。该数字基带信号 $s(t)$对应的频谱 $S(f)$（双边谱）如图 1-12-5 所示。

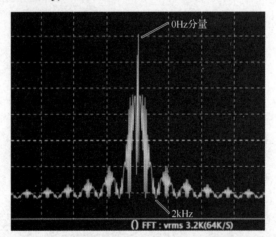

图 1-12-5　数字基带信号 $s(t)$对应的频谱 $S(f)$

由图 1-12-5 可见，第一零点带宽为 2kHz，有很大的直流分量。

单频载波 $\cos\omega_c t$ 的频谱表达式为

$$\cos\omega_c t \Leftrightarrow \pi[\delta(\omega+\omega_c)+\delta(\omega-\omega_c)] \tag{1-12-2}$$

对应的频谱如图 1-12-6 所示。

图 1-12-6　单频载波 $\cos\omega_c t$ 的频谱

在相乘过程中，对应频域卷积过程为

$$s(t)\cos\omega_c t \Leftrightarrow \frac{1}{2\pi}S(\omega)*\pi[\delta(\omega+\omega_c)+\delta(\omega-\omega_c)]$$

$$= \frac{1}{2}S(\omega) * \delta(\omega + \omega_c) + \frac{1}{2}S(\omega) * \delta(\omega - \omega_c) \tag{1-12-3}$$

$$= \frac{1}{2}S(\omega + \omega_c) + \frac{1}{2}S(\omega - \omega_c) \tag{1-12-4}$$

由式（1-12-4）可知，2ASK 已调信号的频谱搬移到 $\pm f_c$ 处，双边谱在基带谱 $S(\omega)$ 的基础上，高度减半。2ASK 已调信号的双边谱如图 1-12-7 所示。

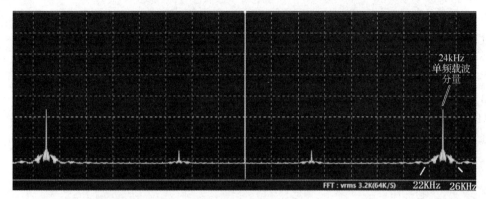

图 1-12-7　2ASK 已调信号的双边谱

在图 1-12-7 中，24kHz 的单频载波分量是基带谱中 0Hz 分量搬移到载频点的结果。

1.12.3　实验系统说明

选用虚拟仿真实验系统通信原理的 AM-ASK 调制解调实验。

1. 实验框图说明

ASK 调制解调实验框图如图 1-12-8 所示。

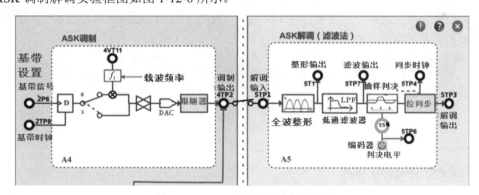

图 1-12-8　ASK 调制解调实验框图

在图 1-12-8 中，含有两个功能模块：信道编码与频带调制模块 A4，纠错译码与频带解调模块 A5。这里主要使用 A4。实验框图中的基带信号的码型、速率，载波频率，整形方式，判决电平等均可设置。

2. 观测点说明

- 2P6：基带信号输出。
- 2TP8：基带时钟输出。
- 4TP2：ASK 调制输出。
- 4VT11：载波输出。

1.12.4　亲自动手，观察并体会频谱变换

　　1. 观察基带信号 $s(t)$ 的频谱

　　（1）单击"基带设置"按钮，设置基带信号的码型为"15-PN"、速率为"2K"。

　　（2）使用示波器测量 2P6，观察基带信号 $s(t)$ 的时域波形；使用示波器的 Math->FFT 功能观察 $s(t)$ 的频谱，思考数字基带信号的第一零点带宽与速率、占空比的关系。

　　2. 观察 2ASK 已调信号的频谱

　　（1）设置基带信号的码型为"15-PN"、速率为"2K"，使用示波器的通道 1 观察基带信号 2P6。

　　（2）单击"载波频率"按钮，设置载波频率为 24kHz，使用示波器的通道 2 测量 4VT11，观察载波信号；使用示波器的 Math->FFT 功能观察载波信号的频谱。

　　（3）用示波器的通道 3 观测并研究 4TP2 处的信号，该观测点输出为 2ASK 已调信号。使用示波器的 Math->FFT 功能观察 2ASK 已调信号的频谱，思考 2ASK 已调信号的带宽与基带信号的带宽的关系；观察载频点离散谱并思考其对功率利用率及载波同步难易程度的影响。

1.13　2PSK 相干解调过程中的频谱变换

1.13.1　难点描述

　　2PSK 调制在发送端把二进制数字基带信号的频谱搬移到载频位置，2PSK 相干解调在接收端把 2PSK 已调信号的频谱从载频位置搬回基带位置，解调过程中需要将频谱从双边谱出发进行整体搬移并在基带上叠加。该过程需要结合较复杂的时域、频域表达式进行变换，导致学习者经常对频谱搬移注意不到位。本节结合虚拟仿真系统，对 2PSK 相干解调过程中的频谱变换进行详细分析。

1.13.2　理论说明

　　2PSK 已调信号只能用相干解调方式来解调，下面说明 2PSK 相干解调过程中的频谱变换。2PSK 相干解调器模型如图 1-13-1 所示。

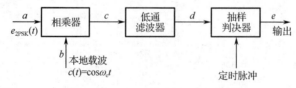

图 1-13-1　2PSK 相干解调器模型

　　1. 相乘过程中的时域分析

　　在图 1-13-1 中，a 点信号是收到的 2PSK 已调信号，其表达式为

$$e_{2PSK}(t) = \begin{cases} \cos(\omega_c t + 0) = \cos\omega_c t & 发送0时 \\ \cos(\omega_c t + \pi) = -\cos\omega_c t & 发送1时 \end{cases}$$

因此

$$e_{2PSK}(t) = s(t)\cos\omega_c t \tag{1-13-1}$$

式中

$$s(t) = \begin{cases} 1 & 发送0时 \\ -1 & 发送1时 \end{cases}$$

　　图 1-13-2 所示为基带信号与 2PSK 已调信号的双踪显示图。基带信号 $s(t)$ 是波特率为 2Bd 的

双极性不归零信号，载波频率为 24kHz。

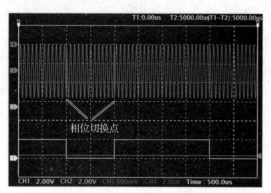

图 1-13-2　基带信号（下）与 2PSK 已调信号（上）的双踪显示图

调整示波器的"Time"为"1.000ms"，使显示的码元数量加倍，并对基带信号 $s(t)$、a 点、c 点、d 点的波形做对比，如图 1-13-3 所示。

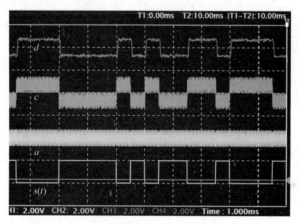

图 1-13-3　$s(t)$、a 点、c 点、d 点波形对比显示

a 点的 2PSK 已调信号波形与本地载波 $c(t)$ 相乘后得

$$s_c(t) = e_{2PSK}(t)\cos\omega_c t$$
$$= s(t)\cos^2(\omega_c t)$$
$$= \frac{1}{2}s(t) + \frac{1}{2}s(t)\cos(2\omega_c t) \tag{1-13-2}$$

式中，$s(t)$ 在基带频段；$s(t)\cos(2\omega_c t)$ 在载频的倍频频段。

c 点波形通过低通滤波器滤除位于载频的倍频频段的高频波，得到 d 点波形（基带波形）。

对 d 点波形进行抽样判决，抽样值大于 0 判决为 0 码，抽样值小于 0 判决为 1 码，即得到发送的波形。

2. 相乘过程中的频域分析

接收的 2PSK 已调信号的频谱（见图 1-13-4）为

$$S_{2PSK}(\omega) = \frac{1}{2}[S(\omega+\omega_c) + S(\omega-\omega_c)] \tag{1-13-3}$$

图 1-13-4 中的 2PSK 已调信号的频谱是双边谱，对应基带信号 $s(t)$ 的码元速率为 2×10^3Bd，载波频率为 24kHz；2PSK 已调信号的频谱的第一零点带宽为 4kHz，中心频点为 24kHz，与理论计算结果一致。2PSK 已调信号的频谱在载频点没有离散谱线，这与 2ASK 已调信号的频谱不同。

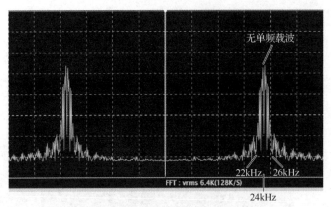

图 1-13-4　2PSK 已调信号的频谱

本地载波 $\cos\omega_c t$ 的频谱表达式为

$$\cos\omega_c t \Leftrightarrow \pi[\delta(\omega+\omega_c)+\delta(\omega-\omega_c)] \tag{1-13-4}$$

对应的频谱如图 1-13-5 所示。

图 1-13-5　本地载波的频谱

在相乘过程中，对应频域卷积过程为

$$s_{2PSK}(t)\cos\omega_c t \Leftrightarrow \frac{1}{2\pi}S_{2PSK}(\omega)*\pi[\delta(\omega+\omega_c)+\delta(\omega-\omega_c)]$$

$$=\frac{1}{2}S_{2PSK}(\omega)*\delta(\omega+\omega_c)+\frac{1}{2}S_{2PSK}(\omega)*\delta(\omega-\omega_c) \tag{1-13-5}$$

$$=\frac{1}{2}S_{2PSK}(\omega+\omega_c)+\frac{1}{2}S_{2PSK}(\omega-\omega_c) \tag{1-13-6}$$

$$=\frac{1}{4}S(\omega+2\omega_c)+\frac{1}{2}S(\omega)+\frac{1}{4}S(\omega-2\omega_c) \tag{1-13-7}$$

式（1-13-5）表明，把图 1-13-4 作为一个整体（注：不能只考虑正半轴的一半频谱），分别与 $\delta(\omega+\omega_c)$ 和 $\delta(\omega-\omega_c)$ 做卷积。$S_{2PSK}(\omega)$ 与 $\delta(\omega+\omega_c)$ 做卷积时，$S_{2PSK}(\omega)$ 的双边谱整体向左搬移 ω_c，谱高度乘以 1/2 变为 1/4。$S_{2PSK}(\omega)$ 与 $\delta(\omega-\omega_c)$ 做卷积时，$S_{2PSK}(\omega)$ 的双边谱整体向右搬移 ω_c，谱高度乘以 1/2 变为 1/4。在零频附近，两个 $S(\omega)$ 叠加，谱高度变为 1/2，如式（1-13-7）所示。频谱搬移叠加结果（c 点信号的频谱）如图 1-13-6 所示。

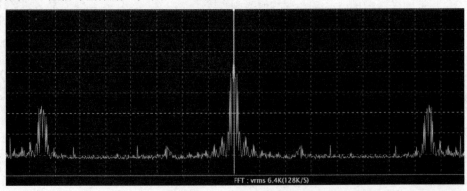

图 1-13-6　c 点信号的频谱

相乘器后的低通滤波器应该保证基带信号的频谱通过，并最大限度地滤除噪声。由图 1-13-6 可见，低通滤波器的截止频率应该为基带信号的带宽（2kHz）。

1.13.3　实验系统说明

选用虚拟仿真实验系统通信原理的 PSK 调制解调实验。

1. 实验框图说明

PSK 调制解调实验框图如图 1-13-7 所示。

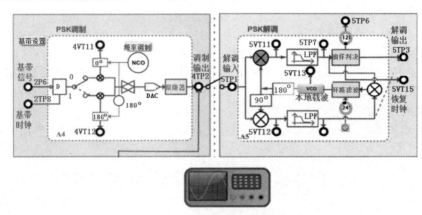

图 1-13-7　PSK 调制解调实验框图

本实验需要用到以下功能模块。

（1）基带信号产生模块。

基带信号从 2P6 输入，单击实验框图中的"基带设置"按钮，可以修改基带信号的码型和速率。

（2）A4。

完成 PSK 调制，基带信号从 2P6 输入，已调信号从 4TP2 输出。调制载波频率默认为 128kHz，通过单击"载波频率"按钮可进行修改，修改范围为 0～4MHz。

（3）A5。

完成 PSK 解调（采用相干解调法）。其中，载波提取采用了数字 Costas 环（科斯塔斯环），Costas 环 VCO 中心频率可自动锁定。Costas 环各部分均有输出，可以测量。解调器主体模块（相乘、低通滤波、抽样判决）集中在 I 路，其余部分用于同步。

注：可以通过实验框图中的按钮修改实验中输出的参数。

2. 观测点说明

● 2P6：基带信号输出。

● 4VT11：0 相位载波输出。

● 4VT12：π 相位载波输出。

● 4TP2：PSK 调制输出。

● 5TP1：解调输入。

● 5VT13：本地载波输出。

● 5VT11：I 路相干输出。

● 5TP7：I 路或 Q 路滤波输出（单击环路左侧的两个相乘器，5TP7 跟着切换）。

● 5TP6：判决电平输出。

● 5TP3：解调输出。

1.13.4　亲自动手，观察并体会频谱变换

1. 观察 2PSK 已调信号的频谱

（1）基带设置：单击"基带设置"按钮，设置基带信号的码型为"15-PN"，速率为"2K"。

（2）载波设置：单击"载波频率"按钮，设置载波频率为 24kHz。

（3）使用示波器测量 4TP2，观察 2PSK 已调信号的波形；使用示波器的 Math->FFT 功能观察 2PSK 已调信号的频谱，注意观察其带宽与基带信号带宽的关系，以及在载频点有无离散载频。

2. 观察解调过程

（1）设置 VCO 中心频率为 24kHz。

（2）使用示波器的 1、2、3、4 通道分别测量 4TP2（数字基带信号）、5TP1（接收端收到的 2PSK 已调信号）、5VT11（经解调器、相乘器后的波形）、5TP7（经低通滤波器后的信号）；使用示波器的 Math->FFT 功能观察 5VT11 处的频谱、带宽、中心频率、有无离散载频，并推测低通滤波器的截止频率（关键参数）。

注：在观察频谱时，注意将两个频段的频谱显示全，此处最常见的错误是只调出了高频段频谱的一部分。

1.14　相位模糊现象的成因、危害与克服

1.14.1　难点描述

相位模糊现象是 2PSK 载波同步过程中产生的现象，表现为恢复的载波有时与发送端载波同相位，有时与发送端载波相位相差 π，导致 2PSK 不实用，而解决方法非常巧妙，就是在 2PSK 调制器前加入差分编码器，在 2PSK 解调器后加入差分译码器。本节结合 Simulink 仿真实验，对相位模糊现象的成因、危害与克服进行系统说明。

1.14.2　理论说明

本节以 Simulink 仿真实验、虚拟仿真实验平台作为支撑。在 2ASK、2PSK、2DSPK 的 Simulink 仿真实验中，二进制数字基带信源产生的信号是单极性不归零波形，设该信号的码元波特率为 1Bd，载频是频率为 2Hz 且初相位为 0 的正弦波。

1. 相位模糊现象的成因

数字基带信号及其对应的 2PSK 已调信号的时域波形如图 1-14-1 所示。

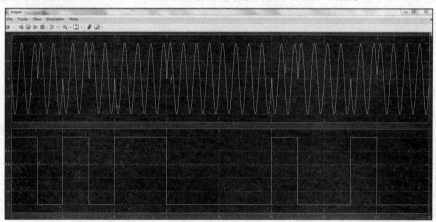

图 1-14-1　数字基带信号（下）及其对应的 2PSK 已调信号（上）的时域波形

　　由图 1-14-1 可见，2PSK 已调信号的包络不与基带信号成正比，因此只能采用相干解调，而采用相干解调，载波同步就是绕不开的环节。

　　对比 2ASK 已调信号的功率谱（见图 1-14-2）和 2PSK 已调信号的功率谱（见图 1-14-3），可见，在 2Hz 载频点处，2ASK 已调信号有离散谱线，2PSK 已调信号没有离散谱线（在 0、1 码等概率出现的前提下）。

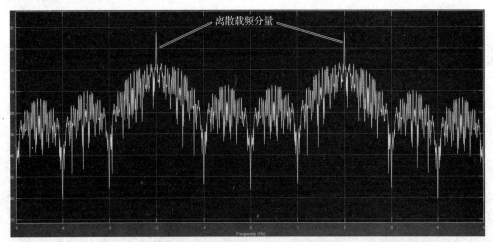

图 1-14-2　2ASK 已调信号的功率谱

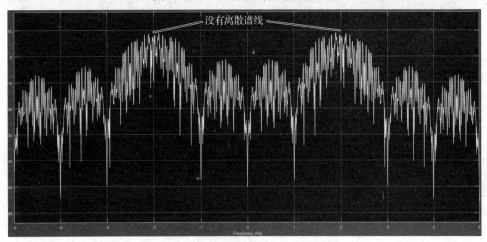

图 1-14-3　2PSK 已调信号的功率谱

　　如果在载频点处有单频谱线，就可以用窄带滤波器（或锁相环）进行滤波，获取相干载波，而 2PSK 已调信号没有离散谱线，只能用间接法获取相干载波，如图 1-14-4 所示。

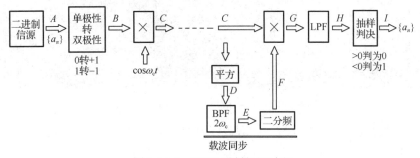

图 1-14-4　2PSK 调制解调过程

由图 1-14-4 中的载波同步模块可知，载波同步经过平方、滤波、分频环节。C 点的 2PSK 已调信号的时域表达式为

$$s_C(t)=\pm 1\times\cos\omega_c t \qquad (1\text{-}14\text{-}1)$$

该表达式的平方为

$$s_D(t)=s_C{}^2(t)=(\pm 1\times\cos\omega_c t)^2=\cos^2(\omega_c t)=1+2\cos 2(\omega_c t) \qquad (1\text{-}14\text{-}2)$$

D 点的功率谱如图 1-14-5 所示。

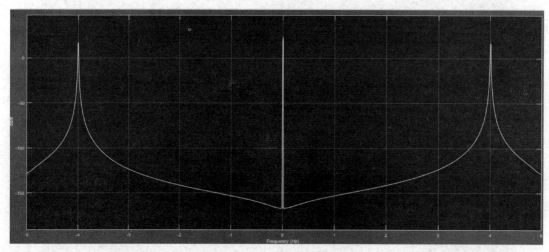

图 1-14-5　D 点的功率谱

由图 1-14-5 可见，信号功率集中在 0Hz 和载频的倍频 4Hz 处，有 4Hz 离散谱线。因此，D 点信号经过中心频率为 $2f_c$（4Hz）的滤波器后，在 E 点得到 4Hz 的单频正弦波，其时域波形与功率谱分别如图 1-14-6 和图 1-14-7 所示。

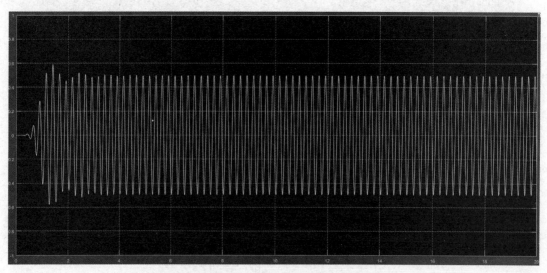

图 1-14-6　E 点 4Hz 单频正弦波的时域波形

E 点波形经过二分频得到 F 点波形，即载频为 2Hz 的单频波，其时域波形与功率谱分别如图 1-14-8 和图 1-14-9 所示。

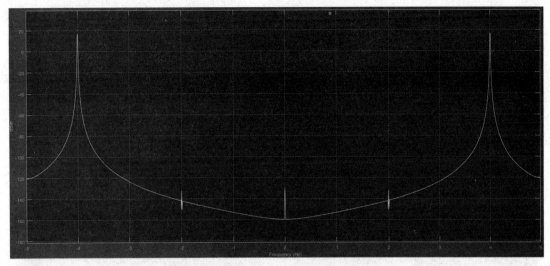

图 1-14-7　E 点 4Hz 单频正弦波的功率谱

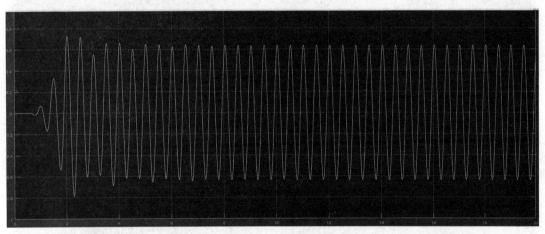

图 1-14-8　F 点 2Hz 单频波的时域波形

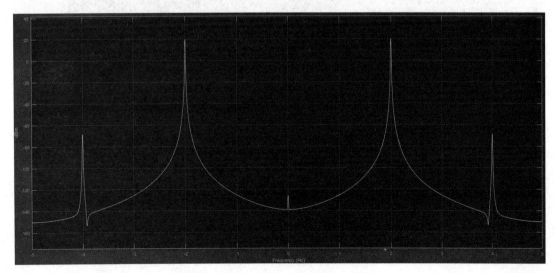

图 1-14-9　F 点 2Hz 单频波的功率谱

相位模糊现象就发生在二分频过程中，接收机每次开始工作时，分频器的初始状态不同，导致分频器输出也不同，输出为 $\cos(\omega_c t+0)$ 或 $\cos(\omega_c t+\pi)$，并不能确保每次出现同一个相位的载波。

2. 相位模糊现象的危害

未发生相位模糊现象时的 2PSK 解调过程的波形如图 1-14-10 所示。在图 1-14-10 中，2PSK 已调信号（C 点波形，$\pm\cos\omega_c t$）与恢复的载波（F 点波形，$\cos\omega_c t$）相乘，得到 G 点波形（$\pm\cos^2(\omega_c t)$），经低通滤波后得到 H 点波形，经抽样判决后得到 I 点波形，即恢复出发送的码元，对比发送的 A 点波形，除因载波同步电路起振导致开头两个码元错误外，其余码元均能正确恢复。

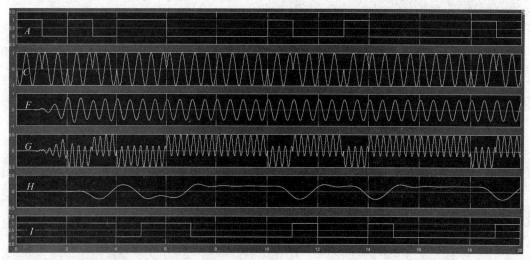

图 1-14-10　未发生相位模糊现象时的 2PSK 解调过程的波形

如果发生相位模糊现象，则恢复载波为 $\cos(\omega_c t+\pi)$，两种载波对比如图 1-14-11 所示。可以看出，相位模糊载波与正常载波反相。

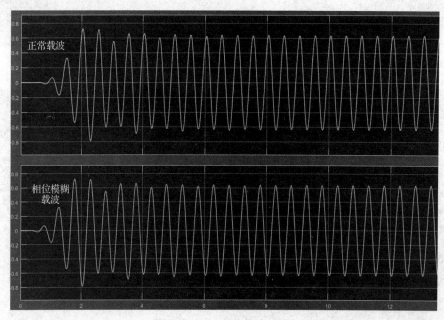

图 1-14-11　两种载波对比

发生相位模糊现象时的 2PSK 解调过程的波形如图 1-14-12 所示。

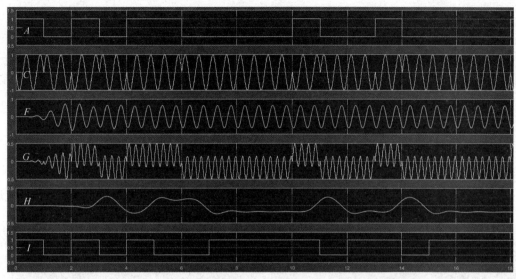

图 1-14-12　发生相位模糊现象时的 2PSK 解调过程的波形

由图 1-14-12 可知，由于 F 点恢复的载波反相，因此恢复的接收信号是发送信号取反，完全错误。

3. 2DPSK 调制克服相位模糊现象的原理

2DPSK 调制的解决方案是在 2PSK 调制解调系统的基础上，在发送端加入差分编码器，将要发送的信码（绝对码序列 $\{a_n\}$）变换为相对码（序列 $\{b_n\}$）。变换的原则：相对码与前一相对码相比，极性发生变化表示绝对码 1，否则表示绝对码 0，简记为"变为 1，不变为 0"。

例如：

绝对码　　　0　1　0　1　1　0　0

相对码 1　　1　0　0　1　0　0　0

差分编码功能可由异或模块实现，如图 1-14-13 所示。

其中，各个序列的波形如图 1-14-14 所示。

图 1-14-13　差分编码

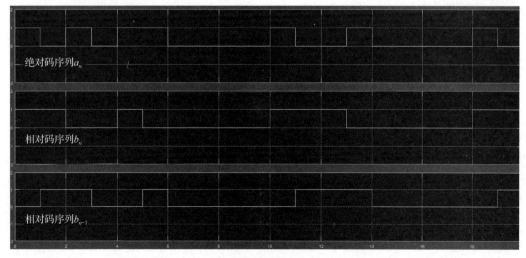

图 1-14-14　差分编码过程中各个序列的波形

在进行差分译码时，根据收到的相对码序列{b_n}恢复绝对码序列{a_n}，遵循"变为1，不变为0"的原则。

例如：

收到的相对码 1 1 0 0 1 0 0 0

恢复的绝对码 　0 1 0 1 1 0 0

如果发生相位模糊现象，则会使相对码完全取反，但不影响相邻码元相对极性的变化，根据"变为1，不变为0"的原则，恢复的绝对码不变。

例如：

收到的相对码 0 0 1 1 0 1 1 1

恢复的绝对码 　0 1 0 1 1 0 0

差分译码也是由异或模块完成的，如图 1-14-15 所示。

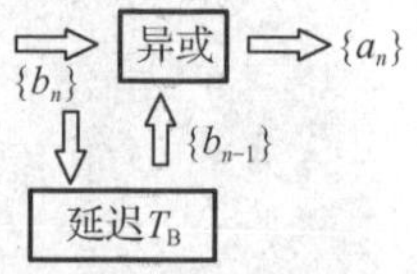

在图 1-14-15 中，各个序列的波形如图 1-14-16 所示。

图 1-14-15　差分译码

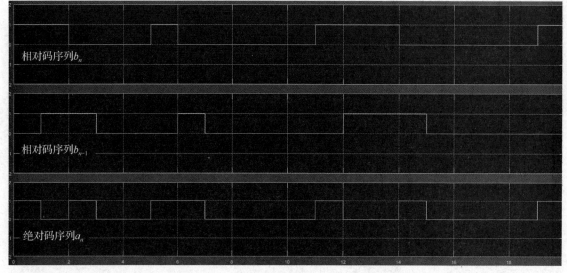

图 1-14-16　差分译码过程中各个序列的波形

完整的 2DPSK 系统如图 1-14-17 所示。

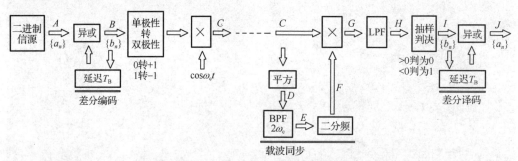

图 1-14-17　完整的 2DPSK 系统

该系统各点的波形（未发生相位模糊现象）如图 1-14-18 所示。

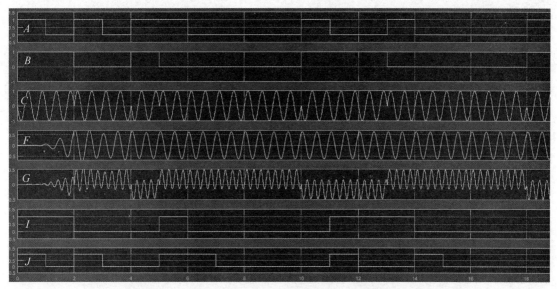

图 1-14-18　未发生相位模糊现象时 2DPSK 系统各点的波形

当发生相位模糊现象时，2DPSK 系统各点的波形如图 1-14-19 所示。

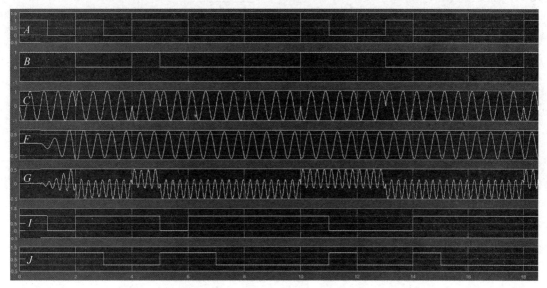

图 1-14-19　发生相位模糊现象时 2DPSK 系统各点的波形

由图 1-14-19 可知，由于发生相位模糊现象，导致恢复的载波（F 点波形）反相，从而使恢复的相对码波形（I 点波形）完全反相，但这并不影响恢复的绝对码波形（J 点波形），成功克服了相位模糊现象。

1.14.3　亲自动手，体会实验过程

1. 搭建 2DPSK 调制解调仿真实验系统

打开 MATLAB 软件的 Simulink，搭建如图 1-14-20 所示的 2DPSK 仿真实验框图。

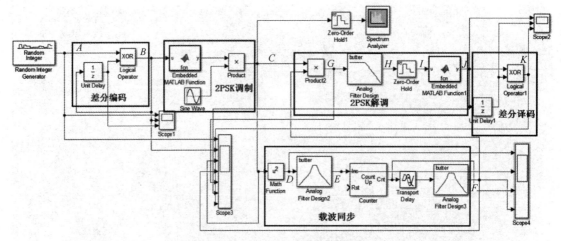

图 1-14-20 2DPSK 仿真实验框图

由图 1-14-20 可知，2DPSK 系统的组成模块如图 1-14-21 所示。

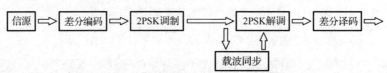

图 1-14-21 2DPSK 系统的组成模块

（1）信源模块参数设置。

信源采用随机序列发生器（Random Integer Generator），产生单极性二进制信号，每秒产生 1 个码元，其参数设置如图 1-14-22 所示。

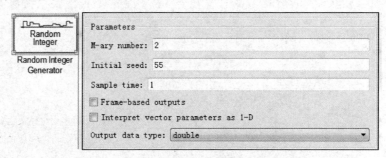

图 1-14-22 随机序列发生器参数设置

（2）差分编码模块参数设置。

异或器（XOR）采用默认设置。

单位延迟器（Unit Delay）参数设置如图 1-14-23 所示。

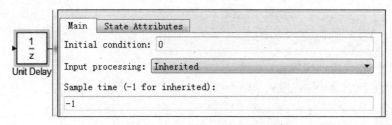

图 1-14-23 单位延迟器参数设置

（3）2PSK 调制模块参数设置。

嵌入式函数（Embedded MATLAB Function）用于实现单极性转双极性（0 转+1，1 转-1），
代码如下：

```
function y = fcn(u)
if (u>0)
    y=-1
else
    y=1
end
```

正弦发生器（Sine Wave）提供一个频率为 2Hz、初相位为 0 的载波，其参数设置如图 1-14-24
所示。

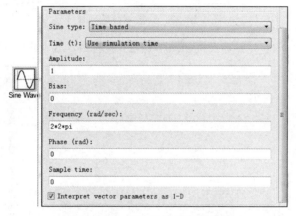

图 1-14-24　正弦发生器参数设置

相乘器的"Sample time"设置为"0.01"。

（4）载波同步模块参数设置。

平方器（Math Function）参数设置如图 1-14-25 所示。

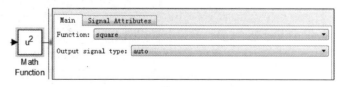

图 1-14-25　平方器参数设置

带通滤波器 2（Analog Filter Design2）参数设置如图 1-14-26 所示。

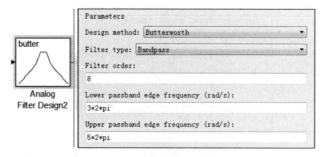

图 1-14-26　带通滤波器 2 参数设置

计数器（Counter）参数设置如图 1-14-27 所示。

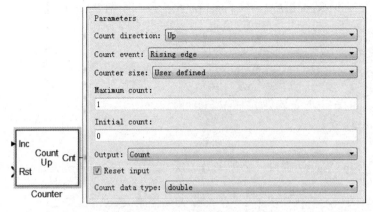

图 1-14-27　计数器参数设置

延时器（Transport Delay）参数设置如图 1-14-28 所示。

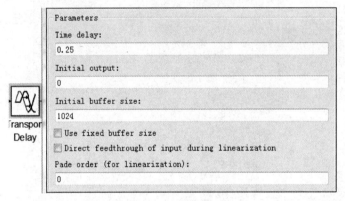

图 1-14-28　延时器参数设置

在图 1-14-28 中，延迟时间为 0.25s，恢复的载波为 0 相位；若将延迟时间改为 0，则恢复的载波为 π 相位。

带通滤波器 3（Analog Filter Design3）参数设置如图 1-14-29 所示。

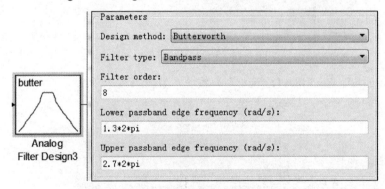

图 1-14-29　带通滤波器 3 参数设置

（5）2PSK 解调模块参数设置。

相乘器 2（Product2）参数设置如图 1-14-30 所示。

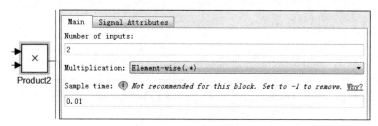

图 1-14-30　相乘器 2 参数设置

低通滤波器（Analog Filter Design）参数设置如图 1-14-31 所示。

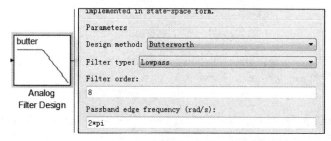

图 1-14-31　低通滤波器参数设置

零阶保持器（Zero-Order Hold）参数设置如图 1-14-32 所示。

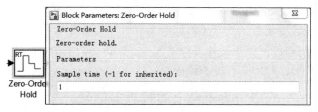

图 1-14-32　零阶保持器参数设置

嵌入式函数 1（Embedded MATLAB Function1）的代码如下：

```
function y = fcn(u)
if (u>0)
    y=0
else
    y=1
end
```

（6）差分译码模块参数设置。

单位延迟器 1（Unit Delay1）参数设置如图 1-14-33 所示。

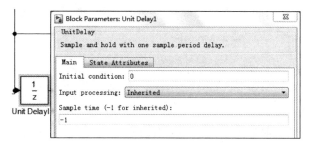

图 1-14-33　单位延迟器 1 参数设置

异或器（XOR）采用默认设置。

（7）功率谱显示模块参数设置。

零阶保持器 1（Zero-Order Hold1）参数设置如图 1-14-34 所示。

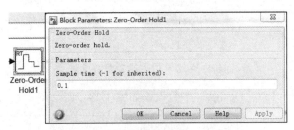

图 1-14-34　零阶保持器 1 参数设置

由图 1-14-34 可见，"Sample time（–1 for inherited）"设置为"0.1"，作用是将其后的频谱分析仪的横坐标的显示范围拓展为–5～5Hz。

2．运行系统

（1）将运行时间设置为 2000s，运行后观察 Spectrum Analyzer 显示的 2PSK 已调信号的功率谱，观察其有无载频点（2Hz）离散谱线。

（2）将运行时间设置为 20s，运行后，在 Scope1 中观察差分编码过程，在 Scope2 中观察差分译码过程，在 Scope4 中观察载波同步过程，在 Scope3 中观察 2DPSK 各主要点的波形，包括 A、B、C、F、G、J、K 点的波形。

（3）将载波同步模块中延时器的延迟时间改为 0，产生的载波反相，运行系统后，在 Scope3 中观察 2DPSK 各主要点的波形，包括 A、B、C、F、G、J、K 点的波形，特别要观察 F 点载波反相、J 点相对码反相并对比 A 点和 K 点的波形。

1.14.4　亲自动手，在虚拟仿真平台上体验真实信号环境

获得实验权限，从浏览器进入在线实验平台，选择 DPSK 调制解调实验，进入 DPSK 运行系统。DPSK 调制解调实验框图如图 1-14-35 所示。

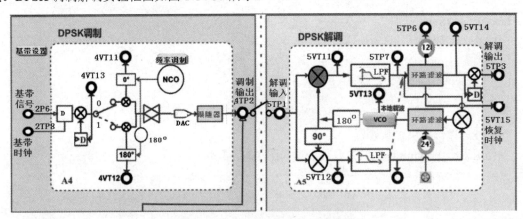

图 1-14-35　DPSK 调制解调实验框图

1．实验框图说明

本实验需要用到以下两个功能模块。

单击实验框图中的"基带设置"按钮，可以修改基带信号输出的相关参数，2P6 输出基带信号，2TP8 输出基带时钟。

（1）A4。

A4 完成输入基带信号的 DPSK 调制，已调信号从 4TP2 输出。由于 DPSK 直接对基带信号进行差分编码和调制，因此输入为 2P6 基带信号，输出为 DPSK 已调信号，可将差分编码信号 4VT13 作为同步信号进行观测。调制载波频率默认为 128kHz，通过单击"载波频率"按钮可对其进行修改，修改范围为 0～4096kHz。

（2）A5。

A5 完成 DPSK 解调，解调采用相干解调法，其解调同 PSK。其中，载波提取采用了硬件电路的 Costas 环，Costas 环 VCO 中心频率可调节。

解调输出选择：PSK 的 Costas 环中只有 PSK 和本地载波同相或反相的那路才能解调出基带数据，正交的那路不能解调出基带数据，实验时可以单击环路左侧的两个相乘器来选择进入抽样判决电路的信号。

2．观测点说明

● 2P6：基带信号输出。

● 4VT13：调制端相对码输出。

● 4TP2：PSK 调制输出。

● 5TP1：解调输入。

● 5VT13：本地载波输出。

● 5VT11：I 路相干输出。

● 5TP7：I 路滤波输出。

● 5VT14:解调端相对码输出。

● 5TP3：解调输出。

3．实验步骤

（1）差分编码观测（绝对码-相对码转换）。

单击"基带设置"按钮，设置基带数据为"15-PN"，基带时钟为"128K"。使用 4 通道示波器观察绝对码——2P6、对应的相对码——4VT13 和 2TP8，分析差分编码输出是否正确。（注意：在读取相对码数据时，延时一个码元。）

（2）DPSK 调制观测。

使用 4 踪示波器分别观测绝对码 2P6、相对码 4VT13、DPSK 调制输出 4TP2，并分析 DPSK 已调信号和绝对码及相对码的关系，分析其和 PSK 调制的区别。

（3）DPSK 已调观测。

调节解调模块中的 VCO 中心频率为 128kHz，判决电平为 120V，用示波器观测 5TP3。单击 ⊗ 图标可切换 I 路或 Q 路输出。

（4）发生相位模糊现象时的 DPSK 已调观测。

基带速率 32×10^3Bd，数据设为 01010101010101，载波频率为 128kHz。

示波器的 4 个通道分别接 5TP1、5VT13、4VT13、5VT14，正确解调时，观测 0 电平调制信号和本地载波信号之间的相位关系；通过单击 VCO 按钮来观测相位模糊现象，并思考出现相位模糊现象的原因。

通过单击 VCO 按钮，4VT13、5VT14 之间出现相位模糊现象，观察此时 2P6 和 5TP3 之间有没有相位模糊现象出现，为什么？

1.15　2FSK 相干解调时串扰信号的产生、危害及消除

1.15.1　难点描述

2FSK 经典的频谱特征是双峰频谱，相干解调时，解调器分上、下两个支路，每个支路用带通滤波器各取一个"峰"（一种载波），相干解调后进行对比判决。为追求更窄的信号带宽，会将两个载频的频差减小，功率谱的双峰会靠近，甚至会叠加出现单峰。随着双峰的靠近，解调器上、下两个支路的分路滤波器不能将两个峰截然分开，下支路的信号会串扰到上支路，同理，上支路的信号也会串扰到下支路。本节系统说明串扰信号的产生、危害及消除。

1.15.2　理论说明

本节以 Simulink 仿真实验环境作为支撑，在 2FSK 实验系统中，二进制数字基带信源产生的信号是单极性不归零波形，码元速率为 10Bd，载波频率为 f_1=100Hz，f_2=50Hz，噪声为某一特定值。

1.　串扰信号的产生及危害

2FSK 调制解调系统框图如图 1-15-1 所示，该系统采用数字键控法进行调制，采用相干解调。

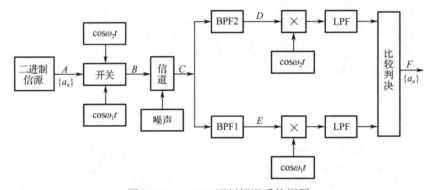

图 1-15-1　2FSK 调制解调系统框图

2FSK 已调信号（B 点）的功率谱（双边谱）如图 1-15-2 所示。

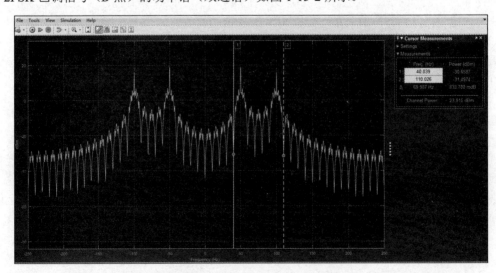

图 1-15-2　2FSK 已调信号的功率谱

　　由图 1-15-2 可见,该信号为双峰频谱,两个载频点分别在 50Hz 和 100Hz 处,50Hz 峰的两侧第一过零点为(50±10)Hz,100Hz 峰的两侧第一过零点为(100±10)Hz,信号带宽为(110-40)Hz=70Hz,所有指标与理论计算均一致。

　　BPF2 的中心频点为 50Hz,带宽为 20Hz,D 点信号是 BPF2 取得的 50Hz 峰,如图 1-15-3 所示。

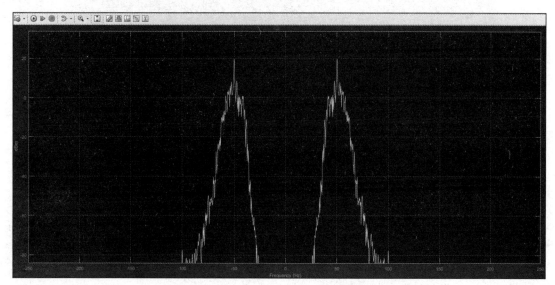

图 1-15-3　上支路(D 点)输入相干解调器的功率谱

　　BPF1 的中心频点为 100Hz,带宽为 20Hz,E 点信号是 BPF1 取得的 100Hz 峰,如图 1-15-4 所示。

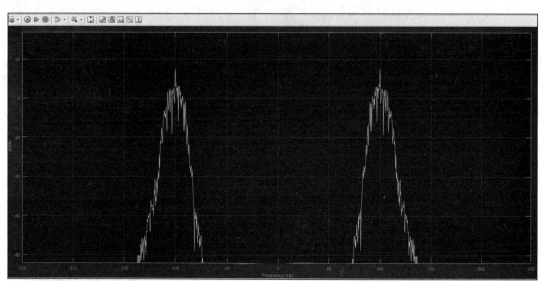

图 1-15-4　下支路(E 点)输入相干解调器的功率谱

　　B、D、E 点的时域波形如图 1-15-5 所示。

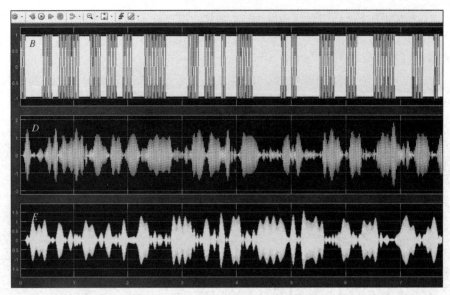

图 1-15-5　*B*、*D*、*E* 点的时域波形

由图 1-15-3 和图 1-15-4 可见，相干解调器的分路滤波器 BPF1 和 BPF2 各取一个峰，且没有串扰；由图 1-15-5 也可以看出，两种基带码元的载波被分为两路，几乎没有串扰。这是因为两个峰相距较远，两个载频频差为 50Hz，是基带速率的 5 倍。

此时，系统的误码率如图 1-15-6 所示，可知误码率为 0.1998%。

图 1-15-6　两个载频相距较远时系统的误码率

将载频设置为 f_2=50Hz，f_1=60Hz，$f_1-f_2 \leqslant f_B$（10Hz），双峰频谱叠成单峰频谱，如图 1-15-7 所示。图 1-15-7 显示的是双边谱。

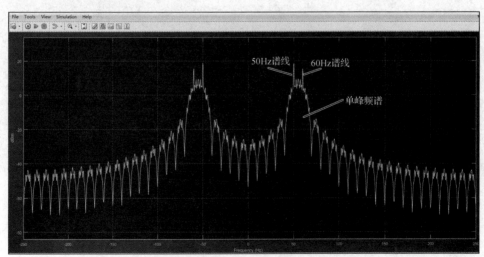

图 1-15-7　2FSK 已调信号单峰功率谱

D 点信号是 BPF2 取得的 50Hz 峰，如图 1-15-8 所示。

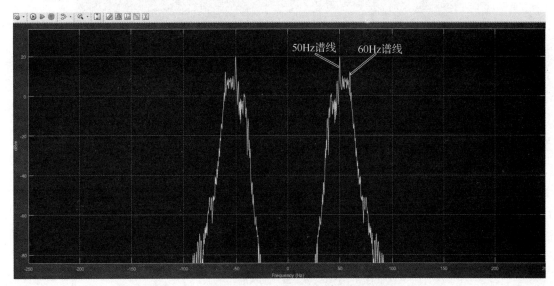

图 1-15-8 　上支路（D 点）输入相干解调器的功率谱

将滤波器 BPF1 的中心频率由 100Hz 修改为 60Hz，其他参数不变，E 点信号是 BPF1 取得的 60Hz 峰，如图 1-15-9 所示。

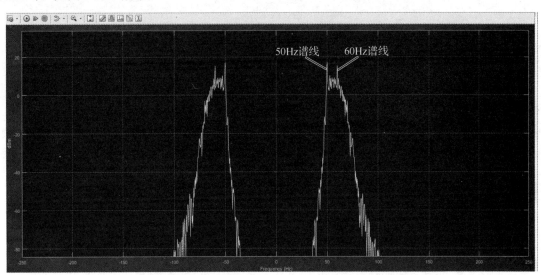

图 1-15-9 　下支路（E 点）输入相干解调器的功率谱

由图 1-15-8 可见，上支路本应该只有 50Hz 峰的信号，但串入了 60Hz 频段的信号；同理，由图 1-15-9 可见，下支路串入了 50Hz 频段的信号。可见，两个载频点靠近到一定程度后，相干解调器的分路滤波器就很难将两种信号分开了。

此时，B、D、E 点的时域波形如图 1-15-10 所示。

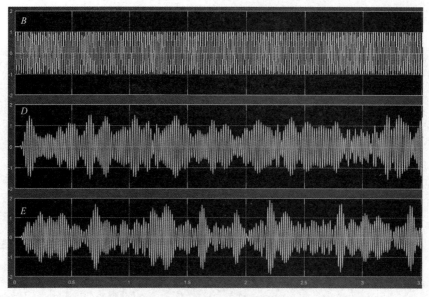

图 1-15-10　B、D、E 点的时域波形

由图 1-15-10 也可以看出，两种码元的载波并没有被分路滤波器截然分开。串扰的后果就是误码率上升。此时，系统的误码率如图 1-15-11 所示，上升为 1.798%。

图 1-15-11　单峰频谱时系统的误码率

2. 串扰信号的消除

利用正交信号的特性消除串扰信号。当波特率为 10Bd，载频 f_2=50Hz 和 f_1=60Hz 正交时，有

$$\int_0^{T_B} \cos \omega_1 t \cos \omega_2 t \, \mathrm{d}t = 0 \tag{1-15-1}$$

将上、下两个支路的低通滤波器（LPF）改为积分器，如图 1-15-12 所示。

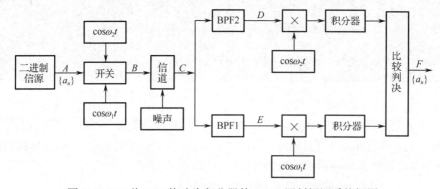

图 1-15-12　将 LPF 修改为积分器的 2FSK 调制解调系统框图

以上支路为例，设上支路通过 BPF2 的信号为 $A\cos\omega_2 t + a\cos\omega_1 t$，其中，$a\cos\omega_1 t$ 为串入上支路的信号。对上支路进行相乘、积分，消除串入信号 $a\cos\omega_1 t$。具体过程如下：

$$\int_0^{T_B} (A\cos\omega_2 t + a\cos\omega_1 t)\cos\omega_2 t\, dt = \int_0^{T_B} (A\cos^2\omega_2 t + a\cos\omega_2 t\cos\omega_1 t)\, dt$$
$$= \int_0^{T_B} A\cos^2\omega_2 t\, dt + \int_0^{T_B} a\cos\omega_2 t\cos\omega_1 t\, dt \qquad（1\text{-}15\text{-}2）$$
$$= \int_0^{T_B} A\cos^2\omega_2 t\, dt + 0$$

此时，系统的误码率如图 1-15-13 所示。可见，系统的误码率明显下降，下降到两个频段相距较远的水平。

图 1-15-13　单峰频谱时改进系统的误码率

对比图 1-15-13 和图 1-15-6 可知，正交加积分器的改进措施完全消除了串扰信号的影响。

1.15.3　亲自动手，体会实验过程

1. 搭建 2FSK 调制解调仿真实验系统

打开 MATLAB 软件的 Simulink，搭建如图 1-15-14 所示的 2FSK 系统仿真实验框图。

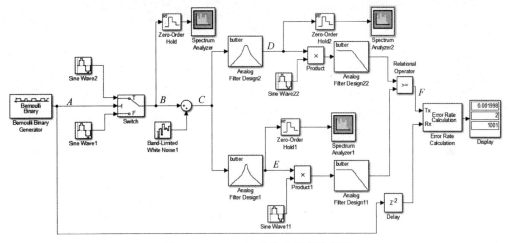

图 1-15-14　2FSK 系统仿真实验框图

由图 1-15-14 可知，2FSK 系统采用数字键控法进行调制，接收端采用相干解调。

信源采用伯努利二进制序列发生器（Bernoulli Binary Generator）产生单极性二进制信号，每秒产生 10 个码元，其参数设置如图 1-15-15 所示。

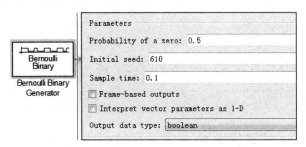

图 1-15-15　伯努利二进制序列发生器参数设置

正弦波产生器 2/22（Sine Wave2/22）为系统提供载频 f_2=50Hz，其参数设置如图 1-15-16 所示。

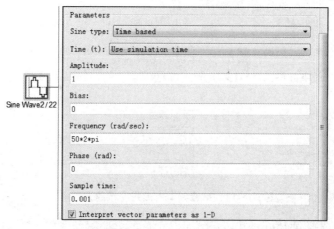

图 1-15-16　正弦波产生器 2/22（Sine Wave2/22）参数设置

正弦波产生器 1/11（Sine Wave1/11）为系统提供载频 f_1=100Hz，其参数设置如图 1-15-17 所示。

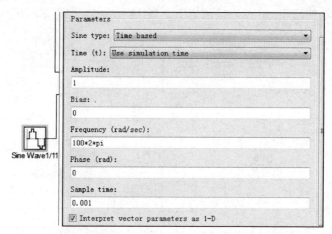

图 1-15-17　正弦波产生器 1/11（Sine Wave1/11）参数设置

带限白噪声 1（Band-Limited White Noise1）参数设置如图 1-15-18 所示。

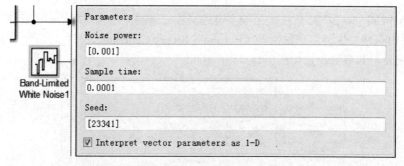

图 1-15-18　带限白噪声 1（Band-Limited White Noise1）参数设置

带通滤波器 1（Analog Filter Design1）参数设置如图 1-15-19 所示。

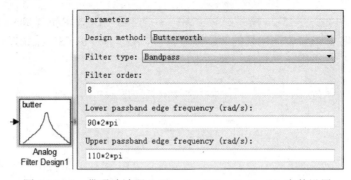

图 1-15-19　带通滤波器 1（Analog Filter Design1）参数设置

由图 1-15-19 可见，下支路分路滤波器 BPF1 的通频带为 90～110Hz，负责从信号中取出 90～110Hz 频段的信号。

带通滤波器 2（Analog Filter Design2）参数设置如图 1-15-20 所示。

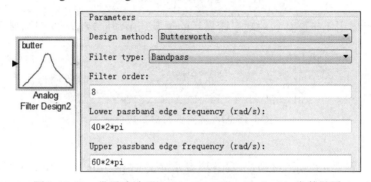

图 1-15-20　带通滤波器 2（Analog Filter Design2）参数设置

由图 1-15-20 可见，下支路分路滤波器 BPF1 的通频带为 40～60Hz，负责从信号中取出 40～60Hz 频段的信号。

低通滤波器 11/22（Analog Filter Design11/22）参数设置如图 1-15-21 所示。

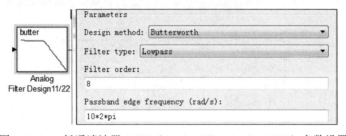

图 1-15-21　低通滤波器 11/22（Analog Filter Design11/22）参数设置

大于或等于（Relational Operator）模块（逻辑器件）参数设置如图 1-15-22 所示。

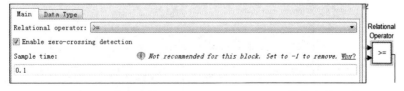

图 1-15-22　大于或等于（Relational Operator）模块参数设置

　　误码率统计模块如图 1-15-23 所示。对于误码率统计器（Error Rate Calculation）的两个输入端，Tx 端接入 2FSK 系统接收端恢复的数字基带信号，Rx 端接入 2FSK 系统发送端发送的数字基带信号，发送端延迟 2 个码元，与接收端基带信号同步。

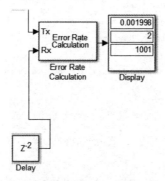

图 1-15-23　误码率统计模块

3 个零阶保持器用于拓展其后的功率谱显示的频率范围，其参数设置相同，如图 1-15-24 所示。

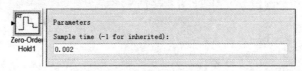

图 1-15-24　零阶保持器参数设置

2. 运行系统

　　将运行时间设置为 100s，运行后，观察频谱分析仪（Spectrum Analyzer）显示的 2FSK 已调信号的功率谱，频谱分析仪 1（Spectrum Analyzer1）显示的相干解调器下支路通过的信号的功率谱，以及频谱分析仪 2（Spectrum Analyzer2）显示的相干解调器上支路通过的信号的功率谱，注意观察有没有信号串扰发生，观察并记录误码率。

3. 修改载频 1 后运行系统

　　对于正弦波产生器 1/11，将频率修改为 f_1=60Hz，参数设置如图 1-15-25 所示。系统其他参数不变。

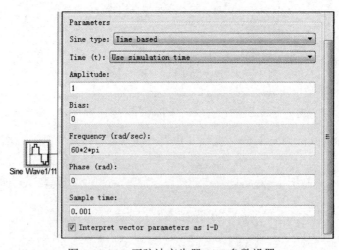

图 1-15-25　正弦波产生器 1/11 参数设置

将运行时间设置为 100s，运行后，观察频谱分析仪（Spectrum Analyzer）显示的 2FSK 已调信号的功率谱，频谱分析仪 1（Spectrum Analyzer1）显示的相干解调器下支路通过的信号的功率谱，以及频谱分析仪 2（Spectrum Analyzer2）显示的相干解调器上支路通过的信号的功率谱，注意观察有没有信号串扰发生，观察并记录误码率。

4. 修改低通滤波器后运行系统，观察误码率

将低通滤波器改为积分器，修改后的 2FSK 系统仿真实验框图如图 1-15-26 所示。

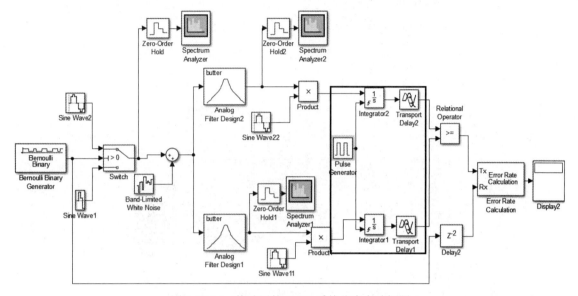

图 1-15-26　修改后的 2FSK 系统仿真实验框图

图 1-15-26 中的系统相对于图 1-15-14 中的系统，改进主要体现在用方框部分替换原 2FSK 系统中的两个低通滤波器，方框中的核心部件是两个积分器。方框中各模块参数设置如图 1-15-27～图 1-15-29 所示。

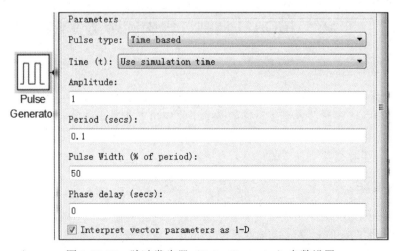

图 1-15-27　脉冲发生器（Pulse Generator）参数设置

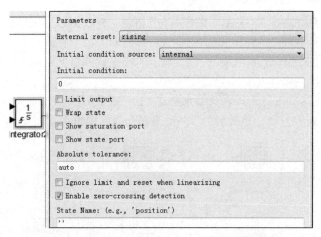

图 1-15-28　积分器 2（Integrator2）参数设置

两个积分器的参数设置相同。

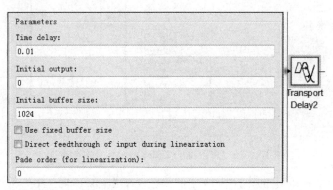

图 1-15-29　延迟器 2（Transport Delay2）参数设置

两个延迟器的参数设置相同。

1.16　16QAM 调制过程中的带宽变化

1.16.1　难点描述

在 16QAM 调制过程中，信号经过了分路、进制转换、调制、叠加等环节，带宽变化对学习者来说是一个难点，而只背公式会算最终的带宽不能应对千变万化的现实系统的计算需求，不利于分析、设计能力的培养。本节结合实验系统，通过对调制过程中时域、频域波形进行展示和分析，学习者可以对带宽变化有直观的理解。

1.16.2　理论说明

本节以 Simulink 仿真实验作为支撑。

16QAM 调制框图如图 1-16-1 所示。

A 点是二进制基带信号，设定码元宽度为 0.25s，即信源速率为 4bit/s，波特率为 4Bd。串/并转换前后的基带信号时域波形如图 1-16-2 所示。

基带信号是全占空方波信号，又由于其波特率为 4Bd，因此，A 点的第一零点带宽为 4Hz，如图 1-16-3 所示。

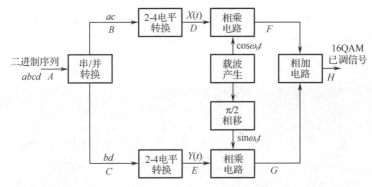

图 1-16-1　16QAM 调制框图

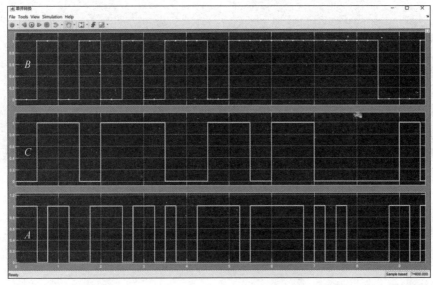

图 1-16-2　串/并转换前后的基带信号时域波形

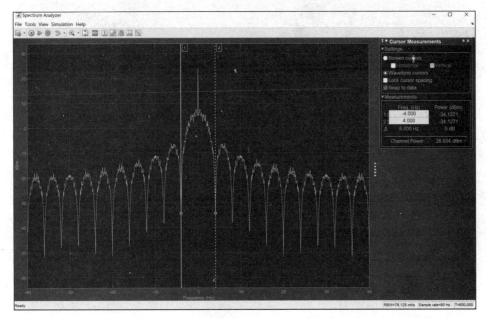

图 1-16-3　A 点功率谱

经过串/并转换后，两路并行码元宽度加倍，变为 0.5s；波特率减半，变为 2Bd；第一零点带宽减小为 2Hz。B 点功率谱如图 1-16-4 所示，C 点带宽同 B 点带宽。

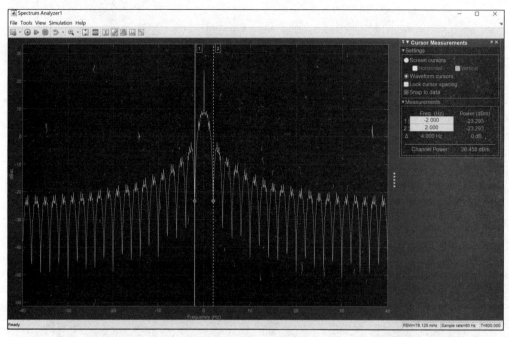

图 1-16-4　B 点功率谱

B 点到 D 点、C 点到 E 点，进行二进制到四进制的转换（2-4 电平转换），转换为四进制信号后，码元宽度再次加倍，变为 1s；波特率再次减半，变为 1Bd。D、E 点的时域波形如图 1-16-5 所示。

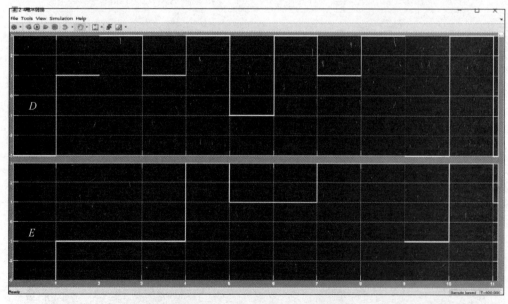

图 1-16-5　D、E 点的时域波形

由于波特率为 1Bd，因此 D、E 点的带宽均为 1Hz。D 点功率谱如图 1-16-6 所示。

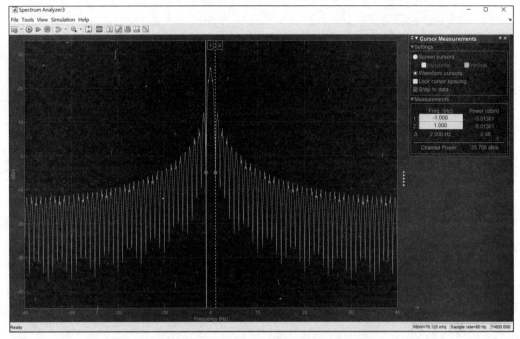

图 1-16-6　D 点功率谱

D 点到 F 点，四进制基带信号 $m_D(t)$（幅度为 ±1V、±3V）对 $\cos\omega_c t$ 进行调制，选定 f_c=20Hz。

$$m_D(t) \Leftrightarrow M_D(\omega) \tag{1-16-1}$$

$$\cos\omega_c t \Leftrightarrow \pi[\delta(\omega+\omega_c) + \delta(\omega-\omega_c)] \tag{1-16-2}$$

$$M_F(\omega) = \frac{1}{2\pi} M_D(\omega) * \pi[\delta(\omega+\omega_c) + \delta(\omega-\omega_c)]$$

$$= \frac{1}{2}[M_D(\omega+\omega_c) + M_D(\omega-\omega_c)] \tag{1-16-3}$$

F 点频谱是将 D 点频谱搬移到载频点，高度乘以 1/2，带宽相对于 D 点带宽加倍得到的，其功率谱主瓣位于 19～21Hz，如图 1-16-7 所示。

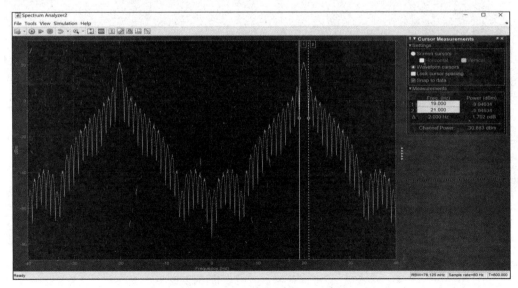

图 1-16-7　F 点功率谱

E 点到 G 点，4 进制基带信号 $m_E(t)$（幅度为 ±1 V、±3 V）对 $\sin\omega_c t$ 进行调制，f_c=20Hz。

$$m_E(t) \Leftrightarrow M_E(\omega) \tag{1-16-4}$$

$$\sin\omega_c t \Leftrightarrow \pi j[\delta(\omega+\omega_c) - \delta(\omega-\omega_c)] \tag{1-16-5}$$

$$M_G(\omega) = \frac{1}{2\pi} M_E(\omega) * j\pi[\delta(\omega+\omega_c) - \delta(\omega-\omega_c)]$$

$$= \frac{1}{2} j[M_E(\omega+\omega_c) - M_E(\omega-\omega_c)] \tag{1-16-6}$$

G 点频谱是将 E 点频谱搬移到载频点，高度乘以 1/2，带宽相对于 E 点带宽加倍得到的，其功率谱主瓣位于 19～21Hz。G 点功率谱可参考 F 点功率谱。

比较表达式 $M_F(\omega)$ 和 $M_G(\omega)$ 可知，$M_G(\omega)$ 比 $M_F(\omega)$ 多乘了一个系数 j，这意味着 $M_G(\omega)$ 和 $M_F(\omega)$ 虽然在同一频段（19～21Hz），但频谱相差了 90° $\left(\dfrac{\pi}{2}\right)$。因此，相加后得到 H 点的 16QAM 已调信号的频谱仍然在 19～21Hz 处，其频谱态势示意图如图 1-16-8 所示。

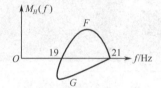

图 1-16-8　H 点频谱态势示意图

H 点功率谱如图 1-16-9 所示，可见，它的带宽也是 2Hz。

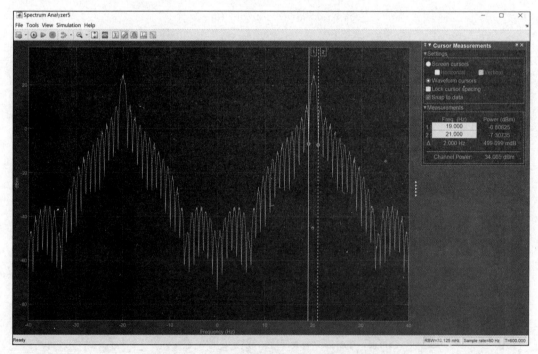

图 1-16-9　H 点功率谱

由 QAM 带宽计算公式计算其带宽也是 2Hz，结果是一致的：

$$B_{MQAM} = \frac{2R_b}{\log_2 M} = \frac{2 \times 4}{\log_2 16}\text{Hz} = 2\text{Hz} \tag{1-16-7}$$

F、G、H 点的时域波形如图 1-16-10 所示。

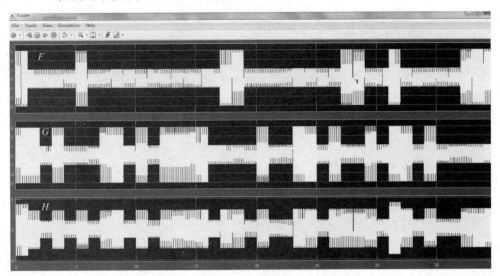

图 1-16-10　F、G、H 点的时域波形

1.16.3　亲自动手，观察并体会 16QAM 调制过程

（1）打开 MATLAB 软件的 Simulink，搭建如图 1-16-11 所示的 16QAM 仿真实验框图。

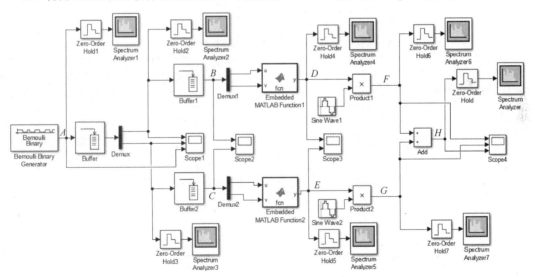

图 1-16-11　16QAM 仿真实验框图

在实验系统中，伯努利二进制序列发生器（Bernoulli Binary Generator）的作用是产生单极性不归零波形，Buffer+Demux 完成串/并转换，Buffer1+Demux1+嵌入式函数 1（Embedded MATLAB Function1）完成上支路的 2-4 电平转换，Buffer2+Demux2+嵌入式函数 2（Embedded MATLAB Function2）完成下支路的 2-4 电平转换，两个相乘器完成上、下支路的调制，经 Add 后生成 16QAM 已调信号。各模块参数设置如图 1-16-12～图 1-16-18 所示。

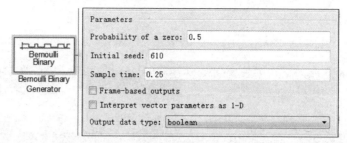

图 1-16-12　伯努利二进制序列发生器（Bernoulli Binary Generator）参数设置

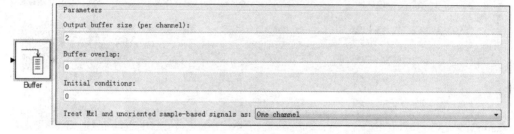

图 1-16-13　Buffer、Buffer1、Buffer2 参数设置

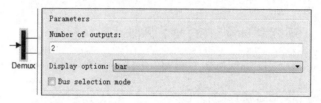

图 1-16-14　Demux、Demux1、Demux2 参数设置

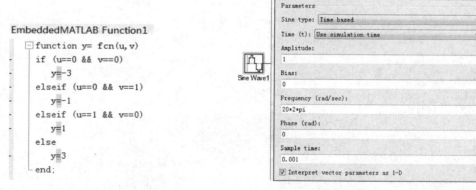

图 1-16-15　嵌入式函数 1/2 的代码　　　　　　图 1-16-16　上支路 Sine Wave1 参数设置

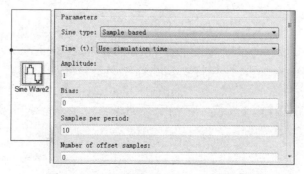

图 1-16-17　下支路 Sine Wave2 参数设置

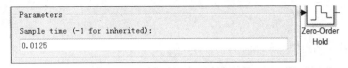

图 1-16-18 Zero-Order Hold 参数设置

（2）将运行时间设置为 40s，运行系统。

通过 Scope1 和 Scope2 观察数字基带信号串/并转换前后的时域波形，即 A 点和 B、C 点的波形，通过时域波形计算各点信号的第一零点带宽。通过 Spectrum Analyzer1、Spectrum Analyzer2、Spectrum Analyzer3 分别观察 A、B、C 点的功率谱，观察各点信号的第一零点带宽，并将此观察值与通过时域波形计算得到的第一零点带宽进行比对。

通过 Scope3 观察上、下支路 2-4 电平转换后的时域波形，即 D、E 点的波形，通过时域波形计算各点信号的第一零点带宽。通过 Spectrum Analyzer4、Spectrum Analyzer5 分别观察 D、E 点的功率谱，观察各点的第一零点带宽，并将此观察值与通过时域波形计算得到的第一零点带宽进行比对。

通过 Scope4 观察上支路调制后的时域波形，即 F 点波形；下支路调制后的时域波形，即 G 点波形；合成的 16QAM 已调信号波形，即 H 点波形。通过时域波形计算各点信号的第一零点带宽。通过 Spectrum Analyzer6、Spectrum Analyzer7、Spectrum Analyzer 分别观察 F、G、H 点的功率谱，观察各点的第一零点带宽，并将此观察值与通过时域波形计算得到的第一零点带宽进行比对。

1.17 2FSK 最佳接收

1.17.1 难点描述

2FSK 的接收方式有相干解调、非相干解调及最佳接收，在同样的输入条件下，在高斯白噪声信道环境下，最佳接收机的性能总是比实际接收机的性能好。然而，对初学者来说，从推导和公式中直观理解 2FSK 确知信号最佳接收机的工作机制是比较困难的。本节结合实验系统，通过对 2FSK 最佳接收机各点工作波形的观察进行分析，帮助学习者更好地理解 2FSK 最佳接收机的工作原理。

1.17.2 理论说明

1. 确知信号的 2FSK 时域波形

2FSK 是利用数字基带信号调制载波的频率来传送信息的。例如，1 码用频率为 f_1 的载频来传输，0 码用频率为 f_0 的载频来传输，而其振幅和初始相位为定值。

设二进制基带码元为 1000110111，码元宽度 T_B=1s，选择频率分别为 f_1=1Hz（对应基带码元 1）和 f_0=2Hz（对应基带码元 0）的载频，载频波形及调制输出的 2FSK 已调信号波形如图 1-17-1 所示。在图 1-17-1 中，从上到下依次是基带波形、载波 1 波形、载波 0 波形、2FSK 已调信号波形。

2. 2FSK 已调信号的最佳接收原理

根据通信原理知识，确知信号的最佳接收机可由匹配滤波器或相乘器加积分器组成的相关接收机两种方法来构成。在本次实验中，采用相乘器加积分器来组成最佳接收机。

相关接收机的核心是由相乘和积分构成的相关运算。设在一个二进制数字通信系统中，两种接收码元的波形 $s_0(t)$ 和 $s_1(t)$ 是确知的，其持续时间为 T_B，且能量相同。

如果有

$$W_1 + \int_0^{T_B} r(t)s_1(t)\mathrm{d}t < W_0 + \int_0^{T_B} r(t)s_0(t)\mathrm{d}t \tag{1-17-1}$$

式中，$W_0 = \dfrac{n_0}{2}\ln P(0)$；$W_1 = \dfrac{n_0}{2}\ln P(1)$。那么，判定发送码元是 $s_0(t)$；反之，则判定发送码元是 $s_1(t)$。W_0 和 W_1 可以看作由先验概率决定的加权因子。

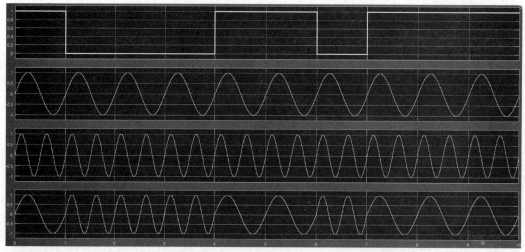

图 1-17-1　载频波形及调制输出的 2FSK 已调信号波形

若此二进制信号的先验概率相等，则式（1-17-1）可以简化为

$$\int_0^{T_B} r(t)s_1(t)\mathrm{d}t < \int_0^{T_B} r(t)s_0(t)\mathrm{d}t \qquad (1\text{-}17\text{-}2)$$

按照上述理论画出的先验等概率的 2FSK 最佳接收机原理框图如图 1-17-2 所示。

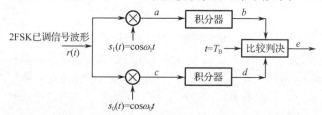

图 1-17-2　先验等概率的 2FSK 最佳接收机原理框图

将噪声调为 0，设输入最佳接收机的 2FSK 已调信号波形如图 1-17-3 所示。

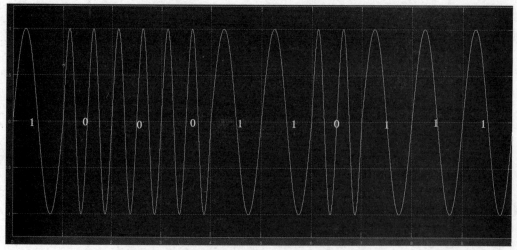

图 1-17-3　输入最佳接收机的 2FSK 已调信号波形

上支路乘以本地载波 1，1 码对应的波形与本地载波 1 同频同相，于是，相乘后 1 码对应的波形都是正面积；0 码的载波频率是本地载波 1 的频率的 2 倍，于是，相乘后 0 码对应的波形的正、负面积各占一半。a 点输出为 2FSK 已调信号与本地载波 1 相乘的波形，如图 1-17-4 所示。

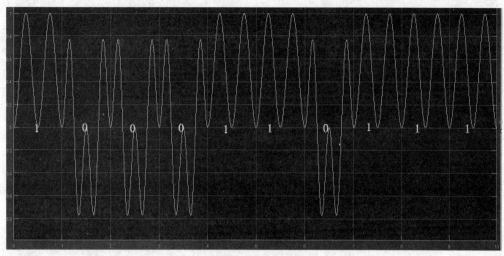

图 1-17-4　a 点波形

a 点波形进入积分器，对每个码元波形进行积分，由于 1 码对应的波形都是正面积，因此积分器能量一直累加，在码元结束时刻，达到峰值，峰值高度为 0.5。由于 0 码对应的波形的正、负面积各占一半，因此积分过程中的正、负面积抵消，码元结束时刻的高度为 0。上支路积分输出，即 b 点波形如图 1-17-5 所示。

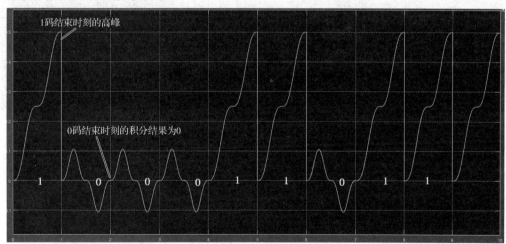

图 1-17-5　b 点波形

下支路乘以本地载波 0，0 码对应的波形与本地载波 0 同频同相，于是，相乘后 0 码对应的波形都是正面积；1 码的载波频率是本地载波 0 的频率的 1/2，于是，相乘后 1 码对应的波形的正、负面积各占一半。c 点输出为 2FSK 已调信号与本地载波 0 相乘的波形，如图 1-17-6 所示。

c 点波形进入积分器，对每个码元波形进行积分，由于 0 码对应的波形都是正面积，因此积分器能量一直累加，在码元结束时刻，达到峰值，峰值高度为 0.5。由于 1 码对应的波形的正、负面积各占一半，因此积分过程中正、负面积抵消，码元结束时刻的高度为 0。下支路积分输出，即 d 点波形如图 1-17-7 所示。

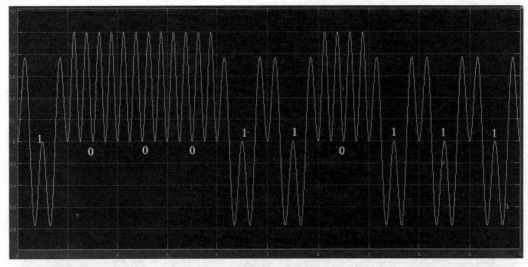

图 1-17-6 c 点波形

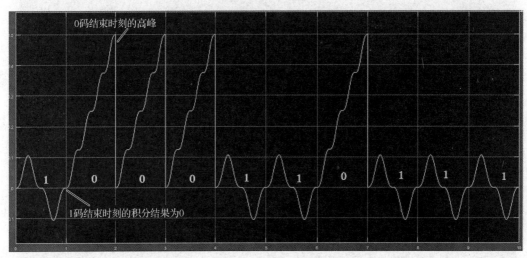

图 1-17-7 d 点波形

对上、下两个支路进行比较判决，在每个码元结束时刻，上支路大于下支路判为 1，反之则判为 0。判决结果，即 e 点波形如图 1-17-8 所示。可以看出，2FSK 的最佳接收机准确地恢复出了原始二进制基带信号。

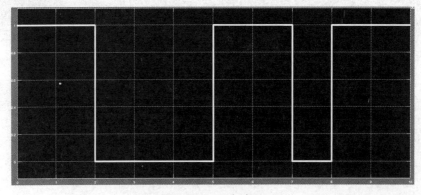

图 1-17-8 e 点波形

3. 噪声在最佳接收机中的解调过程

将输入最佳接收机的 2FSK 已调信号调为 0，将噪声幅度调为 5V，噪声波形如图 1-17-9 所示。

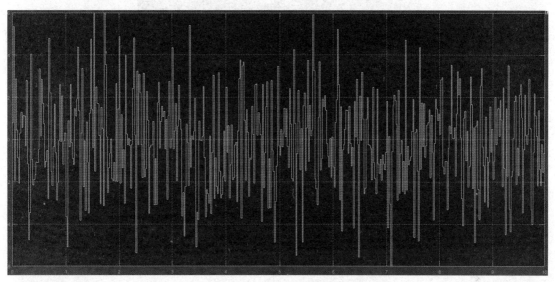

图 1-17-9　输入最佳接收机的噪声波形

从图 1-17-9 中可以看出，高斯白噪声正、负面积随机分布，积分过程中大部分可以抵消，以上支路为例，积分后 b 点的噪声波形如图 1-17-10 所示。

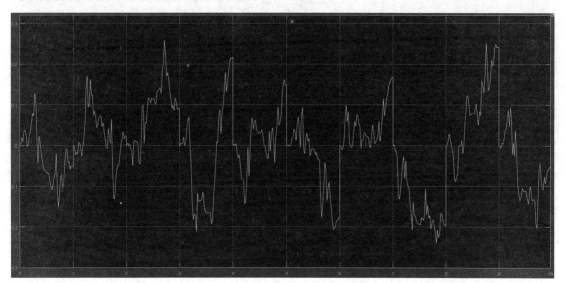

图 1-17-10　积分后 b 点的噪声波形

由 b 点的噪声波形可以看出，±5V 的高斯白噪声积分后峰值在 0.3V 以下，积分器对削减高斯白噪声效果显著。从最佳接收机削减噪声的原理可知，最佳接收机适用于正、负面积随机的高斯白噪声，如果是大的脉冲噪声，脉冲位置与传统接收机抽样时刻处于如图 1-17-11 所示的状态，则大脉冲噪声对传统接收机抽样时刻并没有影响；如果送入最佳接收机，则大脉冲噪声会被积分，从而影响码元结束时刻的信噪比。

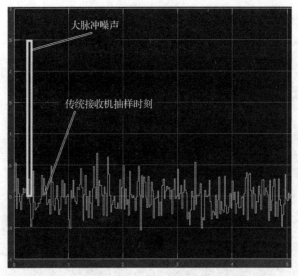

图 1-17-11　大脉冲噪声与传统接收机抽样时刻

1V 的 2FSK 已调信号，加入 5V 噪声，输入最佳接收机的信号效果及解调输出如图 1-17-12 所示。

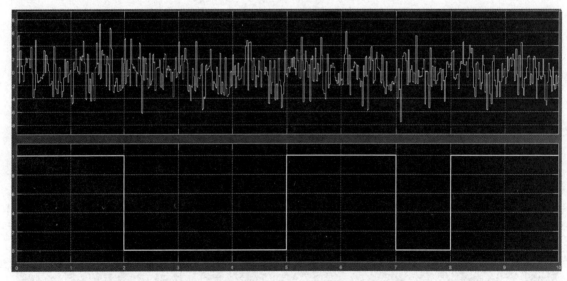

图 1-17-12　输入最佳接收机的信号效果及解调输出

由图 1-17-12 可见，尽管信号被淹没在噪声之中，但仍然能够正确解调输出。

1.17.3　亲自动手，体会实验过程

（1）打开 MATLAB 软件的 Simulink，搭建如图 1-17-13 所示的仿真实验框图。

在实验系统中，正弦波产生器的作用是产生调制所需的载波，本实验中用到的分别是 1Hz 和 2Hz 的正弦波。伯努利二进制序列发生器（Bernoulli Binary Generator）的作用是产生随机二进制脉冲信号。选择器（Switch）的作用是进行数字键控，产生 2FSK 已调信号。积分器（Integrator 0/1）的作用是进行积分，并与相乘器组成相关运算。延迟器（Transport Delay）的作用是对输入 0/1 信号给定时延，使抽样时刻保持为 T_B。逻辑器件的作用是对上、下两个支路进行抽样和比较判决，

上支路大于下支路时判为 1，反之则判为 0。Scope 用于观察数字基带信号、两路载波及 2FSK 已调信号波形，Scope1 用于观察输入解调器的信号加噪声波形，Scope2 用于观察噪声波形，Scope_a～Scope_e 分别用于观察图 1-17-2 中 a、b、c、d、e 点的波形。各模块参数设置如图 1-17-14～图 1-17-20 所示。

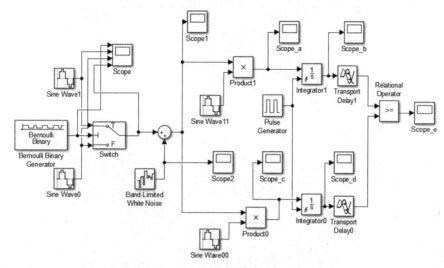

图 1-17-13　2FSK 最佳接收仿真实验框图

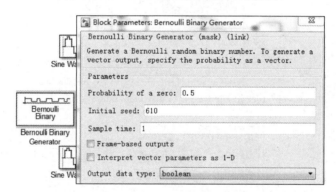

图 1-17-14　伯努利二进制序列发生器（Bernoulli Binary Generator）参数设置

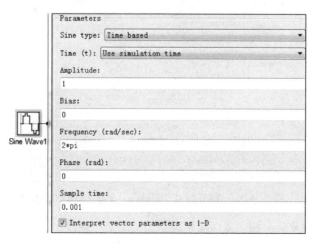

图 1-17-15　Sine Wave1 参数设置

在实验系统中，Sine Wave0 将 Sine Wave1 中的"Frequency（rad/sec）"改为"4*pi"，其余参数同 Sine Wave1；Sine Wave11 参数设置同 Sine Wave1，Sine Wave00 参数设置同 Sine Wave0。

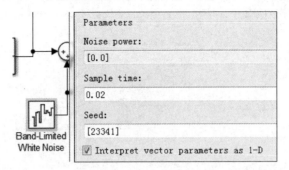

图 1-17-16   带限白噪声（Band-Limited White Noise）参数设置

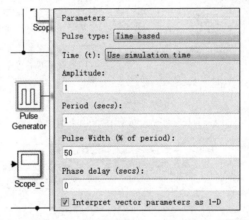

图 1-17-17   脉冲产生器（Pulse Generator）参数设置

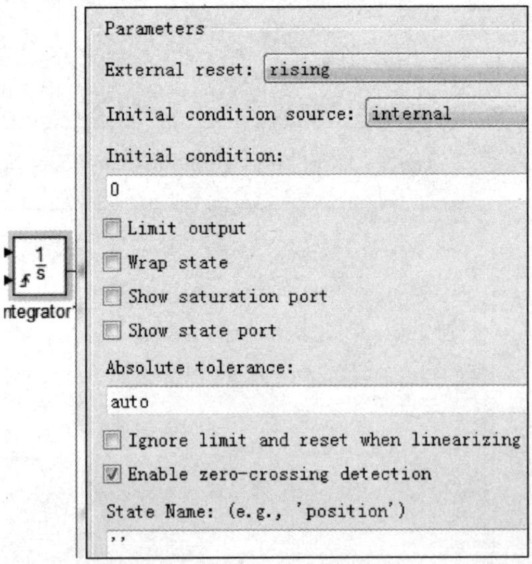

图 1-17-18   积分器 0/1（Integrator 0/1）参数设置

积分器采用上升沿复位，输入接口与解调器上支路的相乘器相连，复位接口与方波数字信号相连。

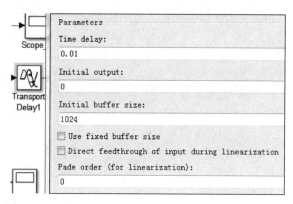

图 1-17-19　延迟器 0/1（Transport Delay 0/1）参数设置

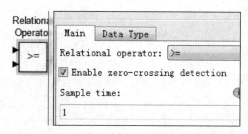

图 1-17-20　逻辑器件参数设置

（2）将运行时间设置为 10s，运行后观察各输出节点的波形，分析 2FSK 最佳接收机解调信号的原理。

（3）更改噪声参数设置，如图 1-17-21 所示。

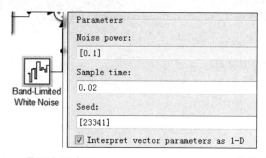

图 1-17-21　带限白噪声（Band-Limited White Noise）模块参数设置

将运行时间设置为 10s，断开相加器左侧的信号输入线，运行后观察各输出节点的波形，分析 2FSK 最佳接收机削弱噪声影响的原理。

（4）将运行时间设置为 10s，接上相加器左侧的信号输入线，运行后观察各输出节点的波形，观察最佳接收机在大噪声背景下对 2FSK 已调信号的解调效果的影响，直观体会最佳接收机的抗噪声能力。

1.18　2PSK 最佳接收

1.18.1　难点描述

对初学者来说，从推导和公式中直观理解 2PSK 最佳接收机的工作机制是比较困难的。本节结合实验系统，通过对 2PSK 最佳接收机各点工作波形进行分析来帮助学习者更好地理解 2PSK 最佳接收机的工作原理。

1.18.2 理论说明

1. 确知信号的 2PSK 时域波形

2PSK 是利用数字基带信号调制载波的相位来传送信息的。例如，0 码用载频的 0 相位来传输，1 码用载频的 π 相位来传输，而其振幅和频率为定值。

设二进制基带码元为 1000110111，码元宽度 T_B=1s，选择载波频率为 2Hz，0 相位表示基带信息 0，π 相位表示基带信息 1。在图 1-18-1 中，从上到下依次是原始单极性信息波形、双极性基带波形、载波波形、2PSK 已调信号波形。

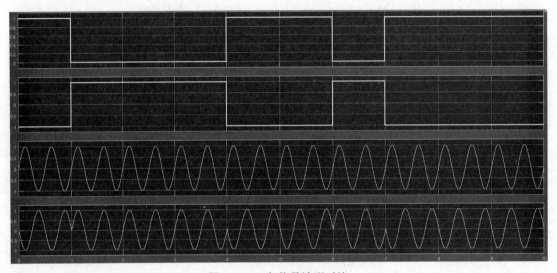

图 1-18-1 各信号波形对比

2. 2PSK 已调信号的最佳接收

替换 2FSK 最佳接收机中相应的本地载波即可得到高斯白噪声信道环境下、0/1 等概率的确知信号的 2PSK 最佳接收机，如图 1-18-2 所示。

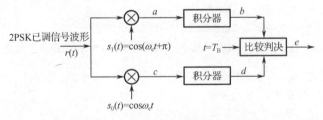

图 1-18-2 2PSK 最佳接收机原理框图

将噪声调为 0，设输入最佳接收机的 2PSK 已调信号波形如图 1-18-3 所示。

上支路乘以 π 相位本地载波，1 码对应的波形与 π 相位本地载波同频同相，于是，相乘后 1 码对应的波形都是正面积；0 码对应的波形是 0 相位，与 π 相位本地载波反相，于是，相乘后 0 码对应的波形都是负面积。a 点输出为 2PSK 已调信号与 π 相位本地载波相乘的波形，如图 1-18-4 所示。

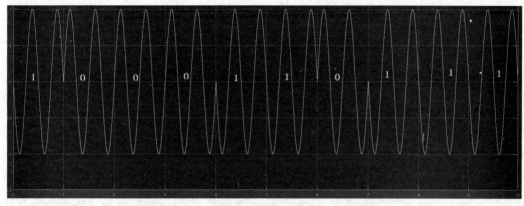

图 1-18-3　输入最佳接收机的 2PSK 已调信号波形

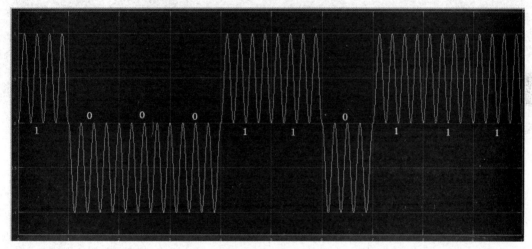

图 1-18-4　*a* 点波形

　　a 点波形进入积分器，对每个码元波形进行积分，由于 1 码对应的波形都是正面积，因此积分器能量一直向正方向累加，在码元结束时刻，达到正峰值，峰值高度为 0.5；由于 0 码对应的波形是负面积，因此积分器能量一直向负方向累加，在码元结束时刻，达到负峰值，峰值高度为 -0.5。上支路积分输出，即 *b* 点波形如图 1-18-5 所示。

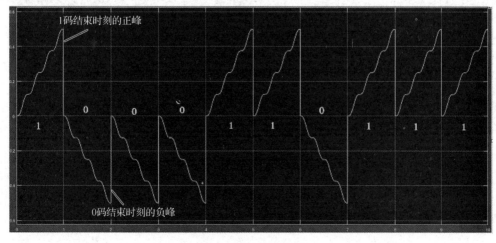

图 1-18-5　*b* 点波形

下支路乘以 0 相位本地载波，0 码对应的波形与 0 相位本地载波同频同相，于是，相乘后 0 码对应的波形都是正面积；1 码对应的波形是 π 相位本地载波，与 0 相位本地载波反相，于是，相乘后 1 码对应的波形都是负面积。c 点输出为 2PSK 已调信号与 0 相位本地载波相乘的波形，如图 1-18-6 所示。

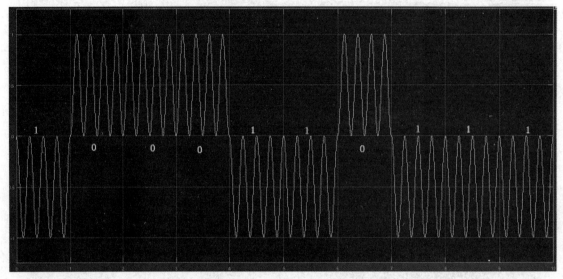

图 1-18-6　c 点波形

c 点波形进入积分器，对每个码元波形进行积分，由于 0 码对应的波形都是正面积，因此积分器能量一直向正方向累加，在码元结束时刻，达到正峰值，峰值高度为 0.5；由于 1 码对应的波形都是负面积，因此积分器能量一直向负方向累加，在码元结束时刻，达到负峰值，峰值高度为 -0.5。下支路积分输出，即 d 点波形如图 1-18-7 所示。

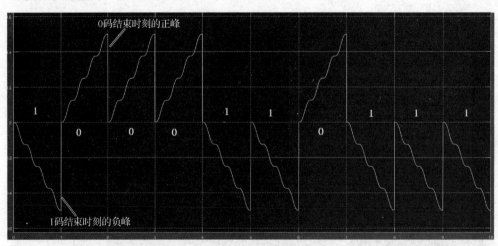

图 1-18-7　d 点波形

对上、下两个支路进行比较判决，在每个码元结束时刻，上支路大于下支路判为 1，反之则判为 0。判决结果，即 e 点波形如图 1-18-8 所示。可以看出，2PSK 最佳接收机准确地恢复出了原始二进制基带信号。

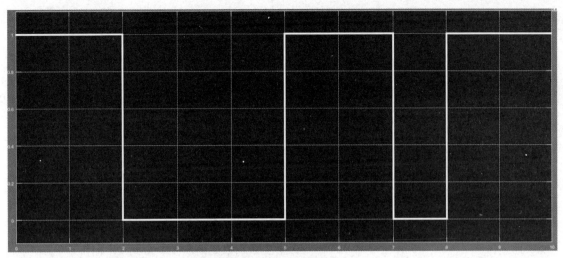

图 1-18-8　e 点波形

噪声在 2PSK 最佳接收机中的解调过程与 2FSK 最佳接收机噪声解调类似，这里不再赘述。

1.18.3　亲自动手，体会实验过程

（1）打开 MATLAB 软件的 Simulink，搭建如图 1-18-9 所示的仿真实验框图。

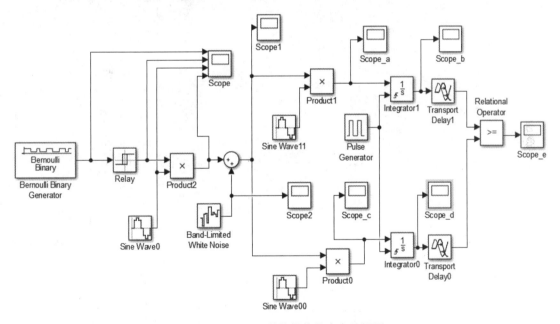

图 1-18-9　2PSK 最佳接收仿真实验框图

在实验系统中，正弦波发生器的作用是产生调制所需的载波，本实验中用到的是 2Hz 的正弦波。伯努利二进制序列发生器（Bernoulli Binary Generator）的作用是产生随机二进制脉冲信号，Relay 的作用是将单极性信号转换为双极性信号，Product2 的作用是完成 2PSK 调制。积分器的作用是进行积分，并与相乘器组成相关运算。延迟器的作用是对输入信号给定时延，使抽样时刻保持在 T_{B-}。逻辑器件的作用是对上、下两个支路进行抽样判决。Scope 用于观察单极性数字基带信号、双极性数字基带信号、载波及 2PSK 已调信号波形，Scope1 用于观察输入解调器的信号加噪

声波形，Scope2 用于观察噪声波形，Scope_a～Scope_e 分别用于观察图 1-18-2 中 *a*、*b*、*c*、*d*、*e* 点的波形。各模块参数设置如图 1-8-10～图 1-18-16 所示。

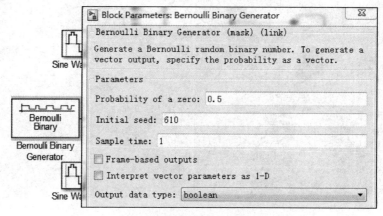

图 1-18-10　伯努利二进制序列发生器参数设置

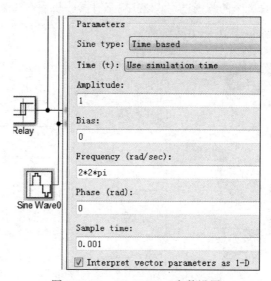

图 1-18-11　Sine Wave0 参数设置

在实验系统中，Sine Wave11 将 Sine Wave0 中的"Phase（rad）"改为"pi"，Sine Wave00 参数设置同 Sine Wave0。

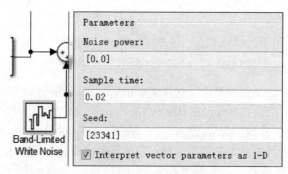

图 1-18-12　Band-Limited White Noise 参数设置

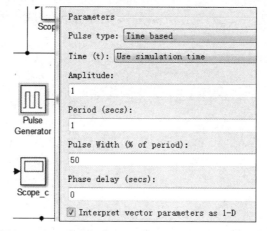

图 1-18-13　脉冲产生器（Pulse Generator）参数设置

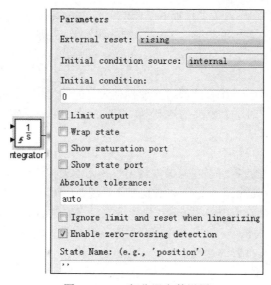

图 1-18-14　积分器参数设置

积分器采用上升沿复位，输入接口与解调器上支路的相乘器相连，复位接口与方波数字信号相连。

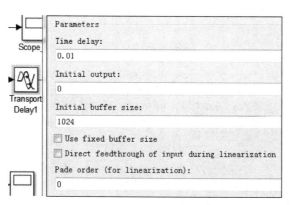

图 1-18-15　延迟器参数设置

（2）将运行时间设置为 10s，运行后观察各输出节点的波形，分析 2PSK 最佳接收机解调信号的原理。

（3）更改 Band-Limited White Noise 参数设置，如图 1-18-17 所示。

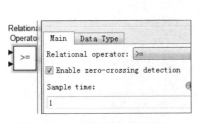

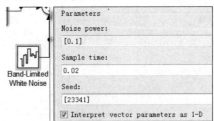

图 1-18-16　逻辑器件参数设置　　　　图 1-18-17　更改后的 Band-Limited White Noise 参数设置

将运行时间设置为 10s，断开相加器左侧的信号输入线，运行后观察各输出节点的波形，分析 2PSK 最佳接收机削弱噪声影响的原理。

（4）将运行时间设置为 10s，接上相加器左侧的信号输入线，运行后观察各输出节点的波形，观察最佳接收机在大噪声背景下对 2PSK 已调信号的解调效果，直观体会最佳接收机的抗噪声能力。

1.19　匹配滤波器

在用线性滤波器对接收信号进行滤波时，使抽样时刻的输出信噪比最大的线性滤波器称为匹配滤波器。匹配滤波器是一种非常重要的滤波器，广泛应用于通信、雷达等系统中。

1.19.1　难点描述

匹配滤波器是一种能在特定时刻获得最大输出信噪比的最佳线性滤波器，匹配滤波接收法对于任何一种数字信号波形都适用，无论是数字基带信号还是已调数字信号。并且，在最佳接收中，匹配滤波器可以代替最佳接收机中的相关器（最佳接收机原理框图中上/下支路中的相乘器加积分器）。匹配滤波器的原理较为抽象，结合实验探究何时能获得最大输出信噪比及匹配滤波器的输出波形在通信系统应用中具有重要的意义。

1.19.2　理论说明

1. 匹配滤波器的构造

匹配滤波器的冲激响应 $h(t)$ 就是信号 $s(t)$ 的镜像 $s(-t)$，但在时间轴上（向右）平移了 t_0。一个实际的匹配滤波器应该是物理可实现的，其冲激响应必须符合因果关系，在输入冲激脉冲前，不应该有冲激响应出现，即必须有

$$h(t) = 0 \ (t < 0) \tag{1-19-1}$$

即要求满足

$$s(t_0 - t) = 0 \ (t < 0) \tag{1-19-2}$$

说明接收滤波器输入端的信号码元 $s(t)$ 在抽样时刻 t_0 之后必须为 0。一般不希望在码元结束之后很久才抽样，故通常选择在码元末尾进行抽样，即选择 $t_0 = T_B$。因此，匹配滤波器的冲激响应可以写为

$$h(t) = ks(T_B - t) \tag{1-19-3}$$

式中，k 是一个任意常数，它与信噪比 r_0 的最大值无关，通常取 $k = 1$。

假设接收信号码元 $s(t)$ 的表达式为

$$s(t) = \begin{cases} 1 & 0 \leqslant t \leqslant T_B \\ 0 & \text{其他} t \end{cases} \tag{1-19-4}$$

其表达的信号波是一个矩形脉冲，取码元结束时刻 T_B =0.1s，码元波形（矩形脉冲）如图 1-19-1 所示。

此匹配滤波器的冲激响应为

$$h(t) = s(T_B - t), \quad 0 \leqslant t \leqslant T_B \tag{1-19-5}$$

其示意图如图 1-19-2 所示，与图 1-19-1 相同；其传输函数为

$$H(f) = \frac{1}{j2\pi f}(e^{-j2\pi f/T_B} - 1)e^{-j2\pi f/T_B} = \frac{1}{j2\pi f}(1 - e^{-j2\pi f/T_B}) \tag{1-19-6}$$

式中，$1/j2\pi f$ 是理想积分器的传输函数；$e^{-j2\pi f/T_B}$ 是延迟时间为 T_B 的延迟电路的传输函数。

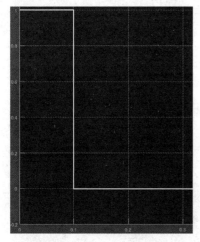

图 1-19-1 矩形脉冲

图 1-19-2 匹配滤波器冲激响应示意图

结合其传输函数可以画出该匹配滤波器的原理框图，如图 1-19-3 所示。

图 1-19-3 匹配滤波器的原理框图

此匹配滤波器的输出信号波形应为 $s(t)$ 与 $h(t)$ 的卷积，如图 1-19-4 所示。

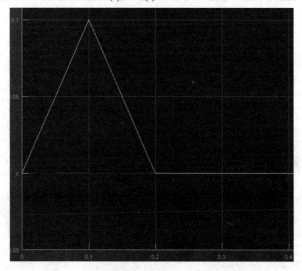

图 1-19-4 匹配滤波器的输出信号波形

可以看出，输出信号峰值在码元结束时刻，即在 T_B=0.1s 时，因此，最佳抽样时刻在码元结束时刻。输出信号峰值为 0.1，该数值等于高度为 1V、宽度为 0.1s 的矩形码元的面积。

2. 匹配滤波器接收机与传统接收机对比

为了直观说明匹配滤波器的接收效果，搭建匹配滤波器接收机与传统接收机对比演示模型，如图 1-19-5 所示。

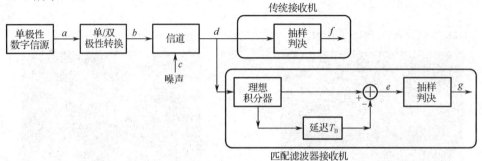

图 1-19-5 匹配滤波器接收机与传统接收机对比演示模型

设单极性数字信源每秒产生 10 个二进制数字码元，码元宽度为 0.1s，高度为 1V，如图 1-19-6 所示。

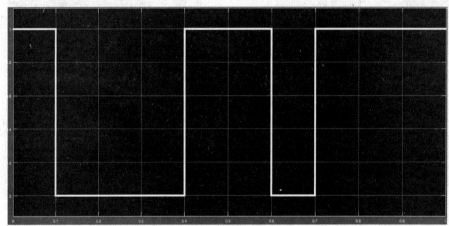

图 1-19-6 单极性码元（a 点波形）

将单极性码元转换为双极性码元，1 码为+1V，0 码为-1V，如图 1-19-7 所示。

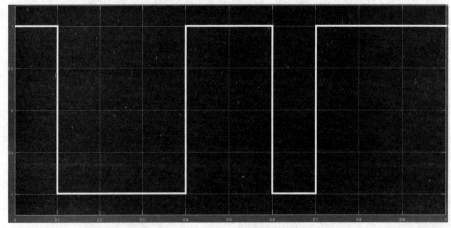

图 1-19-7 双极性码元（b 点波形）

假设噪声为 0，则 d 点波形同 b 点波形，送入传统接收机中进行抽样判决的信号幅度为±1V。经过匹配滤波器后，e 点波形如图 1-19-8 所示。

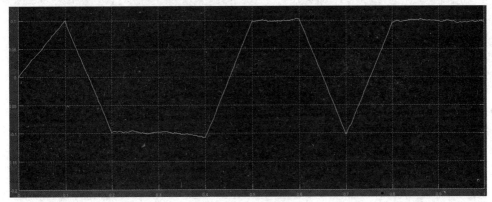

图 1-19-8　e 点波形

e 点波形在码元结束时刻的峰值为±0.1，该波形送入抽样判决器，得到的最大信号抽样值为 0.1，而 d 点波形直接送入抽样判决器得到的信号抽样值的最大幅度为 1，哪种判决效果更好呢？现在逐步加大噪声，对比两种接收机的输出。

设置噪声参数，使噪声峰值为 0.5V。噪声波形如图 1-19-9 所示。

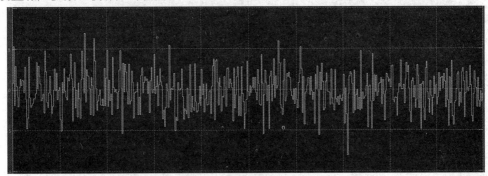

图 1-19-9　噪声波形（0.5V）

发送波形及两路接收波形如图 1-19-10 所示。可见，在该噪声水平下，两种接收机均能正确恢复出发送码元。

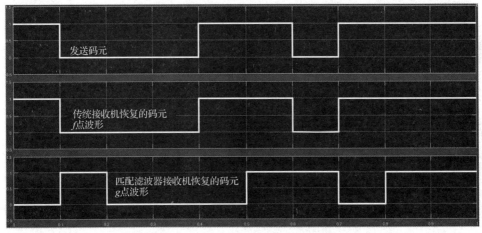

图 1-19-10　发送波形及两路接收波形

加大噪声，设置噪声参数，使噪声峰值为 1.5V。噪声波形如图 1-19-11 所示。

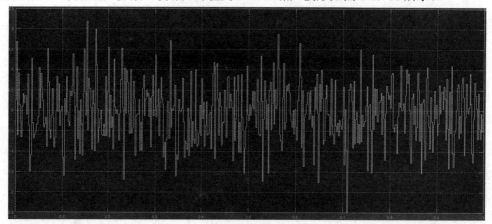

图 1-19-11　噪声波形（1.5V）

发送波形及两路接收波形如图 1-19-12 所示。可见，在该噪声水平下，传统接收机不能正常恢复出发送码元，而匹配滤波器接收机则能正确恢复出发送码元。

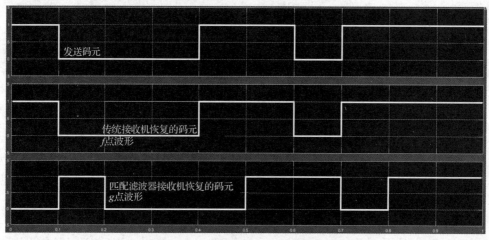

图 1-19-12　发送波形及两路接收波形

继续加大噪声，设置噪声参数，使噪声峰值为 15V。噪声波形如图 1-19-13 所示。

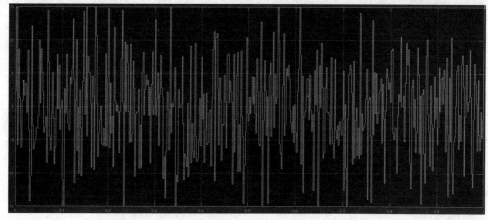

图 1-19-13　噪声波形（15V）

此时，d 点信号加噪声的波形如图 1-19-14 所示。

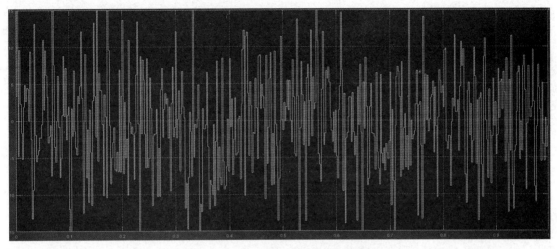

图 1-19-14　d 点信号加噪声的波形

从图 1-19-14 中可见，±1V 的信号完全淹没在噪声中。该信号被送入接收机，发送波形及两路接收波形如图 1-19-15 所示。可见，在该噪声水平下，匹配滤波器接收机仍然能正确恢复出发送码元。

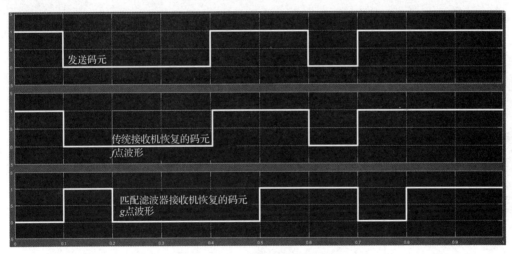

图 1-19-15　发送波形及两路接收波形

匹配滤波器接收机送入抽样判决器的信号幅度比传统接收机送入抽样判决器的信号幅度小得多，但其接收效果好，原因在于，在一个码元持续时间内，积分器在对信号进行积分的同时，也对高斯白噪声进行了积分，高斯白噪声在积分过程中，正、负面积抵消大半，因此，在码元结束时刻，虽然其信号幅度小，但噪声更小，拥有最大的信噪比。

1.19.3　亲自动手，体会实验过程

1. 单个矩形脉冲的匹配滤波器

（1）打开 MATLAB 软件的 Simulink，搭建如图 1-19-16 所示的单个矩形脉冲的匹配滤波器仿真实验框图。

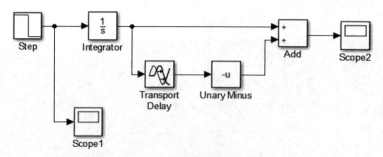

图 1-19-16　单个矩形脉冲的匹配滤波器仿真实验框图

在实验系统中，各模块参数设置如图 1-19-17～图 1-19-19 所示。

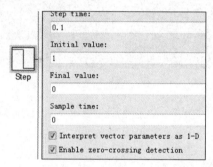

图 1-19-17　矩形脉冲（Step）模块参数设置

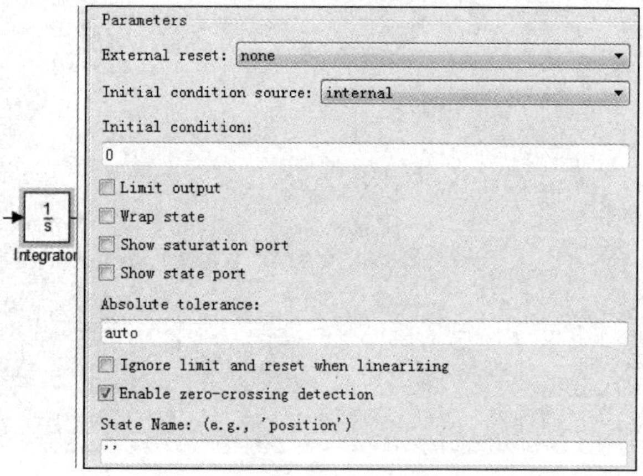

图 1-19-18　积分器（Integrator）参数设置

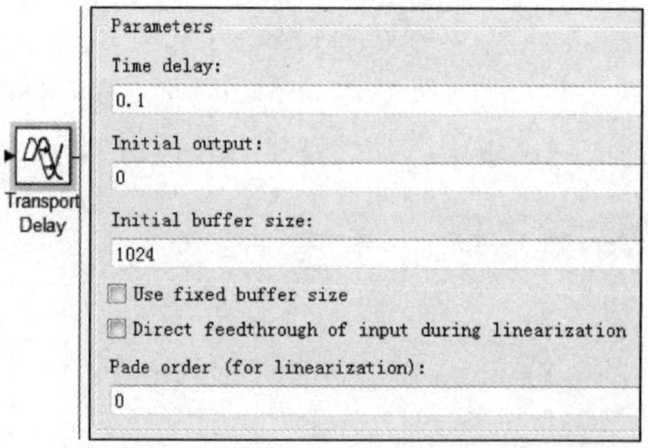

图 1-19-19　延迟器（Transport Delay）参数设置

（2）将运行时间设置为 1s，运行后观察各点的波形，根据各点的波形学习并体会单个矩形脉冲的匹配滤波器的原理及工作效果。

2.　匹配滤波器接收机与传统接收机对比

（1）打开 MATLAB 软件的 Simulink，搭建如图 1-19-20 所示的仿真实验框图。

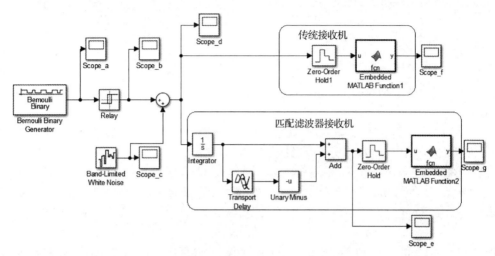

图 1-19-20　匹配滤波器接收机与传统接收机对比仿真实验框图

在实验系统中，伯努利二进制序列发生器（Bernoulli Binary Generator）的作用是产生随机二进制脉冲信号，Relay 的作用是将单极性信号转换为双极性信号，Scope_a～Scope_g 用于观察图 1-19-5 中各点的波形。

在实验系统中，各模块参数设置如图 1-19-21～图 1-19-24 所示。

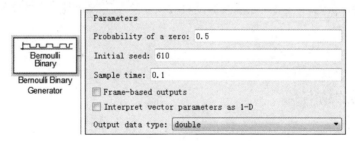

图 1-19-21　伯努利二进制序列发生器参数设置

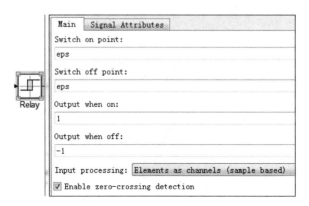

图 1-19-22　Relay 参数设置

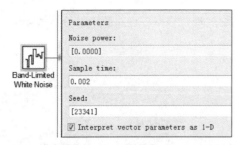

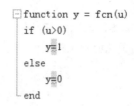

图 1-19-23　Band-Limited White Noise 参数设置　　　图 1-19-24　两个嵌入式函数的代码

两个零阶保持器的抽样时间均为 0.1s，积分器参数设置同图 1-19-18，延迟器参数设置同图 1-19-19。

（2）将运行时间设置为 1s，运行后观察 Scope_a～Scope_g 显示的波形，根据各点的波形学习并体会匹配滤波器接收机及传统接收机恢复发送码元的原理。

（3）将 Band-Limited White Noise 中的"Noise power"设置为"[0.0001]"，运行 1s，打开 Scope_c，观察噪声波形；打开 Scope_d，观察信号加噪声波形；打开 Scope_f，观察传统接收机恢复的发送码元波形；打开 Scope_g，观察匹配滤波器接收机恢复的发送码元波形，并将两波形与原始发送码元波形做对比。

（4）将 Band-Limited White Noise 中的"Noise power"设置为"[0.001]"，运行 1s，打开 Scope_c，观察噪声波形；打开 Scope_d，观察信号加噪声波形；打开 Scope_f，观察传统接收机恢复的发送码元波形；打开 Scope_g，观察匹配滤波器接收机恢复的发送码元波形，并将两波形与原始发送码元波形做对比。

（5）将 Band-Limited White Noise 中的"Noise power"设置为"[0.09]"，运行 1s，打开 Scope_c，观察噪声波形；打开 Scope_d，观察信号加噪声波形；打开 Scope_f，观察传统接收机恢复的发送码元波形；打开 Scope_g，观察匹配滤波器接收机恢复的发送码元波形，并将两波形与原始发送码元波形做对比。

1.20　卷积码

1.20.1　卷积码的编/译码

卷积码一般用(n, k, N)表示，k 代表输入的比特数，即需要编码的原始比特数；n 代表编码后的比特数；N 代表编码约束度，实际上就是寄存器的个数。卷积码将 k 个信息码元编码为 n 个码元时，这 n 个码元不仅与当前的 k 个信息码元有关，还与前面的 $N-1$ 段信息有关。

下面以$(3,1,3)$卷积码的编/译码为例进行说明。这里的 1 即输入的比特数，前面的 3 为编码后的比特数，后面的 3 为寄存器的个数。图 1-20-1 所示为$(3,1,3)$卷积码编码器。其中，b1、b2、b3 为 3 个寄存器，⊕ 为模 2 加运算，C_1、C_2、C_3 为编码输出。

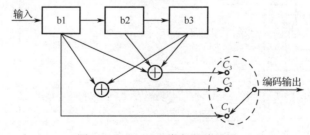

图 1-20-1　$(3,1,3)$卷积码编码器

编码输出如式（1-20-1）所示。

$$\begin{cases} C_1 = b_1 \\ C_2 = b_1 \oplus b_3 \\ C_3 = b_1 \oplus b_2 \oplus b_3 \end{cases} \quad (1\text{-}20\text{-}1)$$

假设输入序列是 1011，3 个寄存器的初值均置为 0，则寄存器内值的变化和编码结果如表 1-20-1 所示。

表 1-20-1 寄存器内值的变化和编码结果

输　　入	$b_1b_2b_3$	$C_1C_2C_3$
1	100	111
0	010	001
1	101	100
1	110	110

因此，最终编码输出为 111001100110。

1.20.2 卷积码实验验证

卷积码的编/译码虚拟实验系统如图 1-20-2 所示，卷积码的编/译码各观测点信号时序图如图 1-20-3 所示。

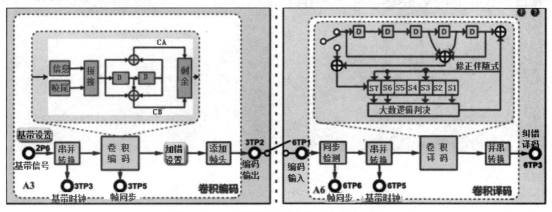

图 1-20-2 卷积码的编/译码虚拟实验系统

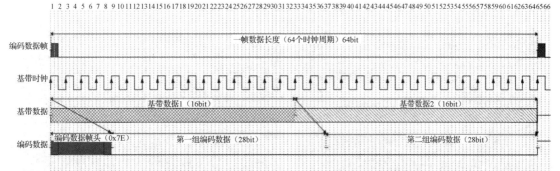

图 1-20-3 卷积码的编/译码各观测点信号时序图

图 1-20-3 中标注了一帧数据长度，为 64 个时钟周期。

3TP5 为编码数据帧，每隔 64 个时钟周期输出一个帧脉冲，帧脉冲的上升沿为一帧的起始时刻。

2P6 为卷积码编码前基带数据（16bit），3TP3 为基带时钟，由于编码后数据增加，因此对应数据速率变高。实验中，编码时钟为基带时钟的 2 倍，因此，64 个时钟周期包含 32bit 基带数据，即两组 16bit 基带数据。编码时，每组 16bit 基带数据分别进行卷积编码，根据前面编码原理部分的介绍，可知每次编码后数据为 28bit。

编码时，为了便于同步，将两组编码数据进行组帧，在最前面加上 8bit 帧头（帧头为 0x7E），组成一帧完整的编码数据。从图 1-20-3 中可以看出，一帧编码数据包含 8bit 帧头+2 组编码数据，即 8bit+2×28bit=64bit。

在进行加错设置时，可以通过 4×7bit 编码开关设置 4 组错误，即 4 组错误共 28bit，对应每组编码数据。在对应编码数据帧中，当进行加错设置时，分别对两组数据进行加错设置。

（1）基带数据设置及观测。

使用双踪示波器分别观察 2P6 和 3TP3 观测点。单击"基带设置"按钮，弹出 16bit 编码开关，将基带数据设置为"16bit""16K"（速率为 16×10³Bd），观察示波器显示的波形。图 1-20-4 中的 CH1 和 CH2 分别对应 2P6 与 3TP3。

（2）系统编码数据帧原理观测。

3TP5 作为同步通道，将基带数据设置为全 0 码，观察一组完整的编码数据帧。图 1-20-5 中的 CH3 和 CH4 分别对应 3TP5 与 3TP2。

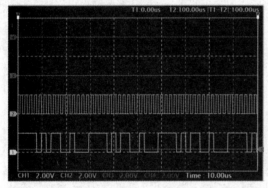

图 1-20-4　卷积码基带数据波形

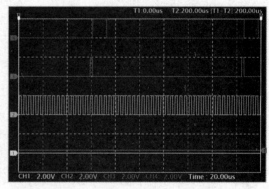

图 1-20-5　全 0 码时组帧数据波形

因为全 0 码的卷积码也为全 0 码，图 1-20-5 中的编码数据每帧为 64bit，所以，除帧头外，其他均为 0。

（3）编码数据观测。

修改基带数据，如图 1-20-6 所示，对应的编码数据如图 1-20-7 中的 CH4 所示。

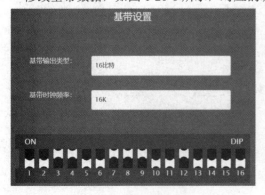

图 1-20-6　修改基带数据

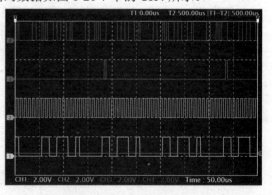

图 1-20-7　交织码编码数据波形

（4）加错数据观测。

通过实验框图中的"加错设置"按钮，可以对编码输出加错，16bit 分 4 组编码后为 4×7bit，每比特均能加错。修改 4 组编码开关的加错数据，如图 1-20-8 所示，加错后的编码数据波形如图 1-20-9 所示。

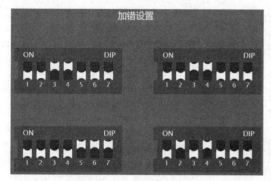
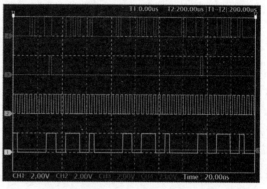

图 1-20-8　加错设置 1　　　　　　　　　图 1-20-9　加错后的编码数据波形

（5）译码观测及纠错能力验证。

当加错设置如图 1-20-8 所示时，对应的译码输出如图 1-20-10 中的 CH4 所示；当加错设置如图 1-20-11 所示时，对应的译码输出如图 1-20-12 的 CH4 所示。

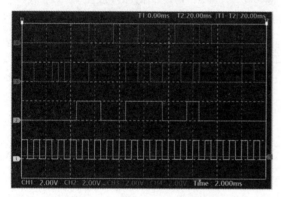
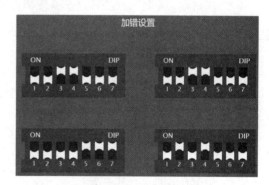

图 1-20-10　加错设置 1 时的译码输出　　　　　　图 1-20-11　加错设置 2

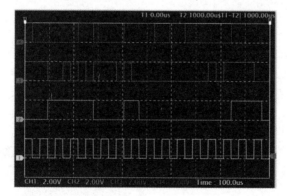

图 1-20-12　加错设置 2 时的译码输出

模块 2　虚实结合实验

绪论

本模块的各个实验按照"实验过程三步走，实验结果三对照"的原则来组织。其中，"三步"即理论知识学习、虚拟仿真预习、硬件平台实验。具体来说，就是首先进行相关理论知识的学习，再基于虚拟仿真实验平台进行预习，最后在硬件实验平台上进行实验。"实验结果三对照"即理论推算、虚拟仿真、硬件平台实验 3 个结果相互印证。该实验理念能有效发挥虚拟仿真实验平台及硬件实验平台各自的优势，弥补各自的缺点，并使两种平台的实验结果相互印证，增加实验结果的说服力。经中国石油大学（华东）通信工程本科教学实践检验，该实验理念对学生理论理解水平及工程实践能力的提升均有显著效果。

2.1　码型变换实验

2.1.1　实验目的

（1）熟悉 RZ、BNRZ、BRZ、CMI、曼彻斯特、密勒、PST 码型变换原理及工作过程。

（2）观察数字基带信号的码型变换观测点的波形。

2.1.2　实验仪器

（1）RZ9681 实验平台。

（2）实验模块。

● 主控模块 A1。

● 基带信号产生与码型变换模块 A2。

（3）信号线。

（4）100MHz 双踪示波器。

（5）微型计算机（二次开发）。

2.1.3　理论知识学习

1. 码型变换原则

在实际的基带传输系统中，在选择传输码型时，一般应遵循以下原则。

（1）不含直流分量，且低频分量尽量少。

（2）应含有丰富的定时信息，以便从接收码流中提取定时信号。

（3）功率谱主瓣宽度窄，以节省传输频带。

（4）不受信息源统计特性的影响，即能适应信息源的变化。

（5）具有内在检错能力，即码型具有一定的规律性，以便利用这一规律性进行宏观检测。

（6）编/译码简单，以降低通信延时和成本。

2. 常见码型变换类型

（1）单极性不归零码（NRZ 码）。

在单极性不归零码中，二进制代码 1 用幅度为 E 的正电平表示，0 用零电平表示，如图 2-1-1

所示。单极性不归零码中含有直流分量，而且不能直接提取同步信号。

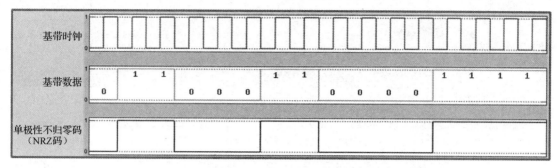

图 2-1-1 单极性不归零码

（2）双极性不归零码（BNRZ 码）。

二进制代码 1 和 0 分别用幅度相等的正、负电平表示，如图 2-1-2 所示。当二进制代码 1 和 0 等概率出现时，无直流分量。

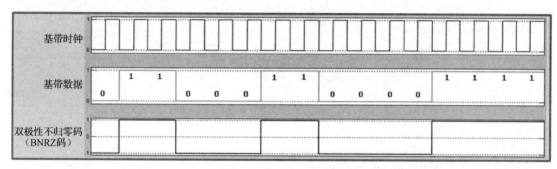

图 2-1-2 双极性不归零码

（3）单极性归零码（RZ 码）。

单极性归零码与单极性不归零码的区别是其码元宽度小于码元间隔，每个码元在下一个码元到来之前都回到零电平，如图 2-1-3 所示。单极性归零码可以直接提取定时信息，但它仍然含有直流分量。

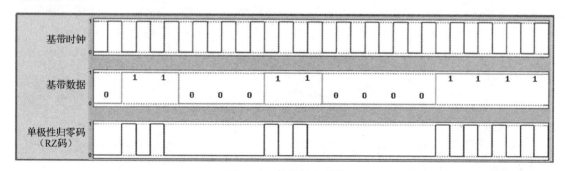

图 2-1-3 单极性归零码

（4）双极性归零码（BRZ 码）。

双极性归零码的每个码元在下一个码元到来之前都回到零电平，如图 2-1-4 所示。

（5）曼彻斯特码。

曼彻斯特码又称数字双相码，它用一个周期的正负对称方波表示 0 码，而用其反相波形表示 1 码。它的编码规则之一是 0 码用 01 两位码表示，1 码用 10 两位码表示，如图 2-1-5 所示。

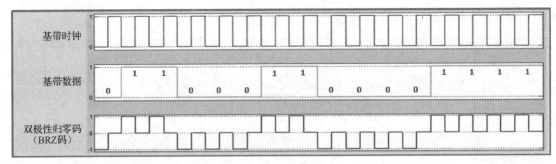

图 2-1-4　双极性归零码

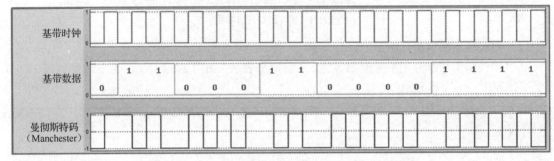

图 2-1-5　曼彻斯特码

（6）密勒码。

密勒码（见图 2-1-6）又称延迟调制码，它是双相码的一种变形。

它的编码规则如下。

1 码用码元间隔中心点出现跳变来表示，即用 10 或 01 表示。具体在选择 10 或 01 编码时，需要考虑前一个码元编码的情况。如果前一个码元是 1，则选择和这个 1 码相同的编码值。如果前一个码元为 0，则编码以边界不出现跳变为准则，即如果 0 码编码为 00，则紧跟的 1 码编码为 01；如果 0 码编码为 11，则紧跟的 1 码编码为 10。

0 码根据情况选择用 00 或 11 来表示。具体在选择 00 或 11 编码时，需要考虑前一个码元编码的情况。如果前一个码元为 0，则选择和这个 0 码不同的编码值。如果前一个码元为 1，则编码以边界不出现跳变为准则，即如果 1 码编码为 01，则紧跟的 0 码编码为 11；如果 1 码编码为 10，则紧跟的 0 码编码为 00。

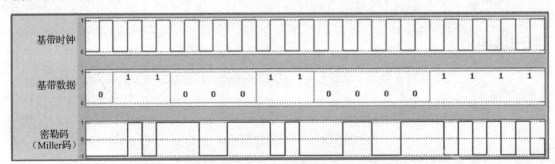

图 2-1-6　密勒码

（7）成对选择三进码（PST 码）。

PST 码（见图 2-1-7）的编码过程：先将二进制代码两两分组，再把每一码组编码成两个三进制码（+、-、0）。因为两个三进制码共有 9 种状态，所以可灵活选择其中 4 种状态。表 2-1-1 列出了其中一种使用广泛的编码格式，编码时两个模式交替变换。

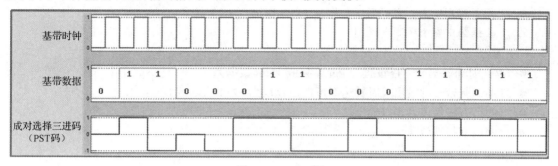

图 2-1-7　PST 码

表 2-1-1　PST 码

二进制代码	+模式	-模式
0 0	− +	− +
0 1	0 +	0 −
1 0	+ 0	− 0
1 1	+ −	+ −

　　PST 码能够提供定时分量，且无直流分量，编码过程也简单，在接收识别时需要提供分组信息，即需要建立帧同步。在接收识别时，因为在分组编码时不可能出现 00、++ 和 −− 的情况，所以，如果出现上述的情况，就说明帧没有同步，需要重新建立帧同步。

2.1.4　基于虚拟仿真实验平台进行预习

2.1.4.1　实验框图介绍

　　获得实验权限，从浏览器进入在线实验平台，在通信原理实验目录中选择码型变换实验，进入码型变换实验页面。码型变换实验框图如图 2-1-8 所示。

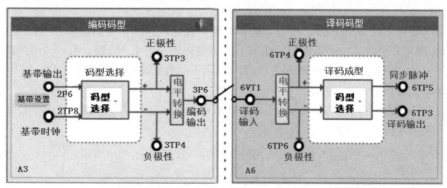

图 2-1-8　码型变换实验框图

1. 实验框图说明

本实验需要用到以下两个功能模块。

（1）信源编码与信道复用模块 A3。

2P6 输出基带信号，2TP8 输出基带时钟（时钟速率可以设置），3P6 输出基带信号的码型变换结果。

（2）信源译码与解复用模块 A6。

6VT1 用于译码输入，译码后的数据从 6TP3 输出。

2. 实验框图中各个观测点说明

（1）A3。

● 2P6：基带输出（可以设置为 PN 序列或 16bit 数据）。

● 2TP8：基带时钟输出（时钟速率可选，建议为 $32×10^3$Bd 或 $64×10^3$Bd）。

● 3TP3：双极性信号正极输出。

● 3TP4：双极性信号负极输出。

● 3P6：编码输出。

（2）A6。

● 6VT1：译码输入。

● 6TP4：双极性信号正极输出。

● 6TP6：双极性信号负极输出。

● 6TP5：同步脉冲输出。

● 6TP3：译码输出。

2.1.4.2 虚拟仿真实验过程

注意事项：对于线路编码和码型变换，基带波特率不要超过 $256×10^3$Bd。

1. NRZ 码

（1）编码观测。

在编码码型中选择 NRZ 码，单击"基带设置"按钮，将基带数据设置为"16bit""64K"，并修改 16bit 编码开关的值。用示波器的通道 1 观测编码前基带数据 2P6，用示波器的通道 2 观测编码数据 3P6；尝试修改不同的编码开关组合，观测不同数据编码前后的变化。

（2）译码观测。

使用双踪示波器同时观测编码前数据 2P6 和译码数据 6TP3，看它们是否相同；尝试多次修改编码数据，观测译码数据是否正确。

2. BNRZ 码

（1）编码观测。

在编码码型中选择 BNRZ 码，单击"基带设置"按钮，将基带数据设置为"16bit""64K"，并修改 16bit 编码开关的值。用示波器的通道 1 观测编码前基带数据 2P6，用示波器的通道 2 观测编码数据 3P6；尝试修改不同的编码开关组合，观测不同数据编码前后的变化。

（2）译码观测。

使用双踪示波器同时观测编码前数据 2P6 和译码数据 6TP3，看它们是否相同；尝试多次修改编码数据，观测译码数据是否正确。

3. RZ 码

（1）编码观测。

在编码码型中选择 RZ 码，单击"基带设置"按钮，将基带数据设置为"16bit""64K"，并修改 16bit 编码开关的值。用示波器的通道 1 观测编码前基带数据 2P6，用示波器的通道 2 观测编码数据 3P6；尝试修改不同的编码开关组合，观测不同数据编码前后的变化。

（2）译码观测。

使用双踪示波器同时观测编码前数据 2P6 和译码数据 6TP3，看它们是否相同；尝试多次修改编码数据，观测译码数据是否正确。

4. BRZ 码

（1）编码观测。

在编码码型中选择 BRZ 码，单击"基带设置"按钮，将基带数据设置为"16bit""64K"，并修改 16bit 编码开关的值。用示波器的通道 1 观测编码前基带数据 2P6，用示波器的通道 2 观测编码数据 3P6；尝试修改不同的编码开关组合，观测不同数据编码前后的变化。

（2）译码观测。

使用双踪示波器同时观测编码前数据 2P6 和译码数据 6TP3，看它们是否相同；尝试多次修改编码数据，观测译码数据是否正确。

5. 曼彻斯特码

（1）编码观测。

在编码码型中选择曼彻斯特码，单击"基带设置"按钮，将基带数据设置为"16bit""64K"，并修改 16bit 编码开关的值。用示波器的通道 1 观测编码前基带数据 2P6，用示波器的通道 2 观测编码数据 3P6；尝试修改不同的编码开关组合，观测不同数据编码前后的变化。

（2）译码观测。

使用双踪示波器同时观测编码前数据 2P6 和译码数据 6TP3，看它们是否相同。尝试多次修改编码数据，观测译码数据是否正确。

6. 密勒码

（1）编码观测。

在编码码型中选择密勒码，单击"基带设置"按钮，将基带数据设置为"16bit""64K"，并修改 16bit 编码开关的值。用示波器的通道 1 观测编码前基带数据 2P6，用示波器的通道 2 观测编码数据 3P6；尝试修改不同的编码开关组合，观测不同数据编码前后的变化。

（2）译码观测。

使用双踪示波器同时观测编码前数据 2P6 和译码数据 6TP3，看它们是否相同；尝试多次修改编码数据，观测译码数据是否正确。

7. PST 码

（1）编码观测。

在编码码型中选择 PST 码，单击"基带设置"按钮，将基带数据设置为"16bit""64K"，并修改 16bit 编码开关的值。用示波器的通道 1 观测编码前基带数据 2P6，用示波器的通道 2 观测编码数据 3P6；尝试修改不同的编码开关组合，观测不同数据编码前后的变化。

（2）译码观测。

使用双踪示波器同时观测编码前数据 2P6 和译码数据 6TP3，看它们是否相同；尝试多次修改编码数据，观测译码数据是否正确。

2.1.5　硬件平台实验开展

2.1.5.1　硬件平台实验框图说明

码型变换硬件平台实验框图如图 2-1-9 所示。

1. 实验框图说明

本实验需要用到的功能模块为 A2。该功能模块完成基带信号的产生与码型变换编/译码。

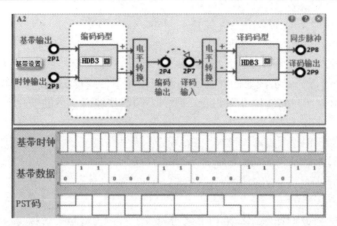

图 2-1-9　码型变换硬件平台实验框图

2. 实验框图中各个观测点说明

● 2P1：基带输出（可以设置为 PN 序列或 16bit 数据）。

● 2P3：基带时钟输出（时钟速率可选，建议为 32kHz 或 64kHz）。

● 2P4：编码输出。

● 2P7：译码输入。

● 2P8：同步脉冲输出。

● 2P9：译码输出。

2.1.5.2　实验内容及实验步骤

1. 实验准备

（1）实验模块在位检查。

在关闭系统电源的情况下，确认 A2 在位。

（2）加电。

打开系统电源，模块右上角的红色电源指示灯亮，几秒后模块左上角的绿色运行指示灯开始闪烁，说明模块工作正常。若两个指示灯工作不正常，则需要关闭系统电源后查找原因。

（3）选择实验内容。

在液晶显示屏上，根据功能进行菜单选择：实验项目→原理实验→基带传输实验→码型变换，进入码型变换实验页面。

（4）信号线连接。

使用信号线按照实验框图中的连线方式进行连接，并理解各连线的含义。

2. NRZ 码

（1）编码观测。

在编码码型中选择 NRZ 码，单击"基带设置"按钮，将基带数据设置为"16bit""64K"，并修改 16bit 编码开关的值。用示波器的通道 1 观测编码前基带数据 2P1，用示波器的通道 2 观测编码数据 2P4；尝试修改不同的编码开关组合，并观测不同数据编码前后的变化。

将基带数据设置为"15-PN""64K"，观测编码前基带数据 2P1 和编码数据 2P4，并记录波形。根据观测的编码前后数据的时序关系，分析编码时延。

分析编码是否有直流分量，是否具备丰富的位同步信息（可设为全 0 码或全 1 码），编码前后信号的频谱是否发生变化。

（2）译码观测。

使用双踪示波器同时观测编码前基带数据 2P1 和译码数据 2P9，看它们是否相同；尝试多次修改编码数据，观测译码数据是否正确。

根据观测的编码前基带数据和译码数据的时序关系，分析译码时延。

3. BNRZ 码

（1）编码观测。

在编码码型中选择 BNRZ 码，单击"基带设置"按钮，将基带数据设置为"16bit""64K"，并修改 16bit 编码开关的值。用示波器的通道 1 观测编码前基带数据 2P1，用示波器的通道 2 观测编码数据 2P4；尝试修改不同的编码开关组合，观测不同数据编码前后的变化。

将基带数据设置为"15-PN""64K"，观测编码前基带数据 2P1 和编码数据 2P4，并记录波形。

根据观测的编码前后数据的时序关系，分析编码时延。

分析编码是否有直流分量，是否具备丰富的位同步信息（可设为全 0 码或全 1 码），编码前后信号的频谱是否发生变化。

（2）译码观测。

使用双踪示波器同时观测编码前基带数据 2P1 和译码数据 2P9，看它们是否相同；尝试多次修改编码数据，观测译码数据是否正确。

根据观测的编码前基带数据和译码数据的时序关系，分析译码时延。

4. RZ 码

（1）编码观测。

在编码码型中选择 RZ 码，单击"基带设置"按钮，将基带数据设置为"16bit""64K"，并修改 16bit 编码开关的值。用示波器的通道 1 观测编码前基带数据 2P1，用示波器的通道 2 观测编码数据 2P4；尝试修改不同的编码开关组合，观测不同数据编码前后的变化。

将基带数据设置为"15-PN""64K"，观测编码前基带数据 2P1 和编码数据 2P4，并记录波形。

根据观测的编码前后数据的时序关系，分析编码时延。

分析编码是否有直流分量，是否具备丰富的位同步信息（可设为全 0 码或全 1 码），编码前后信号的频谱是否发生变化。

（2）译码观测。

使用双踪示波器同时观测编码前基带数据 2P1 和译码数据 2P9，看它们是否相同；尝试多次修改编码数据，观测译码数据是否正确。

根据观测的编码前基带数据和译码数据的时序关系，分析译码时延。

5. BRZ 码

（1）编码观测。

在编码码型中选择 BRZ 码，单击"基带设置"按钮，将基带数据设置为"16bit""64K"，并修改 16bit 编码开关的值。用示波器的通道 1 观测编码前基带数据 2P1，用示波器的通道 2 观测编码数据 2P4；尝试修改不同的编码开关组合，观测不同数据编码前后的变化。

将基带数据设置为"15-PN""64K"，观测编码前基带数据 2P1 和编码数据 2P4，并记录波形。

根据观测的编码前后数据的时序关系，分析编码时延。

分析编码是否有直流分量，是否具备丰富的位同步信息（可设为全 0 码或全 1 码），编码前后信号的频谱是否发生变化。

（2）译码观测。

使用双踪示波器同时观测编码前基带数据 2P1 和译码数据 2P9，看它们是否相同；尝试多次修改编码数据，观测译码数据是否正确。

根据观测的编码前基带数据和译码数据的时序关系，分析译码时延。

6. 曼彻斯特码

（1）编码观测。

在编码码型中选择曼彻斯特码，单击"基带设置"按钮，将基带数据设置为"16bit""64K"，并修改 16bit 编码开关的值。用示波器的通道 1 观测编码前基带数据 2P1，用示波器的通道 2 观测编码数据 2P4；尝试修改不同的编码开关组合，观测不同数据编码前后的变化。

将基带数据设置为"15-PN""64K"，观测编码前基带数据 2P1 和编码数据 2P4，并记录波形。

根据观测的编码前后数据的时序关系，分析编码时延。

分析编码是否有直流分量，是否具备丰富的位同步信息（可设为全 0 码或全 1 码），编码前后信号的频谱是否发生变化。

（2）译码观测。

使用双踪示波器同时观测编码前基带数据 2P1 和译码数据 2P9，看它们是否相同；尝试多次修改编码数据，观测译码数据是否正确。

根据观测的编码前基带数据和译码数据的时序关系，分析译码时延。

7. 密勒码

（1）编码观测。

在编码码型中选择密勒码，单击"基带设置"按钮，将基带数据设置为"16bit""64K"，并修改 16bit 编码开关的值。用示波器的通道 1 观测编码前基带数据 2P1，用示波器的通道 2 观测编码数据 2P4；尝试修改不同的编码开关组合，观测不同数据编码前后的变化。

将基带数据设置为"15-PN""64K"，观测编码前基带数据 2P1 和编码数据 2P4，并记录波形。

根据观测的编码前后数据的时序关系，分析编码时延。

分析编码是否有直流分量，是否具备丰富的位同步信息（可设为全 0 码或全 1 码），编码前后信号的频谱是否发生变化。

（2）译码观测。

使用双踪示波器同时观测编码前基带数据 2P1 和译码数据 2P9，看它们是否相同；尝试多次修改编码数据，观测译码数据是否正确。

根据观测的编码前基带数据和译码数据的时序关系，分析译码时延。

8. PST 码

（1）编码观测。

在编码码型中选择 PST 码，单击"基带设置"按钮，将基带数据设置为"16bit""64K"，并修改 16bit 编码开关的值。用示波器的通道 1 观测编码前基带数据 2P1，用示波器的通道 2 观测编码数据 2P4；尝试修改不同的编码开关组合，观测不同数据编码前后的变化。

将基带数据设置为"15-PN""64K"，观测编码前基带数据 2P1 和编码数据 2P4，并记录波形。

根据观测的编码前后数据的时序关系，分析编码时延。

分析编码是否有直流分量，是否具备丰富的位同步信息（可设为全 0 码或全 1 码），编码前后信号的频谱是否发生变化。

（2）译码观测。

使用双踪示波器同时观测编码前基带数据 2P1 和译码数据 2P9，看它们是否相同；尝试多次修改编码数据，观测译码数据是否正确。

根据观测的编码前基带数据和译码数据的时序关系，分析译码时延。

9. 关机拆线

实验结束，关闭系统电源，拆除信号线，并按要求放置好实验附件。

2.1.6　"三对照"及实验报告要求

（1）根据硬件平台实验结果，画出各种码型变换的观测点的波形，并将波形与虚拟仿真结果、理论推算结果相对照，若有异常现象，请分析原因。

（2）写出各种码型变换的工作过程。

（3）分析各种码型的特性和应用。

（4）回答实验内容及实验步骤中的问题。

2.2　线路编/译码实验

2.2.1　实验目的

（1）掌握 AMI、HDB3、CMI 码的编/译码规则。

（2）了解 AMI、HDB3、CMI 码的编/译码实现方法。

2.2.2　实验仪器

（1）RZ9681 实验平台。

（2）实验模块。

● 主控模块 A1。

● 基带信号产生与码型变换模块 A2。

（3）信号线。

（4）100MHz 双踪示波器。

（5）微型计算机（二次开发）。

2.2.3　理论知识学习

1. CMI 码编码原理

CMI 码是传号反转码的简称，与曼彻斯特码类似，也是一种双极性二电平码。编码规则：1码交替用 11 和 00 两位码表示，0 码固定用 01 两位码表示，如图 2-2-1 所示。

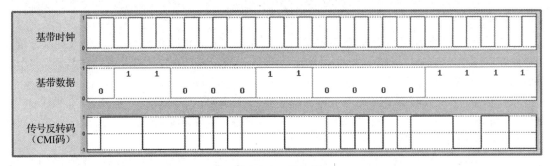

图 2-2-1　CMI 码

2. AMI 码编码原理

AMI 码的全称是信号交替反转。这是一种将消息代码 0（空号）和 1（传号）按如下规则进行编码的码型：0 码仍变换为传输码的 0，而 1 码则交替地变换为传输码的+1 和-1，如图 2-2-2 所示。

由于 AMI 码的信号交替反转，因此由它决定的基带信号将出现正负脉冲交替的情况，而 0电位保持不变。由此可以看出，这种基带信号无直流分量，且只有很小的低频分量，因而它特别适宜在不允许这些分量通过的信道中传输。

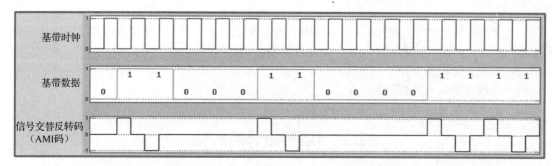

图 2-2-2　AMI 码

从 AMI 码的编码规则中可以看出，它已从一个二进制符号序列变成了一个三进制符号序列。把一个二进制符号变换成一个三进制符号所构成的码称为 1B/1T 码型。

AMI 码除有上述特点外，还有编/译码电路简单及便于观察误码情况等优点，它是一种基本的线路码，并得到广泛采用。但是，AMI 码有一个重要的缺点，即当它用于获取定时信息时，由于它可能出现长的连 0 码，因此会造成提取定时信号困难。

为了保持 AMI 码的优点并克服其缺点，人们提出了许多改进的 AMI 码，HDB3 码就是其中具有代表性的一种。

3. HDB3 码编码原理

HDB3 码是 3 阶高密度双极性码的简称。HDB3 码不仅保留了 AMI 码所有的优点，还将连 0 码限制在 3 个以内，克服了 AMI 码出现长的连 0 码而对提取定时信号不利的缺点。HDB3 码的功率谱基本上与 AMI 码的功率谱类似。由于 HDB3 码的诸多优点，CCITT 建议把 HDB3 码作为 PCM 传输系统的线路码型。

那么，如何由二进制码转换成 HDB3 码呢？

HDB3 码编码规则如下。

（1）二进制码序列中的 0 码在 HDB3 码中仍编为 0 码，但当出现 4 个连 0 码时，用取代节 000V 或 B00V 代替它。取代节中的 V 码、B 码均代表 1 码，它们可正可负。

（2）取代节的安排顺序是先用 000V，当它不能用时，再用 B00V。000V 取代节的安排要满足以下两个条件。

① 各取代节之间的 V 码要极性交替出现（为了保证传号码极性交替出现，不引入直流分量）。

② V 码要与前一个传号码的极性相同（作用是在接收端能识别出哪个是原始传号码，哪个是 V 码，以恢复原二进制码序列）。

当上述两个条件同时满足时，用 000V 代替原二进制码序列中的 4 个连 0 码（用 $000V_+$ 或 $000V_-$）；而当上述两个条件不能同时满足时，则改用 B00V（B_+00V_+ 或 B_-00V_-，实质上是将取代节 000V 中第一个 0 码改成 B 码）。

（3）HDB3 码序列中的传号码（包括 1 码、V 码和 B 码）除 V 码外都要满足极性交替出现的条件。

下面举个例子来具体说明如何将二进制码转换成 HDB3 码，如表 2-2-1 所示。

表 2-2-1　二进制码转换成 HDB3 码

二进制码	1	1	0	0	0	0	1	0	0	0	0	1	1	0	0	0
HDB3 码	+1	-1	B_+	0	0	V_+	-1	0	0	0	V_-	+1	-1	0	0	0

从上例中可以看出以下两点。

（1）当两个取代节之间的原始传号码的个数为奇数时，后边的取代节用 000V；当两个取代节之间的原始传号码的个数为偶数时，后边的取代节用 B00V。

（2）V 码破坏了传号码极性交替出现的原则，因此叫破坏点；B 码未破坏传号码极性交替出现的原则，因此叫非破坏点。

HDB3 码如图 2-2-3 所示。虽然 HDB3 码的编码规则比较复杂，但其译码比较简单。从上述原理可以看出，在每个破坏点，V 码总是与前一非 0 码同极性（包括 B 码在内）。也就是说，从收到的码序列中可以容易地找到破坏点，于是，也可断定 V 码及其前面的 3 个码必是连 0 码，从而恢复 4 个码，并将所有的-1 变成+1，便得到原消息代码。

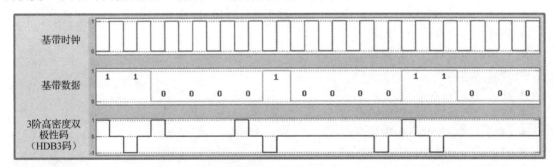

图 2-2-3　HDB3 码

本实验平台 AMI/HDB3 编码由 FPGA 实现，并通过运放将编码的正向和负向合成 AMI/HDB3 信号；译码电路首先将收到的信号经运放和比较器转换成正向和负向信号，再经 FPGA 提取位时钟并译码。

当前输出的 HDB3 码字与前 4 个码字有关，因此 HDB3 编/译码时延不小于 8 个时钟周期（实验中为 7 个半码元）。

2.2.4　基于虚拟仿真实验平台进行预习

2.2.4.1　实验框图介绍

获得实验权限，从浏览器进入在线实验平台，在通信原理实验目录中选择线路编/译码实验，进入线路编/译码实验页面。线路编/译码实验框图如图 2-2-4 所示。

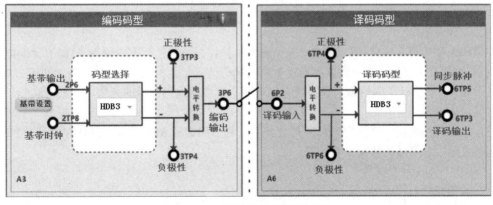

图 2-2-4　线路编/译码实验框图

1. 实验框图说明

本实验需要用到以下两个功能模块。

（1）A3。

2P6 输出基带信号，2TP8 输出基带时钟（时钟速率可以设置），3P6 输出 2P6 信号的码型变换结果。

（2）A6。

6P2 输入码型变换的信号，将译码后的数据从 6TP3 输出。

2. 实验框图中各个观测点说明

- 2P6：基带输出（可以设置 PN 序列或 16bit 数据）。
- 2TP8：基带时钟输出（时钟速率可选，建议为 $32×10^3$Bd 或 $64×10^3$Bd）。
- 3TP3：双极性信号正极输出。
- 3TP4：双极性信号负极输出。
- 3P6：编码输出。
- 6P2：译码输入。
- 6TP4：双极性信号正极输出。
- 6TP6：双极性信号负极输出。
- 6TP5：同步脉冲输出。
- 6TP3：译码输出。

2.2.4.2　虚拟仿真实验过程

提示：下列实验的基带速率不要超过 $256×10^3$Bd。

1. CMI 码编/译码实验

（1）编码观测。

在编码码型中选择 CMI 码，单击"基带设置"按钮，将基带数据设置为"16bit""64K"，并修改 16bit 编码开关的值。用示波器的通道 1 观测编码前基带数据 2P6，用示波器的通道 2 观测编码数据 3P6；尝试修改不同的编码开关组合，观测不同数据编码数据的变化，并记录波形。

错误提示：CMI 码的 0 码应该用 01 表示，当实验结果为 10 时，表示错误。

（2）译码观测。

使用双踪示波器同时观测编码前基带数据 2P6 和译码数据 6TP3，看它们是否相同；尝试多次修改编码数据，观测译码数据是否正确。

2. AMI 码编/译码实验

（1）编码观测。

在编码码型中选择 AMI 码，单击"基带设置"按钮，将基带数据设置为"16bit""64K"，并修改 16bit 编码开关的值。用示波器的通道 1 观测编码前基带数据 2P6，用示波器的通道 2 观测编码数据 3P6；尝试修改不同的编码开关组合，观测不同数据编码数据的变化，并记录波形。

（2）译码观测。

使用双踪示波器同时观测编码前基带数据 2P6 和译码数据 6TP3，看它们是否相同；尝试多次修改编码数据，观测译码数据是否正确。

3. HDB3 码编/译码实验

（1）编码观测。

在编码码型中选择 HDB3 码，单击"基带设置"按钮，将基带数据设置为"16bit""64K"，并修改 16bit 编码开关的值。用示波器的通道 1 观测编码前基带数据 2P6，用示波器的通道 2 观测编码数据 3P6；尝试修改不同的编码开关组合，观测不同数据编码数据的变化，并记录波形。

（2）译码观测。

使用双踪示波器同时观测编码前基带数据 2P6 和译码数据 6TP3，看它们是否相同；尝试多次修改编码数据，观测译码数据是否正确。

2.2.5 硬件平台实验开展

2.2.5.1 硬件平台实验框图说明

线路编/译码硬件平台实验框图如图 2-2-5 所示。

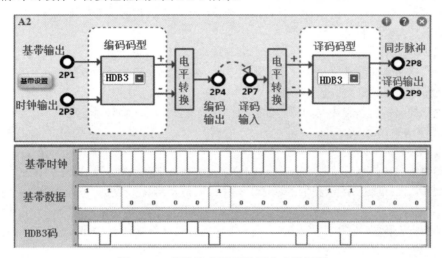

图 2-2-5 线路编/译码硬件平台实验框图

1. 实验框图说明

本实验需要用到以下功能模块——A2。该模块完成基带信号的产生与码型变换编/译码功能。

2. 实验框图中各个观测点说明

● 2P1：基带输出（可以设置为 PN 序列或 16bit 数据）。

● 2P3：时钟输出（时钟速率可选，建议为 $32×10^3$Bd 或 $64×10^3$Bd）。

● 2P4：编码输出。

● 2P7：译码输入。

● 2P9：译码输出。

2.2.5.2 实验内容及实验步骤

1. 实验准备

（1）实验模块在位检查。

在关闭系统电源的情况下，确认模块在位。

（2）加电。

打开系统电源，模块右上角红色电源指示灯亮，几秒后模块左上角绿色运行指示灯开始闪烁，说明模块工作正常。若两个指示灯工作不正常，则需要关闭系统电源后查找原因。

（3）选择实验内容。

在液晶显示屏上根据功能进行菜单选择：实验项目→原理实验→基带传输实验→线路编/译码，进入线路编/译码实验页面。

（4）信号线连接。

使用信号线按照实验框图中的连线方式进行连接，并理解各连线的含义。

2. CMI 码编/译码实验

（1）编码观测。

在编码码型中选择 CMI 码，单击"基带设置"按钮，将基带数据设置为"16bit""64K"，并修改 16bit 编码开关的值。用示波器的通道 1 观测编码前基带数据 2P1，用示波器的通道 2 观测编码数据 2P4；尝试修改不同的编码开关组合，观测不同数据编码前后的变化。

将基带数据设置为"15-PN""64K"，观测编码前基带数据 2P1 和编码数据 2P4，并记录波形。

根据观测的编码前后数据的时序关系，分析编码时延。

分析编码是否有直流分量，是否具备丰富的位同步信息（可设为全 0 码或全 1 码），编码前后信号的频谱是否发生变化。

（2）译码观测。

使用双踪示波器同时观测编码前基带数据 2P1 和译码数据 2P9，看它们是否相同；尝试多次修改编码数据，观测译码数据是否正确。

根据观测的编码前基带数据和译码数据的时序关系，分析译码时延。

3. AMI 码编/译码实验

（1）编码观测。

在编码码型中选择 AMI 码，单击"基带设置"按钮，将基带数据设置为"16bit""64K"，并修改 16bit 编码开关的值。用示波器的通道 1 观测编码前基带数据 2P1，用示波器的通道 2 观测编码数据 2P4；尝试修改不同的编码开关组合，观测不同数据编码前后的变化。

将基带数据设置为"15-PN""64K"，观测编码前基带数据 2P1 和编码数据 2P4，并记录波形。

根据观测的编码前后数据的时序关系，分析编码时延。

分析编码是否有直流分量，是否具备丰富的位同步信息（可设为长连 0 码或长连 1 码），编码前后信号的频谱是否发生变化。

（2）译码观测。

使用双踪示波器同时观测编码前基带数据 2P1 和译码数据 2P9，看它们是否相同；尝试多次修改编码数据，观测译码数据是否正确。

根据观测的编码前基带数据和译码数据的时序关系，分析译码时延。

4. HDB3 码编/译码实验

（1）编码观测。

在编码码型中选择 HDB3 码，单击"基带设置"按钮，将基带数据设置为"16bit""64K"，并修改 16bit 编码开关的值。用示波器的通道 1 观测编码前基带数据 2P1，用示波器的通道 2 观测编码数据 2P4；尝试修改不同的编码开关组合，观测不同数据编码前后的变化。

将基带数据设置为"15-PN""64K"，观测编码前基带数据 2P1 和编码数据 2P4，并记录波形。

根据观测的编码前后数据的时序关系，分析编码时延。

分析编码是否有直流分量，是否具备丰富的位同步信息（可设为长连 0 码或长连 1 码），编码前后信号的频谱是否发生变化。

（2）译码观测。

使用双踪示波器同时观测编码前基带数据 2P1 和译码数据 2P9，看它们是否相同；尝试多次修改编码数据，观测译码数据是否正确。

根据观测的编码前基带数据和译码数据的时序关系，分析译码时延。

（3）AMI 码和 HDB3 码编/译码对比。

将基带数据修改为不同的基带码型，分别观测 AMI 码和 HDB3 码，分析两种编码的区别，并分析其定时信息是否丰富，是否包含直流分量，根据结果分析 HDB3 码的优势。

① 将基带数据设置为全 1 码，观测并分析 AMI 码和 HDB3 码的区别。
② 将基带数据设置为全 0 码，观测并分析 AMI 码和 HDB3 码的区别。
③ 将基带数据设置为 1000100010001000，观测并分析 AMI 码和 HDB3 码的区别。
④ 将基带数据设置为 1100001100001111，观测并分析 AMI 码和 HDB3 码的区别。
⑤ 尝试将基带数据修改为其他数据类型，观测并分析 AMI 码和 HDB3 码的区别。

5. 关机拆线

实验结束，关闭系统电源，拆除信号线，并按要求放置好实验附件。

2.2.6　"三对照"及实验报告要求

（1）根据实验结果，画出 CMI、AMI、HDB3 码的编/译码电路各观测点的波形，在上面标出相位关系，并将波形与虚拟仿真结果、理论推算结果相对照，若有异常现象，请分析原因。
（2）根据实验测量波形，阐述其波形编码过程。
（3）分析并叙述在进行 HDB3 码编/译码时，2P1 和 2P9 之间的时延关系。
（4）回答实验内容及实验步骤中的问题。

2.3　基带传输及眼图观测实验

2.3.1　实验目的

（1）掌握眼图观测方法。
（2）学会用眼图分析通信系统的性能。

2.3.2　实验仪器

（1）RZ9681 实验平台。
（2）实验模块。
● 主控模块 A1。
● 基带信号产生与码型变换模块 A2。
● 纠错译码与频带解调模块 A5。
● 信道编码与频带调制模块 A4。
（3）信号线。
（4）100MHz 双踪示波器。
（5）微型计算机（二次开发）。

2.3.3　理论知识学习

眼图可以直观地估计系统的码间串扰和噪声的影响，是一种常用的测试手段。

图 2-3-1 给出了两个无噪声信号波形及其眼图，一个无失真，另一个有失真（码间串扰）。

可以看出，眼图是由虚线分段的接收码元波形叠加组成的。眼图中央的垂直线表示取样时刻。当波形无失真时，眼图是一只完全张开的"眼睛"，在取样时刻，所有可能的取样值仅有两个：+1或-1。当波形有失真时，"眼睛"部分闭合，在取样时刻，取样值就分布在小于+1 或大于-1 附近。这样，保证正确判决所容许的噪声电平就降低了。换言之，在随机噪声的功率给定时，波形有失真将使误码率升高。"眼睛"的张开程度反映了失真的严重程度。

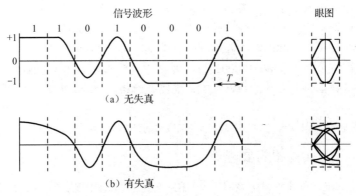

图 2-3-1 两个无噪声信号波形及其眼图

2.3.4 基于虚拟仿真实验平台进行预习

2.3.4.1 实验框图介绍

获得实验权限,从浏览器进入在线实验平台,在通信原理实验目录中选择眼图观测与判决再生实验,进入眼图观测与判决再生实验页面。眼图观测与判决再生实验框图如图 2-3-2 所示。

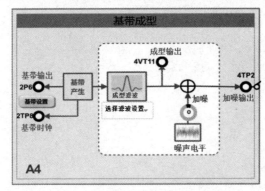

图 2-3-2 眼图观测与判决再生实验框图

1. 实验框图说明

本实验需要用到 A4。

在本实验中,将基带信号设置为"511-PN""32K";其中,基带信号从 2P6 输出,基带时钟从 2TP8 输出。为了便于眼图的观测,实验中用 2TP8 作为同步信号。

2. 实验框图中各个观测点说明

● 2P6:基带输出。

● 2TP8:基带时钟输出。

● 4VT11:成型输出。

● 4TP2:加噪输出。

2.3.4.2 实验中的眼图观测方法

在早期观测通信系统眼图时,一般会选择模拟示波器,由于其工作原理的原因,其波形余晖会在屏幕(荧光屏)上保留一段时间,观测到的眼图其实是多次余晖叠加的结果。

用示波器的通道 1 观测基带时钟(实验中为 2TP8),并用该通道作为同步通道;用示波器的通道 2 观测信道传输后的信号(实验中为 4TP2),作为观测眼图效果的通道。另外,还需要将示波器显示保持时间调整在 1s 左右。

基带信号经信道模拟滤波器后，输出波形的眼图如图 2-3-3 所示。

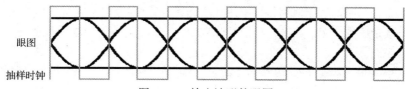

图 2-3-3　输出波形的眼图

2.3.4.3　虚拟仿真实验过程

1. 成型信号观测

将基带信号设置为"511-PN""32K"；用示波器的一个通道观测 2P6 基带输出，用另一个通道观测成型输出 4VT11，选择不同的成型滤波器，在示波器上观测成型前后的时域信号。

2. 无噪声模拟信道眼图观测

（1）模式设置及示波器调节。

单击"基带设置"按钮，将基带数据设置为"511-PN""32K"。

使用示波器的通道 1 观测基带时钟 2TP8，并将该通道作为同步通道，将示波器显示保持时间调整在 1s 左右。使用示波器的通道 2 观测成型输出 4VT11，调整示波器的状态，将眼图波形调整到比较好的状态（在屏幕上仅显示一只张开饱满的"眼睛"）。

（2）眼图观测及信道参数调节。

选择不同的成型滤波器，并观察眼图的变化。

3. 有噪声模拟信道眼图观测

（1）用示波器观测信号经噪声信道后的眼图。

保持示波器之前的设置，使用示波器的通道 1 观测基带时钟 2TP8，并将该通道作为同步通道；使用示波器的通道 2 观测经过模拟信道和噪声信道后的信号 4TP2。

（2）信道加噪眼图观测。

用鼠标调节图 2-3-2 中的加噪旋钮，增减噪声，观测眼图的变化（主要观测"眼皮"厚度变化）；根据观测到的眼图效果，理解噪声对码元判决再生的影响。

2.3.5　硬件平台实验开展

2.3.5.1　硬件平台实验框图说明

眼图观测硬件平台实验框图如图 2-3-4 所示。

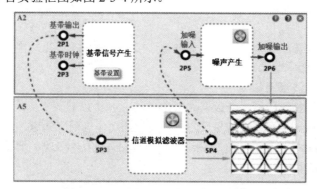

图 2-3-4　眼图观测硬件平台实验框图

1. 实验框图说明

本实验需要用到以下两个功能模块。

（1）A2。

A2 完成基带信号的产生和信道传输中的加噪功能。在本实验中，将基带信号设置为"15-PN""32K"。其中，基带信号从 2P1 输出，基带时钟从 2P3 输出。为了便于眼图的观测，实验中用 2P3 作为同步信号。

A2 集成了噪声信道，从 2P5 输入待传输的信号，加噪后信号从 2P6 输出。噪声电平可通过调节 A2 上的编码开关（实验箱电路板右下角 2SS1 开关）来调整。

（2）A5。

A5 集成了基带信号的传输信道，信号从 5P3 输入，经过低通模拟信道后，信号从 5P4 输出。其中，模拟信道参数可通过调节 A5 上的编码开关（实验箱电路板右下角 5SS1 开关）来调整。

2．实验框图中各个观测点说明

（1）A2。

● 2P1：基带输出。

● 2P3：基带时钟输出。

● 2P5：加噪输入。

● 2P6：加噪输出。

（2）A5。

● 5P3：眼图观测电路信号输入。

● 5P4：眼图信号输出。

2.3.5.2　实验内容及实验步骤

1．实验准备

（1）实验模块在位检查。

在关闭系统电源的情况下，确认下列模块在位。

● A2。

● A5。

（2）加电。

打开系统电源，模块右上角的红色电源指示灯亮，几秒后模块左上角的绿色运行指示灯开始闪烁，说明模块工作正常。若两个指示灯工作不正常，则需要关闭系统电源后查找原因。

（3）选择实验内容。

在液晶显示屏上根据功能菜单进行选择：实验项目→原理实验→基带传输实验→眼图观测实验，进入眼图观测实验页面。

（4）信号线连接。

使用信号线按照实验框图中的连线方式进行连接，并理解各连线的含义。

2．无噪声模拟信道眼图观测

（1）模式设置及示波器调节。

单击"基带设置"按钮，将基带数据设置为"15-PN""32K"。

使用示波器的通道 1 观测基带时钟 2P3，并将该通道作为同步通道，将示波器显示保持时间调整在 1s 左右。使用示波器的通道 2 观测经过模拟信道后的信号 5P4；调整示波器的状态，将眼图波形调整到比较好的状态。

（2）眼图观测及信道参数调节。

通过调节 A5 上的编码开关来逐渐调节模拟信道的带宽，并观察眼图的变化，分析眼图在不同参数下的效果；找到有码间串扰和无码间串扰的眼图效果图，结合眼图分析方法进行分析。

3. 有噪声模拟信道眼图观测

（1）示波器观测信号经噪声信道后的眼图。

确保 5P4 和 2P5 用信号线连接，将经过低通模拟信道的信号送入噪声模拟信道。保持示波器之前的设置，使用示波器的通道 1 观测基带时钟 2P3，并将该通道作为同步通道；使用示波器的通道 2 观测经过模拟信道和噪声信道的信号 2P6。

（2）信道加噪眼图观测。

通过调节 A2 上的编码开关来增减噪声，观测眼图的变化（主要观测"眼皮"厚度变化）。

根据观测到的眼图效果，理解噪声对码元判决再生的影响。

4. 关机拆线

实验结束，关闭系统电源，拆除信号线，并按要求放置好实验附件。

2.3.6　"三对照"及实验报告要求

（1）完成实验测量，并记录实验中的波形及数据，将波形与虚拟仿真结果、理论推算结果相对照，若有异常现象，请分析原因。

（2）叙述眼图的产生原理及作用。

（3）测量和计算实验中眼图的特性参数，评估系统性能。

（4）回答实验内容及实验步骤中的问题。

2.4　ASK 调制解调实验

2.4.1　实验目的

（1）掌握 ASK 调制器的工作原理及性能测试。

（2）学习基于软件无线电技术实现 ASK 调制解调的方法。

2.4.2　实验仪器

（1）RZ9681 实验平台。

（2）实验模块。

● 主控模块 A1。

● 基带信号产生与码型变换模块 A2。

● 信道编码与频带调制模块 A4。

● 纠错译码与频带解调模块 A5。

（3）信号线。

（4）100MHz 双踪示波器。

（5）微型计算机（二次开发）。

2.4.3　理论知识学习

1. 调制与解调

数字信号的传输方式分为基带传输和带通传输。然而，实际中的大多数信道（如无线信道）因具有带通特性而不能直接传送基带信号，这是因为数字基带信号往往具有丰富的低频分量。为了使数字信号在带通信道中传输，必须用数字基带信号对载波进行调制，以使信号与信道的特性相匹配。这种用数字基带信号控制载波，把数字基带信号变换为数字带通信号（已调信号）的过程称为数字调制（Digital Modulation）。在接收端，通过解调器把带通信号还原成数字基带信号的过程称为数字解调（Digital Demodulation）。通常把包括调制和解调过程的数字传输系统叫作数字频带传输系统。

数字信息有二进制和多进制之分，因此，数字调制可分为二进制调制和多进制调制。在二进制调制中，信号参量只有两种取值；而在多进制调制中，信号参量可能有 M（$M>2$）种取值。本节主要讨论二进制数字调制系统的原理。

2．2ASK 调制

振幅键控（Amplitude Shift Keying，ASK）是利用载波的幅度变化来传递数字信号的，而其频率和初始相位保持不变。在 2ASK 中，载波的幅度只有两种变换状态，分别对应二进制信息 0 和 1。

2ASK 已调信号的产生方法通常有两种：数字键控法和模拟相乘法。本实验采用数字键控法，并且采用最新的软件无线电技术。结合可编程逻辑器件和 D/A 转换器件（DAC）的软件无线电结构模式，由于调制算法采用了可编程的逻辑器件，因此该可编程逻辑器件不仅可以完成 ASK、FSK 调制，还可以完成 PSK、DPSK、QPSK、OQPSK 等调制。不仅如此，由于其具备可编程的特性，因此学生还可以基于其进行二次开发，掌握调制解调的算法过程。在学习 ASK、FSK 调制的同时，希望学生能意识到，在技术发展的今天，早期的纯模拟电路调制技术正在被新兴的技术替代，因此，学习应该是一个不断进取的过程。

ASK 调制电路原理框图如图 2-4-1 所示。

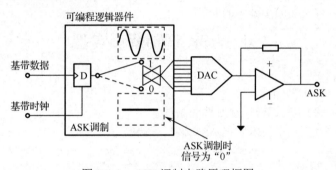

图 2-4-1　ASK 调制电路原理框图

在图 2-4-1 中，基带时钟和基带数据输入可编程逻辑器件，由可编程逻辑器件根据设置的工作模式完成 ASK 调制。因为可编程逻辑器件为纯数字运算器件，所以调制后输出需要经过 DAC，完成数字到模拟的转换，并经过模拟电路对信号进行调整输出，加入射极跟随器，便完成整个调制过程。

ASK 调制结果示意图如图 2-4-2 所示。

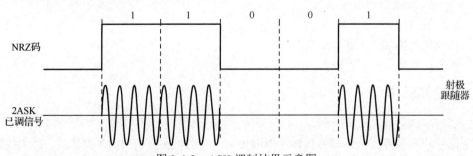

图 2-4-2　ASK 调制结果示意图

3．2ASK 解调

2ASK 解调有非相干解调（包络检波法）和相干解调（同步检测法）两种，这里采用包络检波法，其原理框图如图 2-4-3 所示。

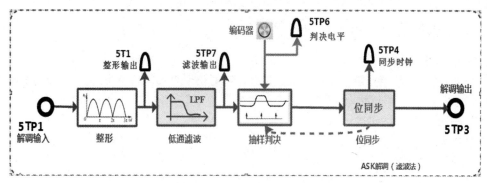

图 2-4-3 包络检波法的原理框图

2ASK 已调信号从 5TP1 输入，信号先经过半波/全波整流，取出高于零电平的半波/全波波形，得到 5T1 整形输出信号。

整形输出信号经低通滤波器后得到 5TP7 滤波输出信号。

滤波输出信号经电压比较电路进行电压判决，用来做比较的判决电平可通过编码器旋转电位器来调节。判决电平过高，可能造成部分数字信息丢失；判决电平过低，可能造成还原结果中出现错码。因此，只有合理地选择判决电平，才能得到正确的解调结果。

抽样判决后的信号经位同步还原出原始 NRZ 码，从 5TP3 输出。抽样判决使用的时钟信号就是 2ASK 基带信号的位同步信号，从 5TP4 输出，为本地提取的位同步信号。

另外，还需要说明的有以下两点。

（1）在实际应用的通信系统中，解调器的输入端有一个带通滤波器，用于滤除带外的信道白噪声并确保系统的频率特性满足无码间串扰的条件。本实验简化了实验设备，在调制部分的输出端没有加带通滤波器，并且假设信道是理想的，因此在解调部分的输入端也没有加带通滤波器来匹配。

（2）本实验平台的 ASK 调制解调采用软件无线电技术实现，系统采样率是基带速率的 16 倍，因此实验时的载波频率和基带速率间的关系应确保为基带速率<载波频率<8 倍的基带速率（只是数值上的比较）。

解调过程中各测试点的波形如图 2-4-4 所示。

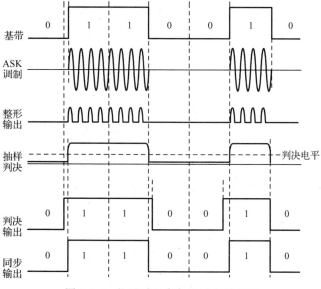

图 2-4-4 解调过程中各测试点的波形

2.4.4　基于虚拟仿真实验平台进行预习

2.4.4.1　实验框图介绍

获得实验权限，从浏览器进入在线实验平台，在通信原理实验目录中选择 ASK 调制解调实验，进入 ASK 调制解调实验页面。

ASK 调制解调实验框图如图 2-4-5 所示。

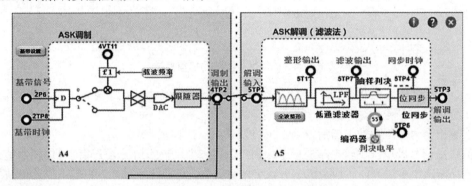

图 2-4-5　ASK 调制解调实验框图

本实验会使用 3 个功能模块：A2、A4、A5。

实验框图中基带数据的码型、速率，载波频率，整流方式，判决电平等均可设置。

实验框图中各个观测点说明如下。

- 2P6：基带信号输出。
- 2TP8：基带时钟输出。
- 4TP2：调制输出。
- 4VT11：载波输出。
- 5TP1：解调输入。
- 5T1：整形输出。
- 5TP7：滤波输出。
- 5TP6：本地判决电平输出，滑动鼠标滚轮，调节编码器。
- 5TP4：同步时钟输出。
- 5TP3：解调输出。

2.4.4.2　虚拟仿真实验过程

（1）注意事项。

判决电平设置：对于半波整形，判决电平在 40V 左右较好；对于全波整形，判决电平在 70V 左右较好。实验时可以将观测 5TP7 和 5TP6 的两个示波器的通道扫描线调重合，当判决电平在滤波输出信号中间时，判决电路能正确恢复解调数据。

（2）基带设置。

单击"基带设置"按钮，设置基带数据为"15-PN""2K"。

1．ASK 调制观测

（1）基带数据时域观测。

用示波器分别观察 2P6 和 2TP8，并记录波形。

（2）基带数据频域观测。

打开示波器的 FFT 功能，观测并分析 2P6 的频谱特性。

（3）ASK 已调信号时域观测。

用示波器的一个通道观测基带信号 2P6，并用基带信号作为示波器同步源；单击"载波频率"按钮，设置载波频率为 8kHz；用示波器的另一个通道观测 4TP2 已调信号，并记录 ASK 已调信号的特性。

（4）ASK 已调信号频域观测。

打开示波器的 FFT 功能，观测并分析 ASK 已调信号 4TP2 的频谱特性。调整 ASK 调制的载波频率，观察 ASK 已调信号的频谱变化。

2．ASK 解调观测

（1）ASK 解调整形输出观测。

在实验中，ASK 解调采用包络检波法。设置基带数据为"15-PN""2K"，设置载波频率为 8kHz。

用示波器同时观测解调输入 5TP1 和已调信号整形输出 5T1，即观测整形前后的波形，并思考后面怎么处理整形后的波形。

单击"半波整形"按钮，可切换到全波整形模式，通过示波器观测 5T1，比较半波整形和全波整形的区别。

（2）整形信号滤波输出观测。

用示波器同时观测 5TP1、5T1 和 5TP7，对比整形后的输出和滤波后的输出，比较半波整形和全波整形滤波输出的区别，并分析这是否与基带信号有关。

（3）判决输出观测。

判决输出的观测需要对示波器进行一些设置。

① 示波器的通道 1 接基带信号 2P6。

② 示波器的通道 2、3 的电压挡位调节一致（如电压挡都是 1V），同时将两个通道的基线调整至重合，通道 2 接判决前的滤波输出 5TP7，通道 3 接判决电平 5TP6。

③ 示波器的通道 4 接解调输出 5TP3。

结合当前的判决电平，判断判决后数据是否正确。调整判决电平，观测 5TP6 及 5TP3 的变化情况。

2.4.5 硬件平台实验开展

2.4.5.1 硬件平台实验框图说明

ASK 调制解调硬件平台实验框图如图 2-4-6 所示。

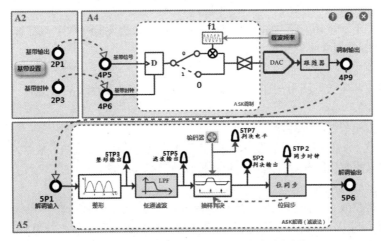

图 2-4-6 ASK 调制解调硬件平台实验框图

实验中会使用 3 个功能模块：A2、A4、A5。

其中，A2 产生 $2×10^3$Bd 的基带信号，送给 ASK 调制单元进行调制，调制载波频率可以通过实验框图中的"载波频率"按钮进行修改。

实验框图中各个观测点说明如下。

（1）A2。

● 2P1：基带输出。

● 2P3：基带时钟输出，选择 $2×10^3$Bd 的速率进行实验。

（2）A4。

● 4P5：调制数据输入。

● 4P6：调制数据时钟输入。

● 4P9：调制输出。

（3）A5。

● 5P1：解调输入。

● 5TP3：整形输出。

● 5TP5：滤波输出。

● 5P2：判决输出。

● 5TP7：判决电平，可通过模块右下角的编码开关来调节。

● 5TP2：同步时钟输出，默认速率为 $2×10^3$Bd。

● 5P6：解调输出。

2.4.5.2　实验内容及实验步骤

1．实验准备

（1）实验模块在位检查。

在关闭系统电源的情况下，确认下列模块在位。

● A2。

● A4。

● A5。

（2）加电。

打开系统电源，通过液晶显示和模块运行指示灯的状态来观察实验箱加电是否正常。若加电不正常，请立即关闭系统电源，查找异常原因。

（3）选择实验内容。

在液晶显示屏上根据功能菜单进行选择：实验项目→原理实验→数字调制解调→ASK 调制解调，进入 ASK 调制解调实验页面。

（4）信号线连接。

使用信号线按照实验框图中的连线方式进行连接，并理解各连线的含义。

2．ASK 调制观测

（1）基带数据设置及时域观测。

使用双踪示波器分别观察 2P1 和 2P3，单击"基带设置"按钮，设置基带数据为"15-PN""2K"，观察示波器中波形的变化，理解并掌握基带数据设置的基本方法。

（2）基带数据频域观测。

采用频谱分析仪或示波器的 FFT 功能观测并分析 2P3 的频谱特性。将基带数据设置为"16bit""2K"，自己设置 16bit 基带数据，观测并分析其频谱变化。思考对信号进行 ASK 调制后，其频谱会有什么变化；进行 FSK 调制后，其频谱会有什么变化。

（3）ASK 已调信号时域观测。

在 ASK 调制解调实验页面，用示波器的一个通道观测基带信号 2P1，并用基带信号作为示波器同步源；用示波器的另一个通道观测 4P9 已调信号，观测并记录 ASK 已调信号的特性。

单击"载波频率"按钮，尝试调整 ASK 调制的载波频率，观察 ASK 已调信号的变化。

（4）ASK 已调信号频域观测。

采用频谱分析仪或示波器的 FFT 功能观测并分析 ASK 已调信号的频谱特性。调整 ASK 调制的载波频率，观察 ASK 已调信号的频谱变化。修改基带信号（如全 0 码、全 1 码、伪随机序列、自设 16bit 数据），观测 ASK 已调信号的频谱变化，与基带信号的频谱相结合，分析基带信号经 ASK 调制后，其频谱的变化情况。

注：结束该步骤时，将载波频率修改为 32kHz。

3. ASK 解调观测

（1）ASK 解调整形输出观测。

本实验中的 ASK 解调采用包络检波法。

用示波器同时观测 ASK 解调输入 5P1 和已调信号整形输出 5TP3，观测 ASK 调制整形前后的波形，并思考后面怎么处理整形后的波形。

（2）整形信号滤波输出观测。

用示波器同时观测整形输出 5TP3 和滤波输出 5TP5，对比整形输出和滤波输出，分析这是否与基带信号有关。

（3）判决输出观测。

用示波器同时观测判决前输入 5TP5 和判决输出 5P2，结合当前的判决电平 5TP7，判断判决后数据是否正确。通过模块右下角的编码开关修改当前的判决电平，观测 5TP7 及 5P2 的变化情况。观测在不同判决电平下的判决输出，分析解调对判决电平有什么要求。

（4）同步后信号观测。

用示波器同时观测同步前信号 5P2 和同步后信号 5P6，结合 5TP2，观测同步前后数据的变化。对比调制前信号 2P1 和解调后信号 5P6，分析解调结果是否正确。

（5）修改参数后重新观测。

单击"载波频率"按钮，尝试逐渐修改 ASK 调制端载波频率，通过观测解调端各部分输出来分析载波频率对解调端的影响。

4. ASK 系统加噪及误码率分析

（1）ASK 系统加噪设置。

在前面的实验步骤中，直接将调制输出 4P9 连接解调输入 5P1，没有经过模拟信道。为测试 ASK 的解调性能，下面为已调信号添加噪声后进行解调。将 4P9 已调信号连接 2P5，将加噪后信号 2P6 连接解调输入 5P1。可以通过 A2 中的编码开关来调节噪声电平（右旋增大）。

（2）ASK 加噪后信号观测。

用示波器观测加噪前信号 4P9 和加噪后信号 2P6，逐渐调节噪声电平，观测加噪前后信号的变化。

（3）ASK 加噪后解调观测。

用示波器的一个通道观测基带数据 2P1，并将该通道作为同步通道；用示波器的另一个通道观测 ASK 解调信号 5P6。逐渐增大噪声电平，观测是否会出现解调错误（以观测到明显错误为准），分析噪声对解调的影响。此时可拔掉 2P5 上的输入信号，测量 2P6 输出的噪声电平（峰峰值），即当前系统可容纳的最大噪声电平。

（4）ASK 系统误码率测试。

系统内置了误码测试仪功能，实验时可以通过实验框图右上角的 ⓘ 按钮进行选择，进入误码测试仪功能页面。误码测试仪的具体使用方法参考《误码测试仪使用说明》。

将解调输出 5P6 连接误码测试仪输入 2P8，修改误码测试仪参数："时钟"为"2K"，"码型"为"15-PN"，"插误码"为"0"。单击"测试"按钮，即可开始进行误码率测试。

将噪声电平（峰峰值）分别调节到 200mV、500mV、1V，分析系统的误码率。（可拔掉 2P5 上的输入信号，测量当前 2P6 输出的噪声电平。）

注： 由于误码测试仪在测试时需要进行码型同步搜索，因此在测试前需要将解调信号调节到最佳状态，并通过"同步"按钮进行同步（同步状态不会丢失，每次实验仅需同步一次）。

5. 关机拆线

实验结束，关闭系统电源，拆除信号线，并按要求放置好实验附件。

2.4.6 "三对照"及实验报告要求

（1）完成实验内容，记录实验相关波形及数据，并将波形与虚拟仿真结果、理论推算结果相对照，若有异常现象，请分析原因。

（2）描述 ASK 调制的基本原理。

（3）描述 ASK 包络检波法解调的原理。

（4）回答实验内容及实验步骤中的问题。

2.4.7 思考题

如果希望传输 $8×10^3$Bd 的基带数据，请尝试设计一个合理的载波频率。

2.5 FSK 调制解调实验

2.5.1 实验目的

（1）掌握 FSK 调制器的工作原理及性能测试。

（2）学习基于软件无线电技术实现 FSK 调制解调的方法。

2.5.2 实验仪器

（1）RZ9681 实验平台。

（2）实验模块。

● 主控模块 A1。

● 基带信号产生与码型变换模块 A2。

● 信道编码与频带调制模块 A4。

● 纠错译码与频带解调模块 A5。

（3）信号线

（4）100MHz 双踪示波器。

（5）微型计算机（二次开发）。

2.5.3 理论知识学习

1. FSK 调制电路的工作原理

2FSK（二进制频移键控）已调信号是用载波频率的变化来传递数字信息的，被调载波的频率随二进制序列 0、1 状态而变化。

2FSK 已调信号的产生方法主要有两种：一种采用模拟调频电路来实现；另一种采用数字键控法来实现，即在二进制基带矩形脉冲序列的控制下，通过开关电路对两个不同的独立频率源进行选通，在每个码元期间输出 f_0 或 f_1 两路载波之一。

FSK 调制和 ASK 调制比较相似，只是它把 ASK 调制没有载波的一路修改为不同频率的载波，如图 2-5-1 所示。

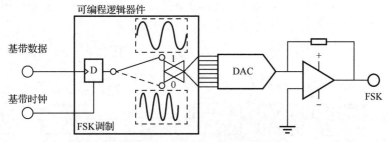

图 2-5-1　FSK 调制电路原理框图

在图 2-5-1 中，将基带时钟和基带数据通过两个铆孔输入可编程逻辑器件，由可编程逻辑器件根据设置的工作模式完成 FSK 调制。因为可编程逻辑器件为纯数字运算器件，因此调制后输出需要经过 DAC，完成数字到模拟的转换，并经过模拟电路对信号进行调整输出，加入射极跟随器，便完成整个调制过程。

2FSK 已调信号波形示意图如图 2-5-2 所示。

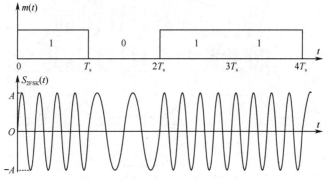

图 2-5-2　2FSK 已调信号波形示意图

在 2FSK 中，幅度恒定不变的载波信号的频率随着输入码流的变化而切换（称为高音和低音，分别代表二进制 1 与 0）。通常，FSK 信号的表达式为

$$S_{\text{FSK}} = \sqrt{\frac{2E_{\text{b}}}{T_{\text{b}}}} \cos(2\pi f_{\text{c}} + 2\pi\Delta f)t \qquad 0 \leqslant t \leqslant T_{\text{b}} \qquad （二进制 1） \qquad (2\text{-}5\text{-}1)$$

$$S_{\text{FSK}} = \sqrt{\frac{2E_{\text{b}}}{T_{\text{b}}}} \cos(2\pi f_{\text{c}} - 2\pi\Delta f)t \qquad 0 \leqslant t \leqslant T_{\text{b}} \qquad （二进制 0） \qquad (2\text{-}5\text{-}2)$$

式中，Δf 代表信号载波的恒定偏移。FSK 信号的频谱如图 2-5-3 所示。

FSK 信号的传输带宽 B_{r} 由 Carson 公式给出：

$$B_{\text{r}} = 2\Delta f + 2B \qquad (2\text{-}5\text{-}3)$$

式中，B 为数字基带信号（矩形脉冲信号）的带宽。假设 FSK 信号带宽限制在主瓣范围内，则矩形脉冲信号的带宽 $B=R$。因此，FSK 的传输带宽变为

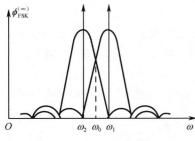

图 2-5-3 FSK 信号的频谱

$$B_r = 2(\Delta f + R) \tag{2-5-4}$$

本实验平台的默认设置为 f_c=24kHz，Δf=8kHz，学生做实验时可根据需要调整这两个参数；基带速率可通过"基带设置"按钮来调整，码型、码速均可调整。

2. FSK 解调的工作原理

2FSK 有多种方法解调，如包络检波法、相干解调法、鉴频法、过零检测法及差分检波法等。这里采用过零检测法，其原理框图如图 2-5-4 所示。

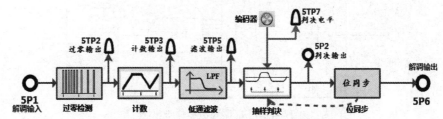

图 2-5-4 2FSK 解调的过零检测法的原理框图

解调过程中各测试点的波形如图 2-5-5 所示。

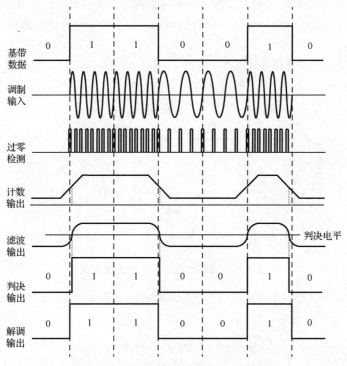

图 2-5-5 解调过程中各测试点的波形

2FSK 已调信号的过零点脉冲数随不同的载波频率而异，故检出过零点脉冲数可以得到关于频率的差异。

如图 2-5-4 所示，2FSK 已调信号从 5P1 送入 FSK 解调系统，通过 AD 采样，得到的是对应波形的量化值，根据量化值的大小，通过对已调信号上升过程过零点和下降过程过零点进行判断，从 5TP2 输出当前的过零点脉冲。

由于采用了不同的载波频率，因此在相同的时间内，不同的载波频率的过零点脉冲数不同，可以对当前的过零点脉冲进行计数，并将计数值通过 DA 输出到 5TP3。

计数输出经过滤波处理后，去除噪声的影响，得到判决前信号 5TP5。

判决前信号经过抽样判决，得到判决输出 5P2。用来做比较的判决电平可通过旋转编码开关来调节，当前判决电平从 5TP7 输出。

最终判决输出 5P2 经位同步抽样判决，得到 FSK 解调输出 5P6。

2.5.4　基于虚拟仿真实验平台进行预习

2.5.4.1　实验框图介绍

获得实验权限，从浏览器进入在线实验平台，在通信原理实验目录中选择 FSK 调制解调实验，进入 FSK 调制解调实验页面。FSK 调制解调实验框图如图 2-5-6 所示。

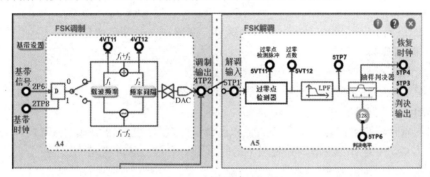

图 2-5-6　FSK 调制解调实验框图

实验中会使用两个功能模块：A4、A5。

实验框图中的基带设置，以及载波频率、频率间隔、判决电平等参数可以通过单击相应的按钮进行修改。

FSK 调制解调：可以修改默认载波频率 f_c 和频率间隔 f_Δ。两路载波频率分别为 $f_1=|f_c+f_\Delta|$ 和 $f_2=|f_c-f_\Delta|$。例如，若 $f_c=24\text{kHz}$，$f_\Delta=32\text{kHz}$，则 $f_1=|24+32|\text{kHz}=56\text{kHz}$，$f_2=|24-32|\text{kHz}=8\text{kHz}$。

实验框图中各个观测点说明如下。

- 2P6：基带信号输出。
- 2TP8：基带时钟输出。
- 4VT11：默认载波信号 f_c。
- 4VT12：频率间隔 f_Δ。
- 4TP2：调制输出。
- 5TP1：解调输入。
- 5VT11：过零点检测脉冲输出。
- 5VT12：过零点计数输出。
- 5TP7：过零点计数滤波输出。
- 5TP6：判决电平输出。
- 5TP4：恢复时钟输出。
- 5TP3：解调输出（判决输出是解调输出的一种具体方式）。

2.5.4.2　虚拟仿真实验过程

1. FSK 调制观测

（1）FSK 两路载波观测。

单击"载波频率"按钮，将默认 f_c 设置为 128kHz；单击"频率间隔"按钮，将 f_Δ 设置为 64kHz。

单击"基带设置"按钮，将基带信号设置为"16bit""8K"，并分别设置为全1码和全0码。用示波器观测4TP2，并分别观测两路载波信号的频率f_1和f_2。

（2）FSK已调信号时域观测。

改变基带信号（"15-PN"或"16bit"和"8K"），用示波器的通道1观测基带信号2P6，并将该通道作为示波器同步通道；用示波器的通道2观测调制输出4TP2（FSK已调信号），分析FSK已调信号的时域特性。

（3）FSK已调信号频域观测。

打开示波器的FFT功能，观测并分析FSK已调信号的频谱特性。

调节f_c和f_Δ，观察频谱的变化。修改基带信号（伪随机序列；自设16bit数据，如全0码、全1码），观测已调信号的频谱变化，与基带信号频谱相结合，分析基带信号经FSK调制后，其频谱的变化情况。

分析FSK已调信号的带宽与基带信号的速率、两路载波的频率的关系。

2．FSK解调观测

（1）FSK解调过零点检测脉冲输出观测。

在实验中，FSK解调采用了过零点检测法。设置基带信号为"15-PN"或"16bit"和"8K"，设置f_c=128kHz，f_Δ=64kHz。

用示波器同时观测FSK解调输入5TP1和已调信号过零点检测脉冲输出5VT11，观测FSK已调信号经过过零点检测后的波形，并观测不同时刻过零点检测脉冲疏密的区别。

（2）过零点计数输出观测。

用示波器同时观测过零点检测脉冲输出5VT11和过零点计数输出5VT12，观察5VT12的波形，分析两输出之间的关系。

（3）过零点计数输出滤波后输出观测。

用示波器同时观测过零点计数输出5VT12和过零点计数滤波输出5TP7，对比滤波前后波形的变化。

（4）判决输出观测。

判决输出的观测需要对示波器进行一些设置。

① 示波器的通道1接基带信号2P6。

② 示波器的通道2、3的电压挡位调节一致（如电压挡都是1V），同时将两个通道的基线调整至重合，通道2接判决前的滤波输出5TP7，通道3接判决电平5TP6。

③ 通道4接判决输出5TP3。

结合当前的判决电平5TP6，判断判决后数据是否正确。

2.5.5 硬件平台实验开展

2.5.5.1 硬件平台实验框图说明

2FSK调制解调硬件平台实验框图如图2-5-7所示。

在本实验中，使用3个功能模块：A2、A4、A5。

其中，A2产生2×10^3Bd的基带数据，送给FSK调制单元进行调制，调制载频可以通过实验框图中的"载波频率"按钮进行修改。

实验框图中各个观测点说明如下。

（1）A2。

● 2P1：基带输出。

● 2P3：基带时钟输出，这里选择2×10^3Bd的速率进行实验。

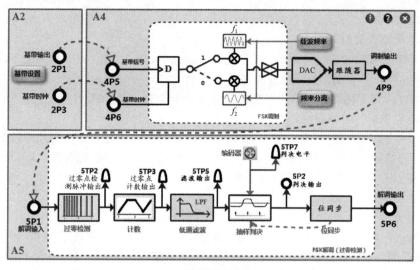

图 2-5-7　2FSK 调制解调硬件平台实验框图

（2）A4。

- 4P5：调制数据输入。
- 4P6：调制数据时钟输入。
- 4P9：调制输出。

（3）A5。

- 5P1：解调输入。
- 5TP2：过零点检测脉冲输出。
- 5TP3：过零点计数输出。
- 5TP5：过零点计数滤波输出。
- 5P2：判决输出。
- 5TP7：判决电平，可通过模块右下角的编码开关来调节。
- 5P6：解调输出。

2.5.5.2　实验内容及实验步骤

1. **实验准备**

（1）实验模块在位检查。

在关闭系统电源的情况下，确认下列模块在位。

- A2。
- A4。
- A5。

（2）加电。

打开系统电源，通过液晶显示和模块运行指示灯的状态观察实验箱加电是否正常。若加电不正常，请立即关闭系统电源，查找异常原因。

（3）选择实验内容。

在液晶显示屏上根据功能菜单进行选择：实验项目→原理实验→数字调制解调→FSK 调制解调，进入 FSK 调制解调实验页面。

（4）信号线连接。

使用信号线按照实验框图中的连线方式进行连接，并理解各连线的含义。

2. FSK 调制观测

（1）FSK 两路载波观测。

单击"基带设置"按钮，将基带数据设置为"16bit""2K"，并分别设置为全 1 码和全 0 码，用示波器观测 4P9，分别观测两路载波的频率。

调整 f_0 和 f_Δ，观察两路载波频率的变化（默认 f_0=24kHz，f_Δ=8kHz）。

（2）FSK 已调信号时域观测。

改变基带数据（"15-PN"或"16bit"和"2K"），用示波器的通道 1 观测基带数据 2P1，并将该通道作为示波器同步通道；用示波器的通道 2 观测 4P9 已调信号，分析 FSK 已调信号的时域特性。

调整 f_0 和 f_Δ，观察 FSK 已调信号的变化。

（3）FSK 已调信号频域观测。

采用频谱分析仪或示波器的 FFT 功能观测并分析 FSK 已调信号的频谱特性。

调节 f_0 和 f_Δ，观察频谱的变化。修改基带数据（如全 0 码、全 1 码、伪随机序列、自设 16bit 数据），观测已调信号的频谱变化，与基带信号的频谱相结合，分析基带信号经 FSK 调制后，其频谱变化情况。

分析 FSK 已调信号的带宽与基带信号的速率、两路载波频率的关系。

注：结束该步骤时，调整 f_0=24kHz，f_Δ=8kHz。

3. FSK 解调观测

（1）FSK 解调过零点检测脉冲输出观测。

在实验中，FSK 解调采用过零点检测法。

用示波器同时观测 FSK 解调输入 5P1 和过零点检测脉冲输出 5TP2，观测 FSK 调制经过过零点检测后的波形，并观测不同时刻过零点检测脉冲疏密的区别。

（2）过零点计数输出观测。

用示波器同时观测过零点检测脉冲输出 5TP2 和过零点计数输出 5TP3，观察 5TP3 的波形，分析两输出之间的关系。

（3）过零点计数输出滤波后输出观测。

用示波器同时观测过零点计数输出 5TP3 和过零点计数滤波输出 5TP5，对比滤波前后波形的变化。

（4）判决输出观测。

用示波器同时观测判决前信号 5TP5 和判决输出 5P2，结合当前的判决电平 5TP7，判断判决后数据是否正确。通过模块右下角的编码开关修改当前的判决电平，观测 5TP7 及 5P2 的变化情况。观测在不同判决电平下的判决输出，分析解调对判决电平有什么要求。

（5）同步后信号观测。

用示波器同时观测同步前信号 5P2 和同步后信号 5P6，结合 5TP2 本地同步时钟，观测同步前后数据的变化。对比调制前信号 2P1 和解调后信号 5P6，分析解调结果是否正确。

（6）修改参数重新观测。

单击"载波频率"按钮，尝试逐渐修改 FSK 调制端载波频率和频率间隔，通过观测解调端各部分输出，分析载波频率对解调端的影响。

（7）基带速率与 FSK 调制带宽的关系。

保持原来的载波频率不变，改变基带信号的速率为 4×10^3Bd 或 8×10^3Bd，观测 FSK 能否解调。分析并思考在进行 FSK 解调时，基带信号和载波频率需要满足什么条件。

4. FSK 系统加噪及误码率分析

（1）FSK 系统加噪设置。

在前面的实验步骤中，直接将调制输出 4P9 连接解调输入 5P1，没有经过模拟信道。为测试

FSK 解调性能，下面为已调信号添加噪声。将 4P9 连接 2P5，将加噪后信号 2P6 连接解调输入 5P1。可以通过 A2 右下角的编码开关来调节噪声电平（右旋增大）。

（2）FSK 加噪后信号观测。

用示波器观测加噪前信号 4P9 和加噪后信号 2P6，逐渐调节噪声电平，观测加噪前后信号的变化。

（3）FSK 加噪后解调观测。

用示波器的一个通道观测基带数据 2P1，并将该通道作为同步通道；用另一个通道观测 FSK 解调后信号 5P6。逐渐增大噪声电平，观测是否出现解调错误（以观测到明显错误为准），分析噪声对解调的影响。此时可拔掉 2P5 上的输入信号，测量 2P6 输出的噪声电平（峰峰值），即当前系统可容纳的最大噪声电平。

（4）FSK 系统误码率测试。

系统内置了误码测试仪功能，实验时可以通过实验框图右上角的 ⓘ 按钮进行选择，进入误码测试仪功能页面。误码测试仪的具体使用方法参考《误码测试仪使用说明》。

将解调输出 5P6 连接误码测试仪输入 2P8，修改误码测试仪参数："时钟"为"2K"，"码型"为"15-PN"，"插误码"为"0"。单击"测试"按钮，即可开始进行误码率测试。

将噪声电平（峰峰值）分别调节到 200mV、500mV、1V，分析系统的误码率。（可拔掉 2P5 上的输入信号，测量当前 2P6 输出的噪声电平。）

5. 关机拆线

实验结束，关闭系统电源，拆除信号线，并按要求放置好实验附件。

2.5.6 "三对照"及实验报告要求

（1）完成实验内容，记录实验相关波形及数据，并将波形与虚拟仿真结果、理论推算结果相对照，若有异常现象，请分析原因。

（2）描述 FSK 调制的基本原理。

（3）描述 FSK 过零点检测解调的工作原理。

（4）回答实验内容及实验步骤中的问题。

2.5.7 思考题

（1）当 FSK 载波频率分别为 32kHz 和 16kHz 时，FSK 能准确解调的基带数据速率是多少？为什么？

（2）如果希望传输 64×10^3 Bd 的基带数据，请尝试设计一个合理的载波频率。

2.6 PSK 调制解调实验

2.6.1 实验目的

（1）掌握 PSK 调制解调的工作原理及性能要求。

（2）进行 PSK 调制解调实验，掌握相干解调的原理和载波同步方法。

（3）理解 PSK 相位模糊现象的成因，思考解决方法。

2.6.2 实验仪器

（1）RZ9681 实验平台。

（2）实验模块。

- 主控模块 A1。
- 基带信号产生与码型变换模块 A2。
- 信道编码与频带调制模块 A4。
- 纠错译码与频带解调模块 A5。

（3）100MHz 双踪示波器。

（4）信号线。

（5）微型计算机（二次开发）。

2.6.3　理论知识学习

1. 2PSK 调制原理

2PSK（二进制相移键控）已调信号是用载波相位的变化来表征被传输信息的状态的，通常规定 0 相位载波和 π 相位载波分别代表传 0 与传 1。

2PSK 已调信号波形如图 2-6-1 所示。

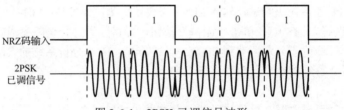

图 2-6-1　2PSK 已调信号波形

PSK 调制由 A4 完成，该模块基于 FPGA 和 DAC，采用软件无线电方式实现频带调制。PSK 调制电路原理框图如图 2-6-2 所示。

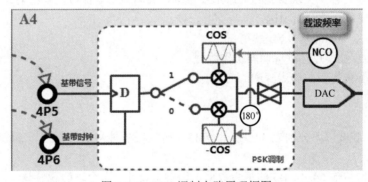

图 2-6-2　PSK 调制电路原理框图

在图 2-6-2 中，基带信号和基带时钟分别通过 4P5 与 4P6 两个铆孔输入 FPGA，FPGA 完成 PSK 的调制后，经 DAC 即可输出 PSK 已调信号，调制后的信号从 4P9 输出。

2. 2PSK 解调原理

实验中的 2PSK 已调信号的解调采用相干解调法，首先从已调信号中提取相干载波。在本实验中，采用数字 Costas 环提取相干载波，二相 PSK（DPSK）解调器采用数字 Costas 环进行解调，其原理框图如图 2-6-3 所示。

设已调信号的表达式为

$$s(t) = A_1 \times \cos[\omega t + \varphi(t)]　（A_1 \text{ 为已调信号的幅值}）\qquad(2\text{-}6\text{-}1)$$

经过相乘器与载波信号 $A_2\cos\omega t$（A_2 为载波的幅值）相乘得

$$e_0(t) = \frac{1}{2}A_1 A_2\{\cos[2\omega t + \varphi(t)] + \cos\varphi(t)\} \qquad (2\text{-}6\text{-}2)$$

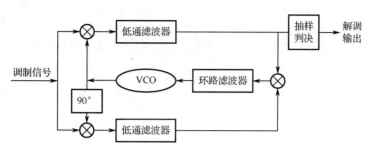

图 2-6-3　数字 Costas 环的原理框图

可见，相乘后包括二倍频分量 $\frac{1}{2}A_1 A_2 \cos[2\omega t + \varphi(t)]$ 和 $\cos\varphi(t)$ 分量（$\varphi(t)$ 为时间的函数）。因此，需要经低通滤波器除去高频分量 $\cos[2\omega t + \varphi(t)]$，得到包含基带信号的低频信号，同向端和正交端两路信号相乘，其差值作为环路滤波器的输入，控制 VCO 载波的频率和相位，得到与已调信号同频同相的本地载波。

I 路（同相端）的滤波输出包含基带信号，因此抽样判决后即可解调出基带信号。

解调过程中各测试点的波形如图 2-6-4 所示。

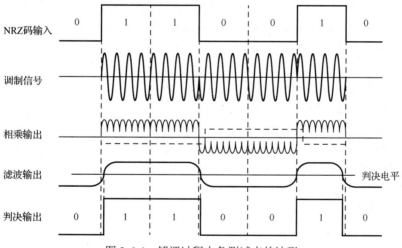

图 2-6-4　解调过程中各测试点的波形

2.6.4　基于虚拟仿真实验平台进行预习

2.6.4.1　实验框图介绍

获得实验权限，从浏览器进入在线实验平台，在通信原理实验目录中选择 PSK 调制解调实验，进入 PSK 调制解调实验页面。PSK 调制解调实验框图如图 2-6-5 所示。

本实验需要用到以下两个功能模块：A4 和 A5。

基带信号从 2P6 输入，从 2TP8 输入基带时钟；单击"基带设置"按钮，可以修改基带信号的码型和速率。

（1）A4。

A4 完成 PSK 调制，基带信号和基带时钟分别从 2P6 与 2TP8 输入，调制后信号从 4TP2 输出。

调制载波频率默认为 128kHz，通过"载波频率"按钮可对其进行修改，修改范围为 0～4MHz。

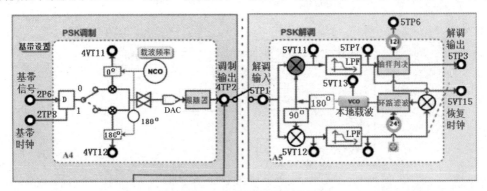

图 2-6-5　PSK 调制解调实验框图

（2）A5。

A5 完成 PSK 解调，解调采用相干解调法。其中，载波提取采用了数字 Costas 环，Costas 环 VCO 中心频率可自动锁定，Costas 环各部分均有输出可以测量。

注：可以通过实验框图中的按钮修改实验中输出的参数。

解调输出选择：PSK 的 Costas 环中只有 PSK 和本地载波同相或反相的那路才能解调出基带数据，正交的那路不能解调出基带数据，实验时可以单击环路左侧的两个相乘器来选择进入抽样判决电路的信号。

相位模糊现象观测：单击 VCO 按钮，相干载波会反相，输出数据也会反相。

实验框图中各个观测点说明如下。

● 2P6：基带信号输出。
● 2TP8：基带时钟输出。
● 4VT11：0 相位载波输出。
● 4VT12：180°（π）相位载波输出。
● 4TP2：调制输出。
● 5TP1：解调输入。
● 5VT13：本地载波输出。
● 5VT11：I 路相干输出。
● 5VT12：Q 路相干输出。
● 5TP7：I 路或 Q 路滤波输出（单击环路左侧的两个相乘器时，5TP7 跟着切换）。
● 5TP6：判决电平输出。
● 5TP3：解调输出。
● 5VT15：恢复时钟输出。

2.6.4.2　虚拟仿真实验过程

注意事项如下。

● 基带信号的速率要低于 512×10^3 Bd。
● 判决电平在 128 左右。
● 环路滤波器设置为 245（默认）。
● 载波频率≥2 倍的基带频率。
● 在对 PSK 系统进行误码率测试时，要确保系统不能出现相位模糊现象。

1. PSK 调制观测

（1）基带数据设置及时域观测。

使用双踪示波器分别观察 2P6 和 2PT8，单击"基带设置"按钮，设置基带数据为"15-PN""64K"。观察示波器上波形的变化，理解并掌握基带数据设置的基本方法。

（2）基带数据频域观测。

打开示波器的 FFT 功能，观测并分析 2P6 的频谱特性。思考对信号进行 PSK 调制后，其频谱会有什么变化。

（3）PSK 已调信号时域观测。

用示波器的通道 1 观测 2P6，通道 2 观测 PSK 已调信号 4TP2，分析 PSK 调制后，基带信号和载波相位的对应关系。

（4）PSK 已调信号频域观测。

打开示波器的 FFT 功能，观测并分析 PSK 已调信号 4TP2 的频谱特性。

2. PSK 解调观测

（1）Costas 环载波输出观测。

用示波器的通道 1 观测调制端载波 4VT11，并将该通道作为同步通道；用示波器的通道 2 观测 Costas 环载波输出 5VT13，观察当前本地载波频率是多少，是否已经锁定。

（2）判决前信号观测。

PSK 解调框图如图 2-6-5 右半部分所示，用示波器的通道 1 观测基带时钟 2TP8，并将该通道作为同步通道；用示波器的通道 2 观测 Costas 环判决前信号 5TP7，分析判决前信号是否正确；通过单击同相端和正交端的相乘器来切换两路信号。

（3）PSK 判决后信号观测。

用示波器的一个通道观测基带信号 2P6，并将该通道作为同步通道；用另一个通道观测 Costas 环同相端判决后信号 5TP3，分析判决后信号是否正确（如果信号反相，那么也视为正确）。

调节判决电平，观察判决输出的变化，将判决输出调节到最佳状态。

（4）PSK 相位模糊现象观测。

在进行 PSK 解调时，如果本地载波和已调信号载波反相，则输出的基带信号也会反相，这就是相位模糊现象（前面步骤中应该有部分学生会观察到该现象），实验中用两种方法来观测相位模糊现象。

2.6.5　硬件平台实验开展

2.6.5.1　硬件平台实验框图说明

2PSK 调制解调硬件平台实验框图如图 2-6-6 所示。

本实验中需要用到以下 3 个功能模块。

（1）A2。

A2 完成基带信号的产生功能，从 2P1 输出基带信号，2P3 输出基带时钟（时钟速率可以设置）；单击实验框图中的"基带设置"按钮，可以修改基带信号输出的相关参数。

（2）A4。

A4 完成输入基带信号的 PSK 调制，基带信号和基带时钟分别从 4P5 与 4P6 输入，调制后信号从 4P9 输出。调制载波频率默认为 1.024MHz，通过"载波频率"按钮可对其进行修改，修改范围为 0.896～1.152MHz。

（3）A5。

A5 对输入的 PSK 已调信号进行解调，解调采用相干解调法。其中，载波提取采用了数字 Costas

环，可以通过单击 VCO 按钮来修改实验中输出的参数。

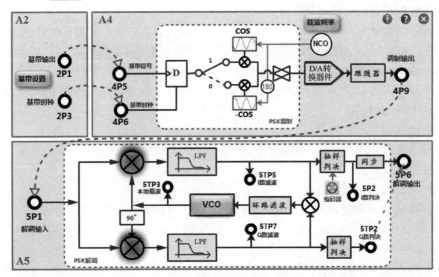

图 2-6-6　2PSK 调制解调硬件平台实验框图

解调输出选择：PSK 的 Costas 环中只有收到的 PSK 已调信号与本地载波同相或反相才能解调出发送的基带数据，正交的那路不能解调出发送的基带数据，单击环路左侧的两个相乘器可以选择进入抽样判决电路的信号。

相位模糊现象观测：单击 VCO 按钮，相干载波会反相，导致输出数据反相。

实验框图中各个观测点说明如下。

（1）A2。

● 2P1：基带输出。

● 2P3：基带时钟输出，实验中一般选择 $64×10^3$Bd 或 $128×10^3$Bd 的时钟。

（2）A4。

● 4P5：调制数据输入。

● 4P6：调制数据时钟输入。

● 4P9：调制输出。

（3）A5。

● 5P1：解调输入。

● 5TP3：本地载波输出。

● 5TP5：I 路滤波输出。

● 5TP7：Q 路滤波输出。

● 5P2：I 路判决输出。

● 5TP2：Q 路判决输出。

● 5P6：解调输出。

2.6.5.2　实验内容及实验步骤

1．实验准备

（1）实验模块在位检查。

在关闭系统电源的情况下，确认下列模块在位。

● A2。

- A4。
- A5。

（2）加电。

打开系统电源，通过液晶显示和模块运行指示灯状态，观察实验箱加电是否正常。若加电不正常，请立即关闭系统电源，查找异常原因。

（3）选择实验内容。

在液晶显示屏上根据功能菜单进行选择：实验项目→原理实验→数字调制解调实验→PSK 调制解调实验，进入 PSK 调制解调实验页面。

（4）信号线连接。

使用信号线按照实验框图中的连线方式进行连接，并理解各连线的含义。

2. PSK 调制观测

（1）基带数据设置及时域观测。

使用双踪示波器分别观察 2P1 和 2P3，单击"基带设置"按钮，设置基带数据为"15-PN""64K"。观察示波器上波形的变化，理解并掌握基带数据设置的基本方法。

（2）基带数据频域观测。

采用频谱分析仪或示波器的 FFT 功能观测并分析 2P3 的频谱特性。思考对信号进行 PSK 调制后，其频谱会有什么变化。

（3）PSK 已调信号时域观测。

用示波器的通道 1 观测 2P1，通道 2 观测 PSK 已调信号 4P9，分析在 PSK 调制后，基带信号和载波相位的对应关系。

（4）PSK 已调信号频域观测。

采用频谱分析仪或示波器的 FFT 功能观测并分析 PSK 已调信号 4P9 的频谱特性。

单击"载波频率"按钮修改载波频率，观察频谱的变化。

修改基带信号的时钟速率，分别设置为 64×10^3Bd 和 128×10^3Bd，观测已调信号频谱的变化。

与基带信号频谱相结合，分析基带信号经 PSK 调制后，其频谱的变化情况。分析 PSK 已调信号的带宽与基带信号速率、载波频率的关系。

注：结束该步骤时，调整基带数据为"15-PN""64K"，载波频率为 1024kHz。

3. PSK 解调观测

（1）Costas 环载波输出观测。

用示波器的通道 1 观测基带时钟 2P3，并将该通道作为同步通道；用示波器的通道 2 观测 Costas 环载波输出 5TP3，观察当前本地载波频率是多少，是否已经锁定。

注：在正常情况下，需要同时观测调制端载波和 Costas 环载波输出，由于调制端载波没有输出，因此选择与调制端载波同步的基带时钟作为同步源进行对比。

（2）判决前电平观测。

用示波器的通道 1 观测基带时钟 2P3，并将该通道作为同步通道；用示波器的通道 2 观测 Costas 环判决前信号 5TP5，分析判决前信号是否正确；通过单击同相端和正交端的相乘器来切换两路信号。

（3）PSK 判决后信号观测。

用示波器的一个通道观测基带数据 2P1，并将该通道作为同步通道；用另一个通道观测 Costas 环同相端（I 路）判决后信号 5P2，分析判决后信号是否正确。

通过 A5 右下角的编码开关来逐渐调节判决电平，观察判决输出的变化，将判决输出调节到最佳状态。

另一个通道观测 Costas 环正交端（Q 路）判决后信号 5TP2，分析判决后信号是否正确。

（4）PSK 同步后信号观测。

用示波器的一个通道观测基带数据 2P1，并将该通道作为同步通道；用另一个通道观测 PSK 解调信号 5P6，观测两路信号是否相同（即使信号反相，也视为两者相同）。

（5）PSK 相位模糊现象观测。

观测相位模糊现象的两种方法如下。

方法 1：由于相位模糊现象是以一定概率出现的，因此实验中通过多次插拔 5P1 上的已调信号，让 Costas 环重新建立同步，此时有可能出现相位模糊现象。

方法 2：系统增加了人为修改载波相位的功能，通过单击 VCO 按钮可以人为地修改载波相位（调整 180°），可以切换正常状态和相位模糊状态。

用示波器的一个通道观测基带数据 2P1，并将该通道作为同步通道；用另一个通道观测 PSK 判决后信号 5P6，用上述两种方法观测相位模糊现象，并思考如何避免相位模糊现象。

4. PSK 系统加噪及误码率分析

（1）PSK 系统加噪设置。

在前面的实验步骤中，直接将调制输出 4P9 连接解调输入 5P1，没有经过模拟信道。为测试 PSK 解调性能，下面为已调信号添加噪声。将 4P9 已调信号连接 2P5，加噪后信号 2P6 连接解调输入 5P1。可以通过 A2 右下角的编码开关来调节噪声电平（右旋增大）。

（2）PSK 加噪后信号观测。

用示波器观测加噪前信号 4P9 和加噪后信号 2P6，调节噪声电平，观测加噪前后信号的变化。

（3）PSK 加噪后解调观测。

用示波器的一个通道观测基带数据 2P1，并将该通道作为同步通道；用另一个通道观测 PSK 判决后信号 5P6。逐渐增大噪声电平，观测是否出现解调错误（以观测到明显错误为准），观测噪声对解调的影响。此时可拔掉 2P5 上的输入信号，测量 2P6 输出的噪声电平（峰峰值），即系统可容纳的最大噪声电平。

（4）PSK 系统误码率测试。

系统内置了误码测试仪功能，实验时可以通过实验框图右上角的 ⓘ 按钮进行选择，进入误码测试仪功能页面。

将解调输出 5P6 连接误码测试仪输入 2P8，修改误码测试仪参数："时钟"为"64K"，"码型"为"15-PN"，"插误码"为"0"。单击"测试"按钮，即可开始进行误码率测试。

将噪声电平（峰峰值）分别调节到 200mV、500mV、1V，分析系统的误码率。（可拔掉 2P5 上的输入信号，测量当前 2P6 输出的噪声电平。）

人为地将 PSK 调节到相位模糊状态，分析系统的误码率。

注：由于误码测试仪在测试时需要进行码型同步搜索，因此，在测试前需要将 PSK 解调信号调节到最佳状态（不能出现相位模糊现象），通过"同步"按钮进行同步（同步状态不会丢失，每次实验仅需同步一次）。

5. 关机拆线

实验结束，关闭系统电源，拆除信号线，并按要求放置好实验附件。

2.6.6 "三对照"及实验报告要求

（1）完成实验步骤，记录实验中相关数据及波形，并将波形与虚拟仿真结果、理论推算结果相对照，若有异常现象，请分析原因。

（2）叙述 Costas 环的工作原理。

（3）定性画出 Costas 环流程图中各点的波形。

（4）回答实验内容及实验步骤中的问题。

2.6.7 思考题

（1）什么是相位模糊？PSK 解调为什么会出现相位模糊现象？如何解决相位模糊问题？

（2）如何通过编程完成 PSK 调制算法？

2.7 DPSK 调制解调实验

2.7.1 实验目的

（1）掌握差分编码与差分译码的原理及实现方法。

（2）掌握 DPSK 调制解调的原理及实现方法。

（3）由相位模糊现象分析 DPSK 调制方式。

2.7.2 实验仪器

（1）RZ9681 实验平台。

（2）实验模块。

● 主控模块 A1。

● 基带信号产生与码型变换模块 A2。

● 信道编码与频带调制模块 A4。

● 纠错译码与频带解调模块 A5。

（3）100MHz 双踪示波器。

（4）信号线。

（5）微型计算机（二次开发）。

2.7.3 理论知识学习

1. 差分编码与差分译码

DPSK 调制在原 2PSK 调制的基础上增加了差分编码过程。差分编码电路原理图如图 2-7-1
所示。

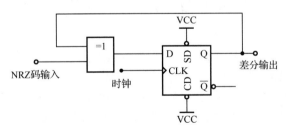

图 2-7-1 差分编码电路原理图

差分编码电路是由异或门与 D 触发器组成的。基带信号作为异或门的一个输入，另一输入端
接到 D 触发器的输出端，而异或门的输出作为 D 触发器的输入。

设差分输出上一时刻为"0"，当前时刻输入数字信号 1，则此时有异或门的输出为 1，当位
同步的上升沿到来时，D 触发器输出 1。在下一时刻，数字信号输入为 0，异或门另一输入为 D
触发器当前时刻的输出 1，故异或门的输出仍为 1，当位同步的上升沿到来时，D 触发器输出 1：

NRZ 码输入 1　0　1　1　1　0　1
差分输出　　0　1　1　0　1　1　0

差分译码的过程和差分编码的过程正好相反，信号先输入 D 触发器，同时作为异或门的一个输入，异或门的另一输入为 D 触发器的输出，因此差分译码的实质就是当前时刻的状态和前一时刻的状态的异或，如图 2-7-2 所示。

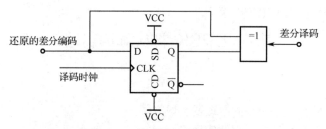

图 2-7-2　差分译码电路原理图

2. DPSK 调制解调

在 2PSK 解调中，如果解调用的相干载波与调制端的载波相位反相时，则解调出的基带信号恰好与原始基带信号反相，这就是 2PSK 解调中的相位模糊现象。在 PSK 调制解调实验中，可观察到相位模糊现象，但是如何解决相位模糊问题呢？在实际系统中，一般通过 DPSK 方法来解决该问题。也就是说，在调制前，先对输入的基带信号进行差分编码（绝对码–相对码转换），然后对解调后的信号进行差分译码（相对码–绝对码转换），还原出基带信号。通过该方法，即使出现相位模糊现象，也不会影响最终的解调输出。通俗地来讲，DPSK 调制解调是在 PSK 调制解调的基础上增加了差分编码和差分译码过程。

DPSK 已调信号波形如图 2-7-3 所示。

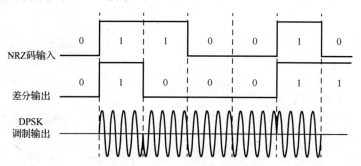

图 2-7-3　DPSK 已调信号波形

在 DPSK 解调中，无论解调用的相干载波与调制端的载波相位同相还是反相，解调出的基带信号与原始基带信号均同相。究其原因，在于 2DPSK 调制前基带信号经过差分编码，从而将用载波初始相位表征基带信号的方式（2PSK）改变为用前后载波的相位差表征基带信号的方式。这样，只要传输中这种前后载波相位差不发生变化，即使解调用的相干载波反相也不会影响差分译码后的结果。这就是 2DPSK 能够抑制 2PSK 解调中的相位模糊现象出现的原因。

2.7.4　基于虚拟仿真实验平台进行预习

2.7.4.1　实验框图介绍

获得实验权限，从浏览器进入在线实验平台，在通信原理实验目录中选择 DPSK 调制解调实验，进入 DPSK 调制解调实验页面。

DPSK 调制解调实验框图如图 2-7-4 所示。

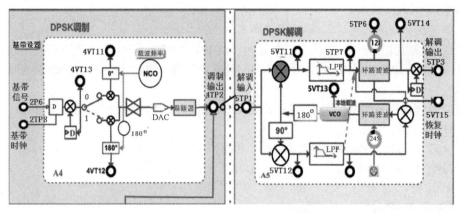

图 2-7-4　DPSK 调制解调实验框图

本实验需要用到以下两个功能模块。

（1）A4。

A4 完成输入基带信号的 DPSK 调制，已调信号从 4TP2 输出。由于 DPSK 直接对基带信号进行差分编码和调制，因此输入为 2P6 基带信号，输出为 DPSK 已调信号，可用差分编码信号 4VT13 作为同步信号进行观测。调制载波频率默认为 128kHz，通过"载波频率"按钮对其进行修改，修改范围为 0～4096kHz。

（2）A5。

A5 完成 DPSK 解调，解调采用相干解调法，其解调同 PSK。

实验框图中各个观测点说明如下。

- 2P6：基带信号输出。
- 2TP8：基带时钟输出。
- 4VT11：0 相位载波输出。
- 4VT12：π 相位载波输出。
- 4VT13：调制端相对码输出。
- 4TP2：调制输出。
- 5TP1：解调输入。
- 5VT13：本地载波输出。
- 5VT11：I 路相干输出。
- 5VT12：Q 路相干输出。
- 5TP7：I 路滤波输出。
- 5TP6：判决电平输出。
- 5VT14：解调端相对码输出。
- 5TP3：解调输出。
- 5VT15：恢复时钟输出。

2.7.4.2　虚拟仿真实验过程

注意事项：

- 基带速率要低于 512×10^3Bd。
- 判决电平要求：5TP6 设置的电平调整到 5TP7 信号最高电平的一半。
- 环路滤波器设置为 245（默认）。

● 载波频率≥2 倍的基带频率。

1．DPSK 调制观测

（1）差分编码观测（绝对码–相对码转换）。

单击"基带设置"按钮，设置基带数据为"15-PN""128K"。使用 4 通道示波器分别观测绝对码 2P6、相对码 4VT13 和 2TP8，分析差分编码输出是否正确。（注：相对码数据读取时延时一个码元。）

将基带数据设置为"16bit""128K"，自设 16bit 编码开关，观察绝对码–相对码转换是否正确。

（2）DPSK 调制观测。

使用 4 通道示波器分别观测绝对码 2P6、相对码 4VT13、DPSK 调制输出 4TP2，分析 DPSK 已调信号与绝对码和相对码的关系，并分析 DPSK 和 PSK 的区别。

2．DPSK 解调观测

（1）DPSK 解调输出。

调节 A5 中的判决电平和环路滤波器参数，用示波器观测 5TP3。单击相乘器可切换 I 路或 Q 路输出。

（2）DPSK 相位模糊观测。

将基带速率设置为 $32×10^3$Bd，数据设置为 01010101010101，载波频率设置为 128kHz。

4 通道示波器分别接 5TP1、5VT13、4VT13、5VT14，正确解调时，观测零电平已调信号和本地载波间的相位关系；通过单击 VCO 按钮来观测相位模糊现象，并思考出现相位模糊现象的原因。

单击 VCO 按钮，使 4VT13、5VT14 间出现相位模糊，观察此时 2P6 和 5TP3 间有没有出现相位模糊，为什么？

2.7.5　硬件平台实验开展

2.7.5.1　硬件平台实验框图说明

DPSK 调制解调硬件平台实验框图如图 2-7-5 所示。

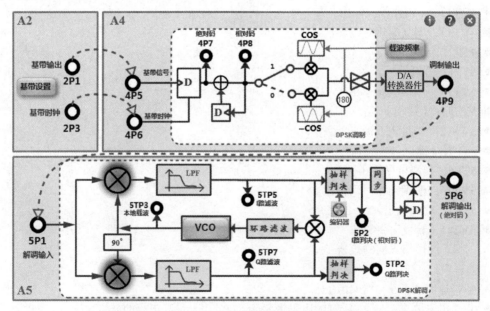

图 2-7-5　DPSK 调制解调硬件平台实验框图

本实验需要用到以下 3 个功能模块。

（1）A2。

A2 完成基带信号的产生功能，从 2P1 输出基带信号，4P8 输出差分编码，2P3 输出基带时钟（时钟速率可以设置）。

单击实验框图中的"基带设置"按钮，可以修改基带信号输出的相关参数。

（2）A4。

A4 完成输入基带信号的 DPSK 调制，基带信号和基带时钟分别从 4P5 与 4P6 输入，已调信号从 4P9 输出。由于 DPSK 调制直接对基带信号进行差分编码和调制，因此输入为 2P1 基带信号，输出为 DPSK 已调信号，可用差分编码信号 4P8 作为同步信号进行观测。调制载波频率默认为 1.024MHz，通过"载波频率"按钮可对其进行修改，修改范围为 0.896～1.152MHz。

（3）A5。

A5 对输入的 DPSK 已调信号进行解调，解调采用相干解调法，其解调同 PSK，差分译码过程在 A2 上完成。

实验框图中各个观测点说明如下。

（1）A2。

- 2P1：基带输出。
- 2P3：基带时钟输出，实验中一般选择速率为 $64 \times 10^3 \mathrm{Bd}$ 的时钟。

（2）A4。

- 4P5：调制数据输入。
- 4P6：调制数据时钟输入。
- 4P9：调制输出。

（3）A5。

- 5P1：解调输入。
- 5TP3：本地载波输出。
- 5TP5：I 路滤波输出。
- 5TP7：Q 路滤波输出。
- 5P2：I 路判决输出。
- 5TP2：Q 路判决输出。
- 5P6：解调输出。

2.7.5.2　实验内容及实验步骤

1. 实验准备

（1）实验模块在位检查。

在关闭系统电源的情况下，确认下列模块在位。

- A2。
- A4。
- A5。

（2）加电。

打开系统电源，通过液晶显示和模块运行指示灯状态，观察实验箱加电是否正常。若加电不正常，请立即关闭系统电源，查找异常原因。

（3）选择实验内容。

在液晶显示屏上根据功能菜单进行选择：实验项目→原理实验→数字调制解调实验→DPSK 调制解调实验，进入 DPSK 调制解调实验页面。

（4）信号线连接。

使用信号线按照实验框图中的连线方式进行连接，并理解各连线的含义。

2. DPSK 调制观测

（1）差分编码观测（绝对码–相对码转换）。

单击"基带设置"按钮，设置基带数据为"15-PN""128K"。使用示波器分别观测绝对码 4P7 和相对码 4P8，分析差分编码输出是否正确。

将基带数据设置为"16bit""128K"，自设 16bit 编码开关，观察绝对码–相对码转换是否正确。

（2）DPSK 调制观测。

使用双踪示波器分别观测绝对码 4P7、相对码 4P8、DPSK 调制输出 4P9，分析 DPSK 已调信号和绝对码及相对码的关系，以及其和 PSK 调制的区别。

3. DPSK 解调观测

（1）未经差分译码信号解调观测。

采用与 PSK 调制解调相同的方法，将 DPSK 解调调节到同步状态。

用示波器分别观测差分编码 4P8 和 PSK 解调输出未经差分译码信号 5P2，观测两信号是否反相，如果不反相，则可人为进行设置，将其调整到反相状态，即相位模糊状态。

（2）差分译码及 DPSK 解调观测。

分别在正常状态和相位模糊状态下用示波器观测差分编码前信号 2P1 与差分译码后信号 5P6，观测两信号是否相同，分析 DPSK 解调是否受相位模糊的影响，根据结论分析 DPSK 相对于 PSK 的优点。

4. DPSK 系统加噪及误码率分析

（1）DPSK 系统加噪设置。

在前面的实验步骤中，直接将调制输出 4P9 连接解调输入 5P1，没有经过模拟信道。为测试 PSK 解调性能，下面为已调信号添加噪声。将 4P9 已调信号连接 2P5，加噪后信号 2P6 连接解调输入 5P1。可以通过 A2 右下角的编码开关来调节噪声电平（右旋增大）。

（2）DPSK 加噪后信号观测。

用示波器观测加噪前信号 4P9 和加噪后信号 2P6，调节噪声电平，观测加噪前后信号的变化。

（3）DPSK 加噪后解调观测。

用示波器的一个通道观测基带数据 2P1，并将该通道作为同步通道；用另一个通道观测 DPSK 判决后信号 5P6。逐渐增大噪声电平，观测是否会出现解调错误（以观测到明显错误为准），观测噪声对解调的影响。此时可拔掉 2P5 上的输入信号，测量 2P6 输出的噪声电平（峰峰值），即系统可容纳的最大噪声电平。

（4）DPSK 系统误码率测试。

DPSK 系统内置了误码测试仪功能，实验时可以通过实验框图右上角的 ⓘ 按钮进行选择，进入误码测试仪功能页面。

将解调输出 5P6 连接误码测试仪输入 2P8，修改误码测试仪参数："时钟"为"64K"，"码型"为"15-PN"，"插误码"为"0"。单击"测试"按钮，即可开始进行误码率测试。

将噪声电平（峰峰值）分别调节到 200mV、500mV、1V，分析系统的误码率。（可拔掉 2P5 上的输入信号，测量当前 2P6 输出的噪声电平。）

人为将 DPSK 调节到相位模糊状态，分析系统的误码率，观察 DPSK 是否受相位模糊的影响。

5. 关机拆线

实验结束，关闭系统电源，拆除信号线，并按要求放置好实验附件。

2.7.6　"三对照"及实验报告要求

（1）完成实验步骤，记录实验中相关数据及波形，并将波形与虚拟仿真结果、理论推算结果相对照，若有异常现象，请分析原因。

（2）叙述差分编码和差分译码的原理。

（3）回答实验内容及实验步骤中的问题。

2.7.7　思考题

如何通过编程完成 DPSK 调制算法？

2.8　QPSK 调制解调实验

2.8.1　实验目的

（1）了解多进制数字调制与解调的概念。

（2）掌握 QPSK 调制解调的原理与实现方法。

（3）掌握 QPSK 调制的 A 方式及 B 方式，并观测其对应的星座图。

（4）了解 QPSK 的相位模糊情况，并思考解决方法。

2.8.2　实验仪器

（1）RZ9681 实验平台。

（2）实验模块。

● 主控模块 A1。

● 基带信号产生与码型变换模块 A2。

● 信道编码与频带调制模块 A4。

● 纠错译码与频带解调模块 A5。

（3）100MHz 双踪示波器。

（4）信号线。

（5）微型计算机（二次开发）。

2.8.3　理论知识学习

1．多进制数字调制与解调

在带通二进制键控系统中，每个码元只传输 1 比特信息，其频带利用率不高。为了提高其频带利用率，最有效的方法是使一个码元传输多个比特的信息，这就是多进制键控体制。

多进制数字调制是利用多进制数字基带信号来调制载波的振幅、频率或相位的。因此，相应地有多进制数字振幅调制（MASK）、多进制数字频率调制（MFSK）及多进制数字相位调制（MPSK）3 种基本方式。

由于多进制数字已调信号的被调参数有多个可能取值，因此，与二进制数字调制相比，多进制数字调制具有以下两个特点。

（1）在相同的码元传输速率下，多进制数字调制系统的信息传输速率显然高于二进制数字调制系统的信息传输速率。

（2）在相同的信息传输速率下，由于多进制码元的传输速率比二进制码元的传输速率低，因此多进制码元的持续时间要比二进制码元的持续时间长。显然，增大码元宽度，就会增加码元的能量，并能减小由信道特性引起的码间串扰的影响等。

2. QPSK 调制

QPSK（Quadrature Phase Shift Keying，正交相移键控）调制又叫四相绝对相移调制，它利用载波的 4 种不同相位来表征数字信息。由于每种载波相位都代表 2 比特信息，因此，每个四进制码元又被称为双比特码元。我们把组成双比特码元的前一信息比特用 I 代表，后一信息比特用 Q 代表。双比特码元中的两个信息比特通常是按格雷码排列的，它与载波相位的关系如表 2-8-1 所示，图 2-8-1（a）所示为 A 方式下的 QPSK 已调信号的矢量图，图 2-8-1（b）所示为 B 方式下的 QPSK 已调信号的矢量图。

表 2-8-1　双比特码元与载波相位的关系

双比特码元		载波相位	
I	Q	A 方式	B 方式
0	0	0°	225°
1	0	90°	315°
1	1	180°	45°
0	1	270°	135°

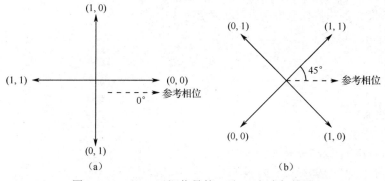

（a）　　　　　　　　　　（b）

图 2-8-1　QPSK 已调信号的 A 和 B 方式矢量图

由图 2-8-1 可知，QPSK 已调信号的相位在$(0°,360°)$内等间隔地取 4 种可能相位。由于正弦和余弦函数的互补特性，对应载波相位的 4 种取值。例如，在 A 方式中为 0°、90°、180°、270°，此时其成型波形幅度有 3 种取值，即±1、0；在 B 方式中为 45°、135°、225°、315°，此时其成型波形幅度有 2 种取值，即$±\sqrt{2}/2$。

QPSK 已调信号可以表示为 $e_0(t) = I(t)\cos\omega t + Q(t)\sin\omega t$，其中，$I(t)$ 称为同相分量，$Q(t)$ 称为正交分量。根据上式可以得到 QPSK 正交调制器框图。实验中用调相法产生 QPSK 已调信号的原理框图如图 2-8-2 所示。

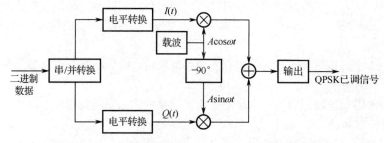

图 2-8-2　用调相法产生 QPSK 已调信号的原理框图

　　从图 2-8-2 中可以看出，QPSK 调制器可以看作由两个 BPSK 调制器构成，输入的二进制数据经过串/并转换，分成两路速率减半的序列 $I(t)$ 和 $Q(t)$，分别对 $A\cos\omega t$ 和 $A\sin\omega t$ 进行调制，相加后即可得到 QPSK 已调信号。经过串/并转换后的两个支路，一路为单数码元，另一路为偶数码元，这两个支路正交，一个称为同相支路，即 I 路；另一个称为正交支路，即 Q 路。将两路已调信号叠加，即将 I 路已调信号与 Q 路已调信号利用相加器相加，得 QPSK 已调信号。

　　QPSK 已调信号相位编码逻辑关系（B 方式）如表 2-8-2 所示。

表 2-8-2　QPSK 已调信号相位编码逻辑关系（B 方式）

DI	0	0	1	1
DQ	0	1	0	1
I 路成型	$-\sqrt{2}/2$	$-\sqrt{2}/2$	$+\sqrt{2}/2$	$+\sqrt{2}/2$
Q 路成型	$-\sqrt{2}/2$	$+\sqrt{2}/2$	$-\sqrt{2}/2$	$+\sqrt{2}/2$
I 路调制	180°	180°	0°	0°
Q 路调制	180°	0°	180°	0°
合成相位	225°	135°	315°	45°

　　同理，根据 A 方式下的 QPSK 已调信号的矢量图，有如表 2-8-3 所示的相位编码逻辑关系。

表 2-8-3　QPSK 已调信号相位编码逻辑关系（A 方式）

DI	0	0	1	1
DQ	0	1	0	1
I 路成型	+1	0	0	-1
Q 路成型	0	-1	+1	0
I 路调制	0°	无	无	180°
Q 路调制	无	180°	0°	无
合成相位	0°	270°	90°	180°

　　在表 2-8-3 中，"无"表示相乘器相乘后无载波输出。另外，因为 Q 路与 I 路是正交的，所以 Q 路的 0 相位相当于合成相位的 90°，Q 路的 180°相位相当于合成相位的 270°。

　　3．QPSK 解调

　　由于 QPSK 已调信号可以看作两个正交 2PSK 已调信号的叠加，因此它可以采用与 2PSK 已调信号类似的解调方法进行解调，即由两个 2PSK 已调信号相干解调器构成解调系统，其原理框图如图 2-8-3 所示。

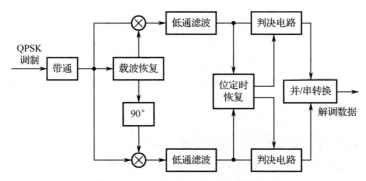

图 2-8-3　QPSK 相干解调原理框图

QPSK 已调信号可以采用相干解调法，用数字 Costas 环提取本地同步载波，两个正交的载波实现相干解调。通过载波恢复电路产生相干载波，分别将同相载波和正交载波提供给同相支路与正交支路的相关器，经过低通滤波、位定时恢复、抽样判决和并/串转换，即可恢复出原来的二进制数据。但在实际解调中，由于提取的同步载波可能和已调信号中的 4 种相位的任意一种同相，因此其中只有 1 种可解调出正确的结果，而另外 3 种则会出现相位模糊现象。在存在相位模糊现象的情况下，无法解调出正确的基带信号。

2.8.4　基于虚拟仿真实验平台进行预习

2.8.4.1　实验框图介绍

获得实验权限，从浏览器进入在线实验平台，在通信原理实验目录中选择 QPSK 调制解调实验，进入 QPSK 调制解调实验页面。QPSK 调制解调实验框图如图 2-8-4 所示。

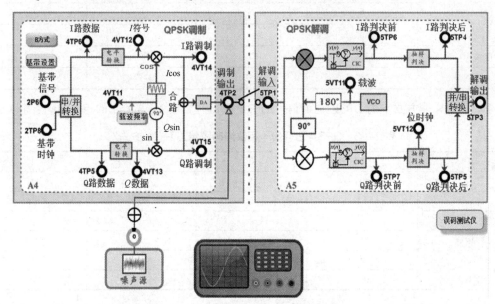

图 2-8-4　QPSK 调制解调实验框图

本实验需要用到以下两个功能模块：

从 2P6 输出基带信号，2TP8 输出基带时钟（时钟速率可以设置）；单击实验框图中的"基带设置"按钮，可以修改基带信号输出的相关参数，实验时建议使用速率为 $64×10^3$Bd 或 $128×10^3$Bd 的基带信号。

（1）A4。

A4 完成对输入基带信号的 QPSK 调制，它首先对基带信号进行串/并转换，分为 I、Q 两路进行输出；然后将 I、Q 两路基带数据进行符号映射，将 I 乘以同相载波 cos，Q 乘以正交载波 sin；最后将两路信号相加得到已调信号，从 4TP2 输出。

通过"载波频率"按钮可以修改调制载波的频率，修改范围为 128～24000kHz，步进值为 128kHz。

（2）A5。

A5 对输入的 QPSK 已调信号进行解调，解调采用相干解调法。其中载波提取采用了数字 Costas 环电路，Costas 环 VCO 中心频率可自动锁定，可从 5VT11 处观测本地载波；输入的已调信号和本地提取的同相（cos）及正交（sin）载波相乘，分别进行低通滤波，对于滤波后信号，可以分别从 5TP6 和 5TP7 处观测，也可使用示波器的 X-Y 模式观测其星座图。之后对 5TP6 和 5TP7 信号进行位同步提取及抽样判决，判决后信号分别从 5TP4 和 5TP5 输出，最终完成两路信号的并/串转换，从 5TP3 输出。

实验框图中各个观测点说明如下。

- 2P6：基带信号输出。
- 2TP8：基带时钟输出。
- 4TP6：I 路基带数据输入。
- 4TP5：Q 路基带数据输入。
- 4VT12：I 路符号数据。
- 4VT13：Q 路符号数据。
- 4VT11：调制载波。
- 4VT14：I 路调制输出。
- 4VT15：Q 路调制输出。
- 4TP2：调制输出。
- 5TP1：解调输入。
- 5VT11：本地载波输出。
- 5TP6：I 路下变频输出。
- 5TP7：Q 路下变频输出。
- 5TP4：I 路判决信号输出。
- 5TP5：Q 路判决信号输出。
- 5VT12：本地位时钟提取。
- 5TP3：解调输出。

2.8.4.2　虚拟仿真实验过程

注意事项：

- 基带速率要低于 $128×10^3$Bd。
- 载波频率≥2 倍的基带频率。

1. QPSK 调制观测

（1）基带数据设置及时域观测。

使用示波器分别观测 2P6 和 2TP8，单击"基带设置"按钮，设置基带数据为"15-PN""128K"。观测基带数据的变化，理解并掌握基带数据设置的基本方法。

（2）基带数据串/并转换后 I、Q 路基带数据观测。

用 4 通道示波器同时观测 2P6、串/并转换后的 I 路基带数据 4TP6 和 Q 路基带数据 4TP5，分析其对应关系及速率变化情况。同时观测 4TP5 和 4TP6 在时间上是否对齐。

（3）I、Q 两路基带信号符号映射观测。

使用 4 通道示波器同时观测 4TP5 和 4TP6、4VT12 和 4VT13 输出，观测符号映射前后信号的变化情况，分析该变化是否满足 B 方式下 I、Q 路的数据映射关系。

说明：在调制器中，完成串/并转换后的信号并不会直接和载波相乘，一般会根据实际情况进行二次处理。例如，如果需要基带成型，则需要经过成型滤波器，对于 A、B 两种方式，也会进行不同的电平转换。实验中为了便于观测，内容设置选择了 B 方式，并且没有进行成型滤波。

（4）QPSK 星座图观测。

在示波器的 X-Y 模式下，将示波器的通道 1、2 分别连接 4VT12 和 4VT13，观测 QPSK 调制的星座图。

星座图观测：按示波器上的 DISPLAY 按键，选择"X-Y"模式，可观测通道 1、2 的星座图。

（5）调制载波观测。

用示波器观测调制载波 4VT11，单击"载波频率"按钮，调整载波频率，观测载波频率的变化。

（6）I、Q 两路调制观测。

用示波器分别观测 4VT12 和 4VT14、4VT13 和 4VT15，观测 I、Q 两路调制前后的对应关系。

说明：为了便于观测到较为明显的调制相位关系，可以在观测时将载波频率降为基带信号速率的 $\frac{1}{2}$ 或 $\frac{1}{4}$。例如，基带信号速率为 64×10^3Bd，载波频率为 128kHz 或 256kHz。

（7）QPSK 已调信号时域观测。

用示波器同时观测 4VT14、4VT15、4TP2，分析 3 路已调信号的对应关系。

同时观测 2P6 和 4TP2，分析基带信号和已调信号载波相位的对应关系。

（8）QPSK 已调信号频域观测。

采用示波器的 FFT 功能观测并分析 QPSK 已调信号 4TP2 的频谱特性。

通过"载波频率"按钮修改载波频率，观察频谱的变化情况。

修改基带信号时钟速率，分别设置为 64×10^3Bd、128×10^3Bd，观测已调信号的频谱变化。

与基带信号频谱相结合，分析基带信号经 QPSK 调制后，其频谱的变化情况。分析 QPSK 已调信号的带宽与基带信号速率、载波频率的关系。

2. QPSK 解调观测

（1）Costas 环载波恢复输出观测。

设置基带数据为全 0 码，用示波器的通道 1 观测调制载波 5TP1，并将该通道作为同步通道；用通道 2 观测 Costas 环载波输出 5VT11；改变调制端载波频率，观测解调端 5VT11 的频率变化。

（2）判决前信号及对应星座图观测。

设置基带信号为随机码，速率为 32×10^3Bd 或 64×10^3Bd。

用示波器分别观测 I 路判决前信号 5TP6 和 Q 路判决前信号 5TP7，观察其时域特性，分析其是否正确。

将示波器调到"X-Y"模式，将两个通道分别接 5TP6 与 5TP7，调节通道幅度，直到星座图在显示屏上显示为大小合适的状态，观测 QPSK 星座图。

（3）I、Q 两路判决后信号观测。

I 路信号判决观测：用示波器的通道 1 观测判决前信号 5TP6，并将该通道作为同步通道；用通道 2 观测判决后信号 5TP4，观测判决后信号是否正确。

Q 路信号判决观测：用示波器的通道 1 观测判决前信号 5TP7，并将该通道作为同步通道；用通道 2 观测判决后信号 5TP5，观测判决后信号是否正确。

在一般情况下，判决电平为可调量，实验中为了方便，将判决电平设置为固定值，其值为判决前信号的中间电平。

2.8.5 硬件平台实验开展

2.8.5.1 硬件平台实验框图说明

QPSK 调制解调硬件平台实验框图如图 2-8-5 所示。

本实验需要用到以下 3 个功能模块。

（1）A2。

A2 完成基带信号的产生功能，从 2P1 输出基带信号，2P3 输出基带时钟（时钟速率可以设置）；单击实验框图中的"基带设置"按钮，可以修改基带信号输出的相关参数，实验时建议使用 64×10^3Bd 或 128×10^3Bd 的基带信号。

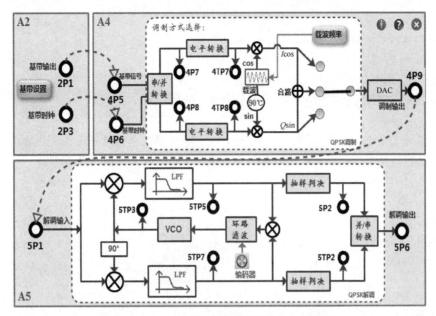

图 2-8-5 QPSK 调制解调硬件平台实验框图

A2 可以模拟噪声信道，信号从 2P5 输入，经加噪后，从 2P6 输出，通过 A2 右下角的编码开关，可以调节噪声电平。

（2）A4。

A4 完成输入基带信号的 QPSK 调制，基带信号和基带时钟分别从 4P5 与 4P6 输入。A4 首先对基带信号进行串/并转换，分为 I、Q 两路进行输出，之后将 I 乘以同相载波 cos，Q 乘以正交载波 sin，将两路信号相加得到已调信号，从 4P9 输出，相加前的已调信号可以通过 3 挡的开关切换输出。调制载波频率默认为 1.024MHz，通过"载波频率"按钮可对其进行修改，修改范围为 0.896～1.152MHz。

（3）A5。

A5 对输入的 QPSK 已调信号进行解调，解调采用相干解调法。其中载波提取采用了数字 Costas 环电路，Costas 环 VCO 中心频率可自动锁定，可从 5TP3 处观测本地载波。

实验框图中各个观测点说明如下。

（1）A2。

● 2P1：基带输出。

● 2P3：基带时钟输出，实验中一般选择 $128×10^3$Bd 或 $64×10^3$Bd 时钟。

● 2P5：噪声信道输入端。

● 2P6：加噪后信号输出端，可通过编码器调节噪声电平。

（2）A4。

● 4P5：调制数据输入。

● 4P6：调制数据时钟输入。

● 4P7：串/并转换后 I 路基带数据。

● 4P8：串/并转换后 Q 路基带数据。

● 4P9：调制输出。

（3）A5。

● 5P1：解调输入。

- 5TP3：本地载波输出。
- 5TP5：I 路判决前信号输出，可作为观测星座图的 X 轴。
- 5TP7：Q 路判决前信号输出，可作为观测星座图的 Y 轴。
- 5P2：I 路判决后信号输出。
- 5TP2：Q 路判决后信号输出。
- 5P6：解调输出。

注：通过液晶选定实验内容后，模块对应的状态指示确定，这时不要按模块右下角的编码开关，如果因按编码开关而改变了工作状态，那么学生可以退出流程图后重新进入。

2.8.5.2　实验内容及实验步骤

1. 实验准备

（1）实验模块在位检查。

在关闭系统电源的情况下，确认下列模块在位。

- A2。
- A4。
- A5。

（2）加电。

打开系统电源，通过液晶显示和模块运行指示灯状态，观察实验箱加电是否正常。若加电不正常，请立即关闭系统电源，查找异常原因。

（3）选择实验内容。

在液晶显示屏上根据功能菜单进行选择：实验项目→原理实验→数字调制解调实验→QPSK 调制解调实验，进入 DPSK 调制解调实验页面。

（4）信号线连接。

使用信号线按照实验框图中的连线方式进行连接，并理解各连线的含义。

2. A 方式下的 QPSK 调制观测

（1）基带数据设置及时域观测。

使用双踪示波器分别观察 2P1 和 2P3，单击"基带设置"按钮，设置基带数据为"15-PN""128K"，观测基带数据的变化，理解并掌握基带数据设置的基本方法。

（2）基带数据串/并转换后 I、Q 路基带数据观测。

选择 A 方式，用示波器分别观测串/并转换后的 I 路基带数据 4P7 和 Q 路基带数据 4P8，并与 2P1 基带数据进行对比，分析其对应关系及速率变化情况。同时观测 4P7 和 4P8 在时间上是否对齐。

基带数据完成串/并转换后，根据调制的 A、B 方式会进行电平转换，由于硬件原因，实验中没有引出，学生可自行思考计算该值，具体转换关系参考表 2-8-2 和表 2-8-3。

（3）A 方式下的 I、Q 路基带数据分别与载波相乘信号观测。

实验中可通过 3 路切换开关来实现 4P9 分别输出 I 路调制输出、Q 路调制输出和合路调制输出，即 QPSK 调制输出。

将 3 路切换开关拨到上面，用示波器分别观测 I 路基带数据 4P7 和 I 路调制输出 4P9，分析其对应关系及相位情况。

将 3 路切换开关拨到下面，用示波器分别观测 Q 路基带数据 4P8 和 Q 路调制输出 4P9，分析其对应关系及相位情况。

（4）QPSK 已调信号时域观测。

将 3 路切换开关拨到中间，用示波器的通道 1 观测 2P1，通道 2 观测 QPSK 已调信号 4P9，分析在 QPSK 调制后，基带信号和载波相位的对应关系。

（5）QPSK 已调信号频域观测。

采用频谱分析仪或示波器的 FFT 功能观测并分析 QPSK 已调信号 4P9 的频谱特性。

通过"载波频率"按钮修改载波频率，观察频谱的变化情况。

修改基带信号时钟速率，分别设置为 64×10^3Bd、128×10^3Bd，观测已调信号的频谱变化情况。

与基带信号频谱相结合，分析基带信号经 QPSK 调制后，其频谱的变化情况。分析 QPSK 已调信号的带宽与基带信号速率、载波频率的关系。

注：结束该步骤时，调整基带数据为"15-PN""128K"，载波频率为 1024kHz。

3. A 方式下的 QPSK 解调观测

（1）Costas 环载波恢复输出观测。

用示波器的通道 1 观测基带时钟 2P3，并将该通道作为同步通道；用通道 2 观测 Costas 环载波输出 5TP3；系统采用数字锁相环，会自动跟踪发送端载波，同步状态下的 Costas 环载波频率约为 1.024MHz。

注：在正常情况下，需要同时观测调制端载波和 Costas 环载波输出，由于调制端载波没有输出，因此选择和调制端载波同步的基带时钟作为同步源进行对比。

（2）判决前信号及对应星座图观测。

用示波器分别观测 I 路判决前信号 5TP5 和 Q 路判决前信号 5TP7，观察其时域特性，分析其是否正确。

将示波器调到"X-Y"模式，两个通道分别调节到交流模式，将两个通道分别接 5TP5 与 5TP7，调节通道幅度，直到星座图在显示屏上显示为大小合适的状态，观测 A 方式下的 QPSK 已调信号的星座图。

（3）I、Q 两路判决后信号观测。

I 路信号判决观测：用示波器的通道 1 观测判决前信号 5TP5，并将该通道作为同步通道；用通道 2 观测判决后信号 5P2，观测判决后信号是否正确。

Q 路信号判决观测：用示波器的通道 1 观测判决前信号 5TP7，并将该通道作为同步通道；用通道 2 观测判决后信号 5TP2，观测判决后信号是否正确。

在一般情况下，判决电平为可调量，实验中为了方便，将判决电平设置为固定值，其值为判决前信号的中间电平。

（4）QPSK 解调及相位模糊现象观测。

由于 QPSK 有 4 种相位情况，因此解调时，解调端提取的同步载波有可能与 4 种相位中的任意一种同相。解调时如果本地载波和已调信号载波有相位差，则解调端会出现相位模糊现象，对应 QPSK 的 4 种相位情况，只有 1 种情况可以正确解调，其他 3 种均会出现相位模糊现象（分别为 I 路反相、Q 路反相、I 路和 Q 路信号交换），实验中用如下方法观测相位模糊现象。

操作方法：由于相位模糊现象的出现是有一定概率的，因此实验中通过多次插拔 5P1 上的已调信号，让 Costas 环重新建立同步，此时有可能出现相位模糊现象。

I 路解调信号观测：用示波器的通道 1 观测 I 路基带数据 4P7，并将该通道作为同步通道；用通道 2 观测 I 路判决后信号 5P2，观测其解调输出是否同相或反相。若既不是同相又不是反相，则用通道 2 观测 Q 路判决后信号 5TP2，分析其是否同相或反相。

用同样的方法观测 Q 路解调信号，分析 Q 路基带数据 4P8 和判决后信号 5TP2 在不同相位模糊下的情况。

用示波器分别观测调制前基带信号 2P1 和解调后信号 5P6，分析其是否相同。

使用上述方法，通过多次尝试，分别观测到 3 种相位模糊现象，并思考如何避免相位模糊现象。

4. B 方式下的 QPSK 调制及解调观测

在 QPSK 调制的 B 方式下，其他实验操作内容与 A 方式相同，完成 B 方式下调制解调的实验内容观测。实验中，主要对比在 B 方式下，已调信号的相位变化情况及对应的星座图。

在实际通信系统中，一般选择 B 方式下的 QPSK 已调信号作为已调信号。

5. QPSK 系统加噪及误码率分析

（1）QPSK 系统加噪设置。

在前面的实验步骤中，直接将调制输出 4P9 连接解调输入 5P1，没有经过模拟信道。为测试 QPSK 解调性能，下面为已调信号添加噪声。将 4P9 已调信号连接 2P5，加噪后信号 2P6 连接解调输入 5P1。可以通过 A2 右下角的编码开关来调节噪声电平（右旋增大）。

为了便于同时对比，在每个实验步骤下，分别将调制方式切换为 A 和 B 并完成观测。

（2）QPSK 加噪后信号观测。

用示波器观测加噪前信号（观测点 4P9）和加噪后信号（观测点 2P6），逐渐调节噪声电平，观测加噪前后信号的变化。

（3）QPSK 加噪后解调及星座图观测。

用示波器的通道 1 观测 I 路基带数据 4P7，并将该通道作为同步通道；用另一个通道观测 I 路判决前信号 5TP5。逐渐增大噪声电平，分析判决后信号 5P2 是否受噪声的影响，在什么情况下会出现判决误码。用同样的方法观测 Q 路信号判决受噪声的影响。

将示波器调到"X-Y"模式，两个通道分别调节到交流模式，将两个通道分别接 5TP5 与 5TP7，观测 QPSK 解调端星座图，逐渐调节噪声电平，观察星座图的变化，分析其在什么情况下会出现判决误码。

（4）QPSK 解调端载波不同步情况下的星座图观测。

在星座图观测模式下，通过"载波频率"按钮，调节调制端载波频率，使得解调端无法跟踪调制端载波，此时会出现载波不同步的情况，观测解调端星座图的变化情况。

6. 关机拆线

实验结束，关闭系统电源，拆除信号线，并按要求放置好实验附件。

2.8.6 "三对照"及实验报告要求

（1）完成实验步骤，记录实验中相关数据及波形，并将波形与虚拟仿真结果、理论推算结果相对照，若有异常现象，请分析原因。

（2）描述 QPSK 调制解调的工作原理。

（3）分析在噪声影响下及载波不同步情况下星座图的含义。

（4）回答实验内容及实验步骤中的问题。

2.8.7 思考题

（1）QPSK 解调中为什么会出现相位模糊现象？如何解决 QPSK 相位模糊问题？

（2）如何通过编程完成 QPSK 调制算法？

2.9 PCM 编/译码实验

2.9.1 实验目的

（1）理解 PCM 编/译码的原理及性能。

（2）熟悉 PCM 编/译码专用集成芯片的功能和使用方法及各种时钟间的关系。

（3）熟悉语音数字化技术的主要指标及测量方法。

2.9.2　实验仪器

（1）RZ9681 实验平台。

（2）实验模块。

● 主控模块 A1。

● 信源编码与信道复用模块 A3。

（3）100MHz 双踪示波器。

（4）信号线。

（5）微型计算机（二次开发）。

2.9.3　理论知识学习

1. 抽样信号的量化原理

模拟信号抽样变成时间离散信号后，必须经过量化才能成为数字信号。

模拟信号的量化分为均匀量化和非均匀量化两种。

把输入模拟信号的取值域等距离分割的量化称为均匀量化，每个量化区间的量化电平均取在各量化区间的中点，如图 2-9-1 所示。

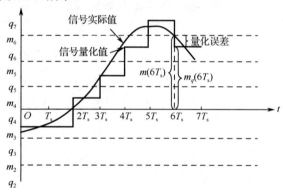

图 2-9-1　均匀量化过程示意图

均匀量化的主要缺点是无论抽样值大小如何，量化噪声功率的均方根值固定不变。因此，当信号 $m(t)$ 较小时，信号量化噪声功率比也很小。这样，大信号时的量化信噪比就难以达到给定的要求。通常把满足信噪比要求的输入信号的取值范围定义为动态范围，那么，均匀量化时的信号动态范围将受到较大的限制。为了克服这个缺点，实际中往往采用非均匀量化方法。

非均匀量化是根据信号的不同区间来确定量化间隔的。对于信号取值小的区间，其量化间隔 D_v 也小；反之，量化间隔就大。非均匀量化与均匀量化相比有两个突出的优点：首先，当输入量化器的信号具有非均匀分布的概率密度（实际中往往是这样）时，在非均匀量化器的输出端可以得到较大的平均信号量化噪声功率比；其次，非均匀量化时的量化噪声功率的均方根值基本上与信号抽样值成比例，因此量化噪声对大、小信号的影响大致相同，即改善了小信号时的信噪比。

非均匀量化的实际过程通常是将抽样值压缩后进行均匀量化。现在广泛采用两种对数压缩律，美国采用 μ 压缩律，我国和欧洲各国均采用 A 压缩律。本实验中的 PCM 编码方式也采用 A 压缩律。A 压缩律（A 律）的压扩特性是连续曲线，实际中往往采用近似于 A 律 13 折线（A=87.6）的压扩特性。这样，它基本保持连续压扩特性曲线的优点，还便于用数字电路来实现，如图 2-9-2 所示。

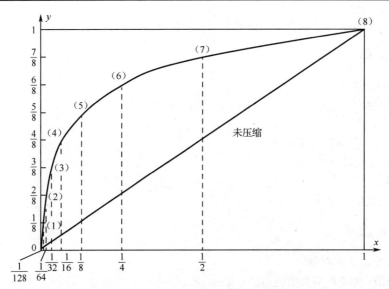

图 2-9-2　A 律 13 折线的压扩特性

表 2-9-1 列出了 A 律 13 折线下的 x 值与计算得到的 x 值。

表 2-9-1　A 律和 13 折线对比

y	0	$\frac{1}{8}$	$\frac{2}{8}$	$\frac{3}{8}$	$\frac{4}{8}$	$\frac{5}{8}$	$\frac{6}{8}$	$\frac{7}{8}$	1
x	0	$\frac{1}{128}$	$\frac{1}{60.6}$	$\frac{1}{30.6}$	$\frac{1}{15.4}$	$\frac{1}{7.79}$	$\frac{1}{3.93}$	$\frac{1}{1.98}$	1
按折线分段的 x	0	$\frac{1}{128}$	$\frac{1}{64}$	$\frac{1}{32}$	$\frac{1}{16}$	$\frac{1}{8}$	$\frac{1}{4}$	$\frac{1}{2}$	1
段落		1	2	3	4	5	6	7	8
斜率		16	16	8	4	2	1	$\frac{1}{2}$	$\frac{1}{4}$

　　表 2-9-1 中第二行的 x 值是根据 A=87.6 计算得到的，第三行的 x 值是按 13 折线分段时的值。可见，13 折线各段落的分界点与 A=87.6 曲线十分逼近，同时 x 按 2 的幂次分割有利于数字化。

　　2. 脉冲编码调制的基本原理

　　量化后的信号是取值离散的数字信号，下一步是将该数字信号编码。通常把从模拟信号经抽样、量化、编码变换成为二进制码的基本过程称为脉冲编码调制（Pulse Code Modulation，PCM）。

　　在 13 折线法中，无论输入信号是正还是负，均用 8 位折叠二进制码来表示输入信号的抽样量化值。其中，用第 1 位表示量化值的极性，其余 7 位表示抽样量化值的绝对大小。具体做法是，用第 2~4 位表示段落码，它的 8 种可能状态分别代表 8 个段落的起点电平；用其他 4 位表示段内码，它的 16 种可能状态分别代表每个段落的 16 个均匀划分的量化级。这样处理的结果是使 8 个段落被划分成 2^7=128 个量化级。段落码与 8 个段落之间的关系如表 2-9-2 所示，段内码与 16 个量化级之间的关系如表 2-9-3 所示。上述编码方法是把压缩、量化和编码合为一体的方法。

　　3. PCM 编码的硬件实现

　　完成 PCM 编码的方式有多种，最常用的是采用集成电路，如 TP3057、TP3067 等。集成电路的优点是电路简单，只需几个外围元件和 3 种时钟即可实现；不足是无法展示编码的中间过程。这种方式比较适合实际通信系统。另一种 PCM 编码方式是用软件来实现的，这种方式能分离出 PCM 编码的中间过程，如带限、抽样、量化、编码的完整过程，对学生理解 PCM 编码的原理很有帮助。

表 2-9-2 段落码与 8 个段落之间的关系

段 落 序 号	段 落 码
8	111
7	110
6	101
5	100
4	011
3	010
2	001
1	000

表 2-9-3 段内码与 16 个量化级之间的关系

量 化 级	段 内 码
15	1111
14	1110
13	1101
12	1100
11	1011
10	1010
9	1001
8	1000
7	0111
6	0110
5	0101
4	0100
3	0011
2	0010
1	0001
0	0000

TP3057 实现 PCM 编/译码的原理框图如图 2-9-3 所示。

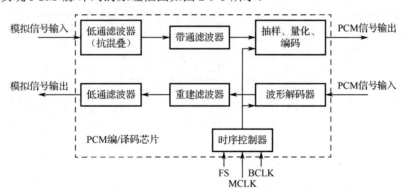

图 2-9-3 TP3057 实现 PCM 编/译码的原理框图

集成芯片 TP3057 完成 PCM 编/译码除需要相应的外围电路外，主要还需要 3 种时钟，即编码时钟 MCLK、线路时钟 BCLK、帧脉冲 FS。3 种时钟需要有一定的时序关系，否则芯片不能正常工作。

MCLK：定值，2048kHz。

BCLK：频率是 64kHz 的 n 倍，即 64kHz、128kHz、256kHz、512kHz、1024kHz、2048kHz。

FS：8kHz，脉宽必须是 BCLK 的一个时钟周期。

4. PCM 编码的算法实现

（1）基于软件算法完成 PCM 编码，如图 2-9-4 所示。

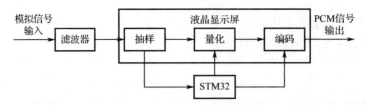

图 2-9-4　基于软件算法完成 PCM 编码的原理框图

本实验采用软件方式完成 PCM 编码，集成芯片 TP3057 完成 PCM 译码。采用 PCM 编码的目的是希望通过微处理器和液晶显示屏形象地展示 PCM 编码的完整过程，即带限、抽样、量化、编码，便于学生理解 PCM 编码的原理。译码采用集成芯片 TP3057 的目的是验证软件编码是否正确。

（2）软件 PCM 编码的原理。

在 A 律 13 折线编码中，正、负方向共有 16 个段落，在每个段落内，都有 16 个均匀分布的量化电平，因此总的量化电平数 $L=256$。编码位数 $N=8$，每个样值用 8bit 代码 $C_1 \sim C_8$ 来表示，分为 3 部分。C_1 为极性码，用 1 和 0 分别表示信号的正、负极性；$C_2C_3C_4$ 为段落码，表示信号绝对值处于哪个段落，3 位码可表示 8 个段落，代表 8 个段落的起始电平。

上述编码方法是把非线性压缩、均匀量化、编码合为一体的方法。在上述方法中，虽然各段落内的 16 个量化电平是均匀的，但因段落长度不等，不同段落间的量化间隔是不同的。当输入信号小时，段落小，量化间隔小；当输入信号大时，段落大，量化间隔大。第 1、2 段最短，归一化长度为 1/128，将它等分为 16 段，每一小段的归一化长度为 1/2048，这就是最小的量化间隔。根据 13 折线的定义，以最小的量化间隔为最小计量单位，可以计算出 A 律 13 折线每个量化段的电平范围、起始电平、段内码对应电平、各段落内的量化间隔。具体计算结果如表 2-9-4 所示。

表 2-9-4　A 律 13 折线有关参数

段落号 $i=1 \sim 8$	电平范围/Δ	段落码 $C_2C_3C_4$	段落起始电平	量化间隔 Δ_i	段内码对应权值 $C_5C_6C_7C_8$			
8	1024~2048	1 1 1	1024	64	512	256	128	64
7	512~1024	1 1 0	512	$32I_{si}(\Delta)$	256	128	64	32
6	256~512	1 0 1	256	16	128	64	32	16
5	128~256	1 0 0	128	8	64	32	16	8
4	64~128	0 1 1	64	4	32	16	8	4
3	32~64	0 1 0	32	2	16	8	4	2
2	16~32	0 0 1	16	1	8	4	2	1
1	0~16	0 0 0	0	1	8	4	2	1

处理器自带的 12 位 A/D 转换器件对应的寄存器抽样值为 0~4095，当抽样值为 0~2047 时，C_1 的极性码为负，用 0 表示；当抽样值为 2048~4095 时，C_1 的极性码为正，用 1 表示。PCM 的其他比特可以通过量化值查表方式产生。STM32 同时将模拟信号、抽样脉冲、量化值、编码值显示在液晶显示屏上，学生能清晰地观察到这 4 个信号之间的相互关系，如图 2-9-5 所示。

图 2-9-5 中的竖线表示抽样位置，上方数字是量化值，抽样值范围为-2048~2048；下方的二进制值是 A 律 13 折线编码。

例如，对于量化值-1600，有以下结论。

◇ 量化值为负值，故极性码 C_1 为 0。

◇ 电平范围位于 1024~2048 区间，段落码 $C_2C_3C_4$ 为 111。

◇ 量化间隔为 64，段落起始电平为 1024，1600-1024=576，576/64=9，故段内码 $C_5C_6C_7C_8$ 为 1001。因此，量化值-1600 对应的 PCM 编码为 01111001。

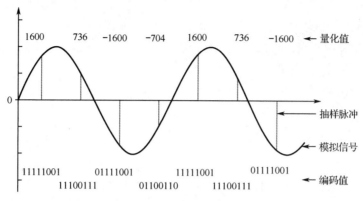

图 2-9-5　PCM 编码显示

2.9.4　基于虚拟仿真实验平台进行预习

2.9.4.1　实验框图介绍

获得实验权限，从浏览器进入在线实验平台，在通信原理实验目录中选择 PCM 编/译码实验，进入 PCM 编/译码实验页面。

PCM 编/译码实验框图如图 2-9-6 所示。

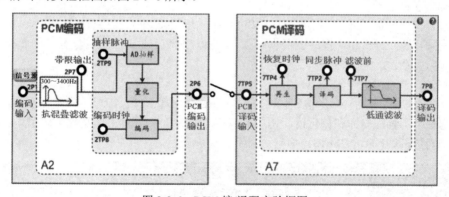

图 2-9-6　PCM 编/译码实验框图

本实验需要用到以下两个功能模块。

（1）A2。PCM 编码由 A2 完成，模拟信号经 300～3400Hz 带通滤波器后送入算法处理器进行 A/D 转换，A/D 转换精度为 12 位，AD 抽样后的量化范围为 0～4095，编码数据从 2P6 输出。

（2）A7。PCM 译码由 A7 完成，译码数据从 7TP5 输入，PCM 数据经译码、插值、滤波，恢复信号从 7P8 输出。

图 2-9-6 中的"信号源"按钮用于对模拟信号类型、频率、幅度进行调整。

实验框图中各个观测点说明如下。

（1）A2。

● 2P1：编码输入。

● 2P7：带限输出。

● 2P6：PCM 编码输出。

- 2TP9：抽样脉冲。
- 2TP8：编码时钟。

（2）A7。

- 7TP5：PCM 译码输入。
- 7TP4：恢复时钟。
- 7TP2：同步脉冲。
- 7TP7：PCM 译码输出（滤波前）。
- 7P8：PCM 译码输出（滤波后）。

2.9.4.2　虚拟仿真实验过程

注意事项：

- 实验时，编码输入端的模拟信号不宜太大，原则上在 $2V$pp 左右；译码输出以不溢出为限。
- 在用示波器观测模拟信号和编码数据时，模拟信号以 2P7 为准。

1. PCM 编码原理验证

（1）设置工作参数。

设置原始信号为正弦信号，频率为 1000Hz，幅度为 15V（约为 $2V$pp）。

（2）编码时钟和帧同步时隙信号观测。

用示波器同时观测抽样脉冲信号 2TP9 和编码时钟信号 2TP8，观测时以 2TP9 输出的抽样脉冲信号作为同步源。分析和掌握 PCM 编码抽样脉冲信号与编码时钟的对应关系（同步沿、抽样脉冲的宽度等）。

（3）抽样脉冲信号与 PCM 编码数据观测。

用示波器同时观测抽样脉冲信号 2TP9 和 PCM 编码数据 2P6，观测时以 2TP9 输出的抽样脉冲信号作为同步源。分析和掌握 PCM 编码数据与抽样脉冲信号（数据输出与抽样脉冲沿）及编码时钟的对应关系。

（4）在液晶显示屏上观测 PCM 编码。

单击图 2-9-6 右上角的"!"按钮，液晶显示屏上会出现 PCM 编码解析图（见图 2-9-7），可以观察模拟信号、抽样脉冲、量化值、编码值等相关波形和参数。根据实验原理，研究量化值和编码值间的对应规则，即 PCM 编码规则。

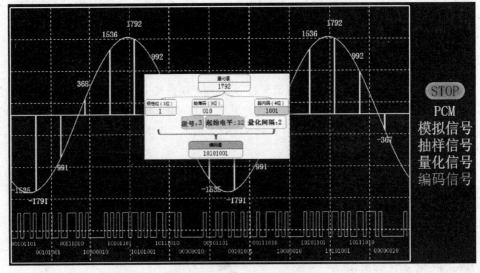

图 2-9-7　PCM 编码解析图

　　实验时，将鼠标指针移至抽样脉冲上，液晶显示屏上显示该抽样脉冲信号的 PCM 编码值及对应的编码规则。

　　注：PCM 编码数据从抽样脉冲的下降沿开始，高位在前。考虑到商用 PCM 编/译码芯片数据偶数位反转，编码数据（2P6）也应偶数位反转，因此图 2-9-7 中的量化值 1792 的 PCM 编码值反转后为 10101001。

　　（5）PCM 编码输出数据观测。

　　用示波器同时观测抽样脉冲信号（2TP9）和 PCM 编码输出（2P6），观测时以 2TP9 作为同步源。在示波器上读出一个编码抽样值，并和液晶显示屏上的相应编码数据进行比较。

　　2．PCM 译码观测

　　单击图 2-9-6 中（A2 和 A7 之间）的开关，开关闭合，PCM 编码输出数据进入 A7 实现译码。用示波器同时观测输入模拟信号 2P7 和译码输出信号 7P8，定性观测编/译码前后的波形（1000Hz、2Vpp）的关系：质量、电平。

2.9.5　硬件平台实验开展

2.9.5.1　硬件平台实验框图说明

PCM 编/译码硬件平台实验框图如图 2-9-8 所示。

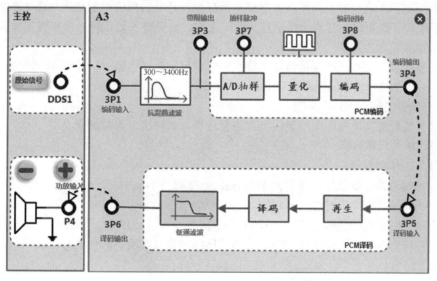

图 2-9-8　PCM 编/译码硬件平台实验框图

　　本实验需要用到以下功能模块：主控模块、信源编码与信道复用模块 A3。

　　PCM 编码的原理实验由 A3 通过软件算法实现，模拟信号经 300～3400Hz 带通滤波器后送入算法处理器进行 A/D 转换，A/D 转换精度为 12 位，其 A/D 抽样后的量化范围为 0～4095，STM32 采用查表法实现 PCM 的 A 压缩律编码；编码数据从 3P4 输出。

　　将编码数据送入译码输入端 3P5，PCM 译码信号从 3P6 输出。

　　图 2-9-8 中的"原始信号"按钮用于对模拟信号的类型、频率、幅度进行调整，"功放音量"按钮用于调节喇叭音量。

　　实验框图中各个观测点说明如下。

　　（1）主控模块。

　　● DDS1：原始（模拟）信号输出。

- P4：功放输入。

（2）A3。

- 3P1：编码输入。
- 3P3：带限输出。
- 3P4：编码输出。
- 3P5：译码输入。
- 3P6：译码输出。
- 3P7：抽样脉冲。
- 3P8：编码时钟。

2.9.5.2　实验内容及实验步骤

1. 实验准备

（1）实验模块在位检查。

在关闭系统电源的情况下，确认下列模块在位。

- 主控模块。
- A3。

（2）加电。

打开系统电源，模块右上角的红色电源指示灯亮，几秒后模块左上角的绿色运行指示灯开始闪烁，说明模块工作正常。若两个指示灯工作不正常，则需要关闭系统电源后查找原因。

（3）选择实验内容。

在液晶显示屏上根据功能菜单进行选择：实验项目→原理实验→信源编/译码实验→PCM 编/译码原理，进入 PCM 编/译码原理实验页面。

（4）信号线连接。

使用信号线按照实验框图中的连线方式进行连接，并理解各连线的含义。

2. PCM 编码原理验证

（1）设置工作参数。

设置原始信号为正弦信号，频率为 1000Hz，幅度约为 $2V$pp。

（2）编码时钟和帧同步时隙信号观测。

用示波器同时观测抽样脉冲信号（3P7）和编码时钟信号（3P8），观测时以 3P7 输出的抽样脉冲信号作为同步源。分析和掌握 PCM 编码抽样脉冲信号与编码时钟的对应关系（同步沿、脉冲宽度等）。

（3）抽样脉冲信号与 PCM 编码数据观测。

用示波器同时观测抽样脉冲信号（3P7）和编码数据（3P4），观测时以 3P7 输出的抽样脉冲信号作为同步源。分析和掌握 PCM 编码数据与抽样脉冲信号（数据输出与抽样脉冲沿）及编码时钟的对应关系。

（4）在液晶显示屏上观测 PCM 编码。

在液晶显示屏上观察模拟信号、抽样脉冲、量化值，并根据实验原理部分计算各点对应的编码值。

通过旋转 A3 右下角的编码开关，选择液晶功能在"编码"按钮位置，按下编码器，此时显示 PCM 编码数值，与计算值进行对比。研究量化值和编码值间的对应规则，即 PCM 编码规则。

（5）PCM 编码数据观测。

用示波器同时观测抽样脉冲信号（3P7）和编码数据（3P4），观测时以 3P7 输出的抽样脉冲信号作为同步源。在示波器上读出一个编码抽样值，并和液晶显示屏上的相应编码数据进行比较。

3. PCM 译码观测

用导线连接 3P4 和 3P5，此时，将 PCM 编码输出数据直接送入本地译码器，构成自环。用示波器同时观测输入模拟信号 3P1 和译码输出信号 3P6，观测时以 3P1 做同步。定性观测译码信号与输入模拟信号（1000Hz、2Vpp）的关系：质量、电平、延时。

4. PCM 频率响应测量

将测试信号电平固定为 2Vpp，调整测试信号的频率，定性观测译码恢复出的模拟信号电平，即输出信号电平。观测输出信号电平随输入信号频率变化的相对关系。用点频法进行测量，测量频率为 200～4000Hz。

5. PCM 译码失真测量

将测试信号频率固定为 1000Hz，改变测试信号电平（输入信号的最大幅度为 5Vpp。），用示波器定性观测译码恢复出的模拟信号的质量（通过示波器对比编码前和译码后信号波形的平滑度）。

6. PCM 编/译码系统增益测量

DDS1 产生一个频率为 1000Hz、电平为 2Vpp 的正弦波测试信号，送入信号测试端 3P1。用示波器（或电平表）测量输出信号端（3P6）的电平。将收发电平的倍数（增益）换算为 dB 值。

7. 关机拆线

实验结束，关闭系统电源，拆除信号线，并按要求放置好实验附件。

2.9.6 "三对照"及实验报告要求

（1）定性描述 PCM 编/译码的特性、编码规则，并将实验填入表 2-9-5。

表 2-9-5　实验记录 1

频率：1000Hz 幅度：2Vpp	抽样点 1	抽样点 2	抽样点 3	抽样点 4	抽样点 5	抽样点 6	抽样点 7	抽样点 8
量化值								
编码值								

（2）描述 PCM 编码串行同步接口的时序关系。

（3）填写表 2-9-6，并画出 PCM 的频响特性。

表 2-9-6　实验记录 2

输入频率/Hz	200	500	800	1000	2000	3000	3400	3600
输出幅度/V								

（4）填写表 2-9-7，并画出 PCM 的动态范围。

表 2-9-7　实验记录 3

输入幅度/V	1	1.5	2	2.5	3	3.5	4	5
输出幅度/V								

（5）自拟测量方案，测量 PCM 的群延时特性，填写表 2-9-8（输入、输出模拟信号的时延）。

表 2-9-8　实验记录 4

输入频率/Hz	300	500	1000	1500	2000	3000	3100	3400
延时/μs								

（6）将编码与虚拟仿真结果、理论推算结果相对照，若有异常现象，请分析原因。

（7）回答实验内容及实验步骤中的问题。

2.9.7 思考题

（1）当输入信号为 0 时，PCM 编码数据是多少？为什么？

（2）基于 A/D 转换器件和微处理器，细述 PCM 编码的流程、实现方法和对 A/D 转换的精度要求等。

2.10 增量调制编/译码实验

2.10.1 实验目的

（1）了解语音信号的增量调制（CVSD）编/译码的工作原理。

（2）学习 CVSD 编/译码的软件实现方法，掌握其调整测试方法。

（3）熟悉语音数字化技术的主要指标及测量方法。

2.10.2 实验仪器

（1）RZ9681 实验平台。

（2）实验模块。

● 主控模块 A1。

● 信源编码与信道复用模块 A3。

● 信源译码与解复用模块 A6。

（3）100MHz 双踪示波器。

（4）信号线。

（5）微型计算机（二次开发）。

2.10.3 理论知识学习

CVSD 编码每次抽样只编码一位，这位编码不表示信号抽样值的大小，而表示抽样幅度的增量，即采用一位二进制码 1 或 0 来表示信号在抽样时刻的值相对于前一个抽样时刻的值是增大还是减小，增大输出 1，减小输出 0。输出的 1、0 只表示信号相对于前一个抽样时刻的增减，不表示信号的幅度。

CVSD 编/译码也常用集成电路和软件来实现，本实验采用的是软件方法。具体流程：模拟信号经抽样、量化、CVSD 编码（在 A3 的 STM32 中实现）、CVSD 译码和滤波（在 A6 的 FPGA 中完成）、信号再生（在 A6 的 STM32 中完成）。

1. CVSD 编/译码原理

CVSD 是一种量阶 δ 随输入语音信号的平均斜率大小而连续变化的增量调制方式。它的工作原理是，用多个连续可变斜率的线段来逼近语音信号，当线段斜率为正时，对应的数字编码为 1；当线段斜率为负时，对应的数字编码为 0。

当 CVSD 工作于编码方式时，其系统框图如图 2-10-1 所示。语音信号 $f_{in}(t)$ 经抽样得到数字信号 $f(n)$，数字信号 $f(n)$ 与积分器输出信号 $g(n)$ 比较后输出偏差信号 $e(n)$，偏差信号经判决后输出数字编码 $y(n)$，同时，该信号作为积分器输出斜率的极性控制信号和积分器输出斜率大小逻辑的输入信号。在每个时钟周期内，若语音信号大于积分器输出信号，则判决输出为 1，积分器输出上升一个量阶 δ；若语音信号小于积分器输出信号，则判决输出为 0，积分器输出下降一个量阶 δ。

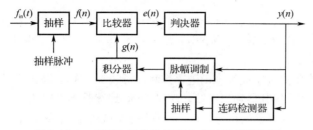

图 2-10-1　CVSD 工作于编码方式时的系统框图

当 CVSD 工作于译码方式时，其系统框图如图 2-10-2 所示。在每个时钟周期内，数字编码 $y(n)$ 先被送到连码检测器中，然后被送到斜率幅度控制电路中以控制积分器输出斜率的大小。若数字编码 $y(n)$ 输入为 1，则积分器的输出上升一个量阶 δ；若数字编码 $y(n)$ 输入为 0，则积分器的输出下降一个量阶 δ，这相当于编码过程的逆过程。积分器的输出 $g(n)$ 通过低通滤波器平滑滤波后将重现输入语音信号 $f_{in}(t)$。在本实验中，低通滤波器由硬件完成。可见，输入信号的波形上升越快，输出的连 1 码就越多；同样，输入信号的波形下降越快，输出的连 0 码就越多。CVSD 编码能够很好地反映输入信号的斜率大小。为使积分器的输出能够更好地逼近输入语音信号，量阶 δ 随输入信号斜率的大小变化，当输入信号斜率的绝对值很大，且编码出现 3 个连 1 码或连 0 码时，量阶 δ 加一个增量 δ_0；当不出现上述码型时，量阶相应降低。

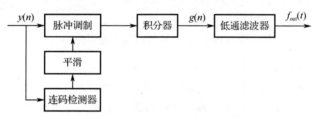

图 2-10-2　CVSD 工作于译码方式时的系统框图

2. CVSD 实现算法

（1）CVSD 编码算法。

CVSD 通过不断改变量阶 δ 来跟踪信号的变化以减小颗粒噪声与斜率过载失真，量阶 δ 的调整基于过去的 3 个或 4 个抽样值。CVSD 编码程序流程图如图 2-10-3 所示（以基于过去 3 个抽样值为例）。

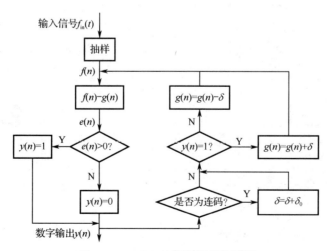

图 2-10-3　CVSD 编码程序流程图

① 当 $f(n)>g(n)$ 时，比较器输出 $e(n)>0$，数字编码 $y(n)=1$，积分器输出 $g(n)=g(n-1)+\delta$。

② 当 $f(n)\leqslant g(n)$ 时，比较器输出 $e(n)<0$，数字编码 $y(n)=0$，积分器输出 $g(n)=g(n-1)-\delta$。

（2）CVSD 译码算法。

CVSD 译码是对收到的数字编码 $y(n)$ 进行判断，每收到一个 1 码就使积分器输出上升一个量阶 δ，每收到一个 0 码就使积分器输出下降一个量阶 δ，连续收到 1 码或 0 码就使输出一直上升或下降，这样就可以近似地恢复输入信号。CVSD 译码程序流程图如图 2-10-4 所示。

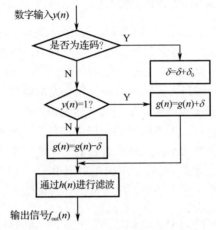

图 2-10-4 CVSD 译码程序流程图

① 当 $y(n) = 1$ 时，积分器输出 $g(n) = g(n)+\delta$。

② 当 $y(n) = 0$ 时，积分器输出 $g(n) = g(n)-\delta$。

在整个 CVSD 编/译码过程中，如果数字编码出现 3 个连 1 码或连 0 码，则积分器输出增大 δ 值，否则减小 δ 值。

2.10.4 基于虚拟仿真实验平台进行预习

2.10.4.1 实验框图介绍

获得实验权限，从浏览器进入在线实验平台，在通信原理实验目录中选择 CVSD 编/译码实验，进入 CVSD 编/译码实验页面。CVSD 编/译码实验框图如图 2-10-5 所示。

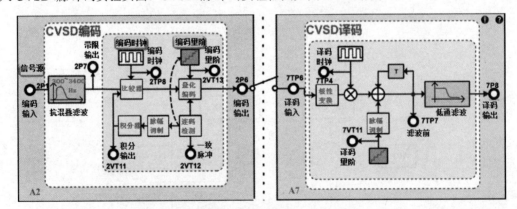

图 2-10-5 CVSD 编/译码实验框图

本实验需要用到以下两个功能模块。

（1）A2。CVSD 编码由 A2 完成，模拟信号从 2P1 输入，信号经 300～3400Hz 带通滤波器后送入 A/D 采集单元进行 A/D 转换，转换后进行 CVSD 编码。编码单元通过 2VT11 输出本地译码，通过 2TP8 输出本地编码时钟，通过 2P6 输出编码；编码时钟可选（$32×10^3$Bd、$64×10^3$Bd）；初始编码量阶可通过"编码量阶"按钮进行修改，共 4 个量阶可以选择。在编码过程中，编码量阶会根据信号进行自适应变化。

（2）A7。CVSD 译码由 A7 完成，编码数据送入 A7 的译码输入端 7TP6，CVSD 译码数据从 7P8 输出（7TP7 输出滤波前信号）。在对编码模块进行时钟和量阶设置时，会同时修改译码模块的工作参数。

图 2-10-5 中的"信号源"按钮用于对模拟信号的类型、频率、幅度进行调整。

实验框图中各个观测点说明如下。

（1）A2。

● 2P1：原始信号输入（编码输入）。

● 2P7：带限输出。

● 2P6：编码输出。

● 2VT11：本地译码输出（积分输出）。

● 2TP8：编码时钟。

● 2VT12：一致脉冲输出。

（2）A7。

● 7TP6：译码输入。

● 7TP4：译码时钟。

● 7TP7：滤波前数据。

● 7P8：译码输出。

● 7VT11：译码量阶输出。

2.10.4.2　虚拟仿真实验过程

注意事项：

● 实验时，编码输入端的模拟信号不宜太大，原则上在 $2V$pp 左右，以译码量阶端 7VT11 不溢出为限。

● 在用示波器观测模拟信号和编码数据时，模拟信号以 2P7 为准。

1. CVSD 编码原理验证

（1）设置工作参数。

设置原始信号为正弦信号，频率为 1000Hz，幅度为 15V（约为 $2V$pp）；编码时钟速率选择 $32×10^3$Bd；编码量阶选择量阶 4。

（2）通过液晶显示屏观测 CVSD 编码。

单击图 2-10-5 右上角的"！"按钮，液晶显示屏上显示正弦波、量化波形及编码数据，如图 2-10-6 所示。改变正弦波的幅度，CVSD 编码输出数据也相应变化。

（3）通过示波器观测 CVSD 编码。

将双踪示波器的探头分别接在观测点 2P7 和 2P6 上，观察正弦波及 CVSD 编码输出数据。严重过载量化失真时，CVSD 编码输出交替的长连 1 码、长连 0 码。在出现 3 连 0 码或 3 连 1 码时，编码量阶会进行自适应调整，由于量阶变化范围很小，因此不容易观测到该现象。

编码量阶选择量阶 1，调整原始信号电平为 0，观察编码起始电平。修改编码初始量阶分别为量阶 2、3、4，重新观测编码起始电平。逐渐增大信号电平，观察编码起始电平及编码输出。

（4）CVSD 过载观测。

在正常情况下，CVSD 本地译码信号和原始信号会有"跟随效果"，即原始信号和本地译码信号会有同样的变化规律。但是当量阶过小，或者本地信号幅度变化太快时，会出现本地译码信号不能跟随原始信号的情况，即出现过载量化失真。在实验中，尝试逐渐增大原始信号的幅度，观察过载量化失真现象。

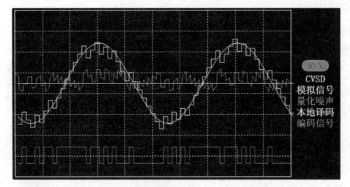

图 2-10-6　液晶显示屏上显示 CVSD 编码

2．CVSD 译码观测

用示波器的两个通道分别观测编码前信号 2P1 和译码后信号 7P8，对比它们的波形。调整 DDS1 信号波形的频率、幅度，观察译码后信号的变化。

2.10.5　硬件平台实验开展

2.10.5.1　硬件平台实验框图说明

硬件平台实验框图如图 2-10-7 所示。

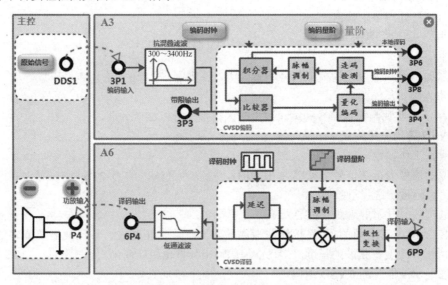

图 2-10-7　硬件平台实验框图

本实验需要用到以下功能模块。

（1）主控模块 A1。

（2）A3。CVSD 编码通过 A3 实现，A3 接收从 3P1 输入的模拟信号，信号经 300～3400Hz 带通滤波器后送入 A/D 采集单元进行 A/D 转换，转换后进行 CVSD 编码。模块通过编程实现 CVSD 编码算法。在编码时，通过 3P6 输出本地译码，通过 3P8 输出编码时钟，编码输出为 3P4。其中，编码时钟速率可以通过"编码时钟"按钮修改为 16×10^3Bd、32×10^3Bd、64×10^3Bd；初始编码量阶可通过"编码量阶"按钮来修改，共 4 个量阶可以选择。在编码过程中，编码量阶会根据信号进行自适应变化。

（3）A6。将编码数据送入 A6 的译码输入端 6P9，CVSD 译码数据从 6P4 输出。在对编码模块进行时钟和量阶设置时，会同时修改译码模块的工作参数。

实验框图中各个观测点说明如下。

（1）主控模块。

● DDS1：模拟信号输出。

● P02：语音接口输出。

● P03：语音接口输入。

● P04：功放输入。

（2）A3。

● 3P1：编码输入。

● 3P3：带限输出。

● 3P4：编码输出。

● 3P6：本地译码输出。

● 3P8：编码时钟。

（3）A6。

● 6P9：译码输入。

● 6P4：译码输出。

2.10.5.2　实验内容及实验步骤

1. 实验准备

（1）实验模块在位检查。

在关闭系统电源的情况下，确认下列模块在位。

● A1。

● A3。

● A6。

（2）加电。

打开系统电源，模块右上角的红色电源指示灯亮，几秒后模块左上角的绿色运行指示灯开始闪烁，说明模块工作正常。若两个指示灯工作不正常，则需要关闭系统电源后查找原因。

（3）选择实验内容。

在液晶显示屏上根据功能菜单进行选择：实验项目→原理实验→信源编/译码实验→CVSD 编/译码原理，进入 CVSD 编/译码原理实验页面。

（4）信号线连接。

使用信号线按照实验框图中的连线方式进行连接，并理解各连线的含义。

2. CVSD 编码原理验证

（1）设置工作参数。

设置原始信号为正弦信号，频率为 1000Hz，幅度约为 $2V$pp；编码时钟选择 32×10^3Bd；编码量阶选择量阶 4。

（2）通过液晶显示屏观测 CVSD 编码。

在液晶显示屏上观测正弦波、量化波形及编码数据。调节 DDS1 信号源面板右侧的幅度电位器，改变正弦波的幅度，CVSD 编码输出数据也做相应变化。

（3）通过示波器观测 CVSD 编码。

将双踪示波器的探头分别接在观测点 3P1 和 3P4 上，观察正弦波及 CVSD 编码输出数据。调节主控模块中的幅度电位器，改变正弦波的幅度，CVSD 编码输出数据也做相应变化。

当发生严重过载时，CVSD 编码器会交替输出长连 1 码和长连 0 码。编码量阶会在出现 3 连 1 码或 3 连 0 码时进行自适应调整，但该现象不容易观测，因为量阶调整范围很小。

编码量阶选择量阶 1，调整原始信号电平为 0，观察编码起始电平。修改编码初始量阶分别为量阶 2、3、4，重新观测编码起始电平。逐渐增大信号电平，观察编码起始电平及编码输出。

（4）CVSD 过载观测。

① 选择原始信号为正弦信号，频率为 1000Hz，用示波器测量本地译码器的输出波形。调节输入信号的幅度（由小到大），记录使译码器输出波形失真的临界过载电压 $A_{\max}$。

② 改变输入信号的频率 f，分别取 f 为 400Hz、800Hz、1200Hz、1600Hz、2000Hz、2400Hz、2800Hz、3000Hz、3400Hz，记下相应的临界过载电压 $A_{\max}$，填入如表 2-10-1 和表 2-10-2。

表 2-10-1　时钟速率为 64×10^3Bd 时的临界过载电压记录表

输入信号频率/kHz	400	800	1200	1600	2000	2400	2800	3000	3400
临界过载电压									

表 2-10-2　时钟速率为 32×10^3Bd 时的临界过载电压记录表

输入信号频率/kHz	400	800	1200	1600	2000	2400	2800	3000	3400
临界过载电压									

3. CVSD 译码观测

用示波器的两个通道分别观测编码前信号 3P1 和译码后信号 6P4，对比它们的波形。调整 DDS1 信号波形的频率、幅度，观察译码后信号的变化。

4. CVSD 量化噪声观测

用示波器的一个通道观测输入模拟信号 3P1，用另一个通道观测本地量化输出 3P6；用示波器的相减功能比较下列条件下的量化噪声。

● 编码速率分别为 16×10^3Bd、32×10^3Bd、64×10^3Bd。

● 信号幅度分别为 Vpp 和 $2V$pp。

● 信号频率分别为 400Hz、1kHz、2kHz。

● 量阶分别为 1～4。

5. CVSD 编码时钟对编码系统的影响

（1）CVSD 编/译码共有 3 个编码速率可选：16×10^3Bd、32×10^3Bd、64×10^3Bd。设置原始信号为正弦信号，频率为 1000Hz，幅度为 15V；通过"编码时钟"按钮，分别选择 16×10^3Bd、32×10^3Bd、64×10^3Bd 速率，对比分析在不同的编码速率下，编码数据和译码后信号的差别。

（2）有时间的学生可以在不同的编/译码时钟速率下重新完成上面的实验操作，深入分析编/译码时钟对 CVSD 编码质量的影响。

6. 编码量阶对编/译码系统的影响

（1）CVSD 编/译码共有 4 个量阶可选。在同等条件下，通过"编码量阶"按钮，分别选择 4 个量阶，对比分析在不同量阶下，编码数据和译码后信号的差别。

（2）有时间的学生可以在不同的编/译码量阶下重新完成上面的实验操作，深入分析编/译码量阶对 CVSD 编码质量的影响。

7. CVSD 编/译码系统频率响应测量

（1）在 3P1 处加入频率为 1000Hz、幅度为 15V 的正弦波，用信号线连接 3P4 和 6P9，将双踪示波器的探头分别接在观测点 3P1 和 6P4 上，观察输入正弦波及译码恢复正弦波，看波形是否有明显失真。

（2）改变 DDS1 的频率，测量频率范围为 250～4000Hz。频率响应测量记录表如表 2-10-3 所示。

表 2-10-3　频率响应测量记录表

输入频率/Hz	200	500	800	1000	2000	3000	3400	3600
输入幅度/V	$2V_{pp}$	$2V_{pp}$	$2V_{pp}$	$2V_{pp}$	$2V_{pp}$	$2V_{pp}$	$2V_{pp}$	$2V_{pp}$
输出幅度/V								

8. 测量系统的最大信噪比

设置原始信号为正弦信号，频率为 1000Hz，用示波器观测并比较本地译码与模拟输入的波形，在编码器临界过载的情况下，测量系统的最大信噪比，记录在表 2-10-4 和表 2-10-5 中。

表 2-10-4　时钟速率为 $64×10^3$Bd 的失真度及信噪比记录表

编码电平	A_{m0}/V，失真度/%	$(S/N_q)_{max}$/dB
测量结果		

表 2-10-5　时钟速率为 $32×10^3$Bd 的失真度及信噪比记录表

编码电平	A_{m0}/V，失真度/%	$(S/N_q)_{max}$/dB
测量结果		

在实际工作时，通常采用失真度仪来测量最大信噪比。因为失真度与信噪比互为倒数，所以当用失真度仪测出失真度为 x 时，取其倒数 $1/x$ 即信噪比。例如，若失真度=x，则 $S/N_q = 1/x$ 或 $S/N_q = 20\lg(1/x)$dB。

9. 关机拆线

实验结束，关闭系统电源，拆除信号线，并按要求放置好实验附件。

2.10.6　"三对照"及实验报告要求

（1）分别画出输入信号频率为 1000Hz 和 2000Hz，幅度分别为 V_{pp} 和 $2V_{pp}$ 时，液晶显示屏上显示的量阶信号，并做简要叙述。将编码与虚拟仿真结果、理论推算结果相对照，若有异常现象，请分析原因。

（2）叙述 ΔM 与 CVSD 编/译码的区别。

（3）分析实验中量化噪声大小和编码条件（编码时钟、编码量阶）的关系。

2.10.7　思考题

分析 PCM 和 CVSD 两种编码数据串行传输时，译码端对时序的要求。

2.11　载波同步实验

2.11.1　实验目的

（1）掌握用 Costas 环提取相干载波的原理与实现方法。

（2）了解相干载波相位模糊现象的产生原因。

2.11.2 实验仪器

（1）RZ9681 实验平台。

（2）实验模块。

● 主控模块 A1。

● 基带信号产生与码型变换模块 A2。

● 信道编码与频带调制模块 A4。

● 纠错译码与频带解调模块 A5。

（3）100MHz 双踪示波器。

（4）信号线。

（5）微型计算机（二次开发）。

2.11.3 理论知识学习

1. 载波提取的基本原理

载波同步是通信系统中的关键技术。当采用同步解调或相干检测时，接收端需要提供一个与发射端调制载波同频同相的相干载波。这个相干载波的获取方法就称为载波提取或载波同步。

提取载波的主要方法是在接收端直接从发送信号中提取，这类方法称为直接法。一般的载波提取有两种方法，Costas 环法和平方环法，由于实验中采用了 Costas 环法，因此这里主要介绍 Costas 环的工作原理。

Costas 环又称同相正交环，其原理框图如图 2-11-1 所示。

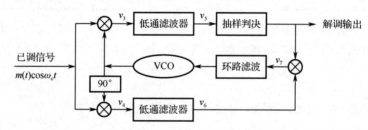

图 2-11-1　Costas 环的原理框图

在 Costas 环中，压控振荡器（VCO）的输出信号直接供给一路相乘器，供给另一路相乘器的是压控振荡器输出经 90°移相后的信号。两路相乘器的输出均包含已调信号，两者相乘以后可以消除已调信号的影响，经环路滤波得到仅与 VCO 输出和理想载波之间的相位差有关的控制电压，从而准确地对 VCO 进行调整，恢复出原始载波信号。

现在从理论上对 Costas 环的工作过程加以说明。设输入已调信号为 $m(t)\cos\omega_c t$，则有

$$v_3 = m(t)\cos\omega_c t\cos(\omega_c t + \theta) = \frac{1}{2}m(t)[\cos\theta + \cos(2\omega_c t + \theta)] \tag{2-11-1}$$

$$v_4 = m(t)\cos\omega_c t\sin(\omega_c t + \theta) = \frac{1}{2}m(t)[\sin\theta + \sin(2\omega_c t + \theta)] \tag{2-11-2}$$

其经低通滤波器后的输出分别为

$$v_5 = \frac{1}{2}m(t)\cos\theta$$

$$v_6 = \frac{1}{2}m(t)\sin\theta$$

将 v_5 和 v_6 在相乘器中相乘，得

$$v_7 = v_5 v_6 = \frac{1}{8} m^2(t) \sin 2\theta \tag{2-11-3}$$

式中，θ 是 VCO 的输出信号与输入信号载波之间的相位差，当 θ 较小时，有

$$v_7 \approx \frac{1}{4} m^2(t) \theta \tag{2-11-4}$$

式中，v_7 与相位差 θ 成正比，相当于一个鉴相器的输出。用 v_7 调整 VCO 输出信号的相位，使稳定相位差减小到很小的数值。这样，VCO 的输出就是所需提取的载波。

2. 锁相环的几种工作状态

锁相环的工作状态如图 2-11-2 所示。

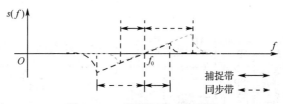

图 2-11-2　锁相环的工作状态

锁相环有两种工作状态：锁定和失锁（捕获）。锁定状态是静态的。失锁状态和捕获状态可视为同一状态，在失锁状态下，锁相环不断地试图通过捕获同步进入同步状态，该过程是动态的。

锁相环的动态性能由以下几个参数来表征：失锁带（Pull-Out Range）、捕捉带（Pull-In Range）、同步带（Hold Range）。另外，还有表征锁相环锁定时间的参数——捕获时间。下面给出这些参数的描述性定义。

（1）同步带。在锁定状态下，通过缓慢地改变输入信号的频率来增加固有频差，若环路随着频差的增大而最终失锁，则失锁时对应的最大固有频差称为同步带。同步带是环路可以维持静态相位跟踪的频偏范围，锁相环在此范围内可以保持静态的条件稳定。同步带代表了锁相环的静态稳定极限。

（2）捕捉带：在锁相环于初始时刻就处于失锁状态的情况下，环路最终能锁定的最大固有频差称为锁相环的捕捉带。只要环路失锁时的频偏在这一范围内，环路就总会再次锁定，但时间较长。

（3）失锁带。如果锁相环输入信号的频率阶跃超过一定的范围，那么锁相环将失锁，这个频率范围称为失锁带。

捕获时间：环路从某个起始状态频差开始，经历周期跳跃，达到频率锁定所需的时间，即初始频差在锁相环的捕捉带内，锁相环从失锁状态到锁定状态所需的时间。

环路正常工作都是需要满足一定的条件的，上面提到的几个稳定性参数就是这些条件的量化反映。锁相环维持动态相位跟踪有以下 3 个必要条件。

（1）参考信号频率的变化总量小于同步带的宽度。

（2）参考信号的最大频率阶跃量小于失锁带的宽度。

（3）参考频率的变化率必须小于自由角频率的平方。

3. 电路组成

实验平台频带调制端载波的信号产生采用数字控制振荡器（NCO）技术，载波频率连续可调，便于验证 Costas 环的同步带和捕捉带，采用这种技术能方便学生研究解调端 Costas 环载波的跟踪性能。

采用 Costas 环进行载波同步具备以下优点。

（1）Costas 环在载波恢复的同时可解调出数字信息。

（2）Costas 环电路结构简单，整个载波恢复环路可用模拟和数字集成电路实现。

Costas 环的缺点是在进行 PSK 解调时，会出现相位模糊现象。

2.11.4　基于虚拟仿真实验平台进行预习

2.11.4.1　实验框图介绍

获得实验权限，从浏览器进入在线实验平台，在通信原理实验目录中选择载波同步实验，进入载波同步实验页面。

载波同频实验框图如图 2-11-3 所示。

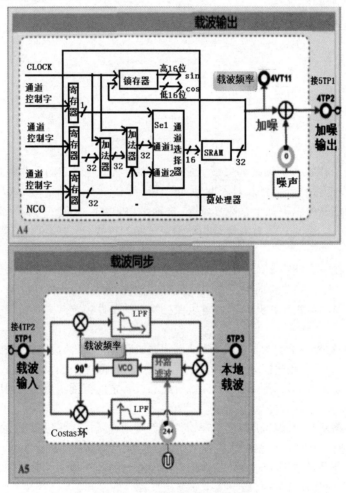

图 2-11-3　载波同步实验框图

本实验需要用到以下两个功能模块。

（1）A4。

A4 产生的发送端载波频率默认为 128kHz，通过"载波频率"按钮可对其进行修改，载波频率范围为 0～4096kHz。

（2）A5。

A5 的载波提取采用了硬件电路的 Costas 环，Costas 环中 VCO 的工作参数可通过模块右下角的编码开关来调节。

实验框图中各个观测点说明如下。

- 4TP2：发送端加噪载波输出。
- 4VT11：发送端载波输出。
- 5TP3：本地载波输出。

2.11.4.2　虚拟仿真实验过程

1. Costas 环同步载波信号观测

用示波器的一个通道观测 4TP2，并将该通道作为同步通道；用示波器的另一个通道观测 5TP3。通过"载波频率"按钮将收发端载波频率调节到 128kHz；调节 Costas 环环路滤波器参数，直到两路载波频率完全同步。

2. 锁相环同步带观测

在 Costas 环同步的状态下，通过发送端"载波频率"按钮，利用鼠标滚轮，逐渐向上调节发送端载波频率，直到接收端载波无法跟踪发送端载波，记录锁相环同步带上限。

逐渐向下调节发送端载波频率，直到接收端载波无法跟踪发送端载波，记录锁相环同步带下限。

3. 锁相环捕捉带观测

单击"载波频率"按钮，将发送端载波频率调节到 118kHz（可以调至更低）；通过鼠标滚轮来逐渐提升发送端频率，直到接收端载波完全同步，记录锁相环捕捉带下限。

将发送端载波频率调节到 138kHz，通过鼠标滚轮逐渐降低发送端载波频率，直到接收端载波完全同步，记录锁相环捕捉带上限。

2.11.5　硬件平台实验开展

2.11.5.1　硬件平台实验框图说明

Costas 环硬件平台实验框图如图 2-11-4 所示。

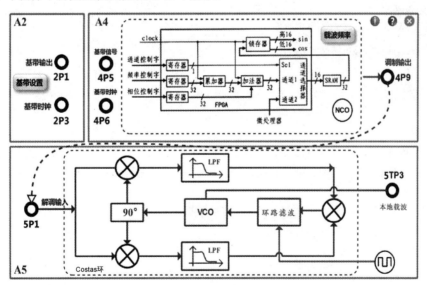

图 2-11-4　Costas 环硬件平台实验框图

本实验需要用到以下 3 个功能模块。

（1）A2。

A2 完成基带信号的产生功能，从 2P1 输出基带信号，2P3 输出基带时钟（时钟速率可以设置）。单击实验框图中的"基带设置"按钮，可以修改基带信号输出的相关参数。

（2）A4。

A4 完成输入基带信号的 PSK 调制，基带信号和基带时钟分别从 4P5 与 4P6 输入，调制后信号从 4P9 输出。调制载波频率默认为 1.024MHz，通过"载波频率"按钮可对其进行修改，载波频率范围为 900～1100kHz。

（3）A5。

A5 中的载波提取采用了硬件电路的 Costas 环，Costas 环中 VCO 的工作参数可通过 A5 右下角的编码开关来调节。

实验框图中各个观测点说明如下。

（1）A2。

● 2P1：基带输出。

● 2P3：基带时钟输出，实验中一般选择速率为 $64×10^3$Bd 的时钟。

（2）A4。

● 4P5：基带信号输入。

● 4P6：基带时钟输入。

● 4P9：PSK 调制输出。

（3）A5。

● 5P1：发送端载波输入（解调输入）。

● 5TP3：本地载波输出。

注：通过液晶显示屏选定实验内容后，模块对应的状态指示确定，这时不要按模块右下角的编码开关，如果因按编码开关而改变了工作状态，那么学生可以退出流程图后重新进入。

2.11.5.2　实验内容及实验步骤

1. 实验准备

（1）实验模块在位检查。

在关闭系统电源的情况下，确认下列模块在位。

● A2。

● A4。

● A5。

（2）加电。

打开系统电源，A1 右上角的红色电源指示灯亮，几秒后 A1 左上角的绿色运行指示灯开始闪烁，说明模块工作正常。若两个指示灯工作不正常，则需要关闭系统电源后查找原因。

（3）选择实验内容。

在液晶显示屏上根据功能菜单进行选择：实验项目→原理实验→同步技术实验→载波同步与模拟锁相环实验，进入载波同步实验页面。

（4）信号线连接。

使用信号线按照实验框图中的连线方式进行连接，并理解各连线的含义。

载波提取采用了 PSK 解调输出的信号，为便于观测发送端载波，可以断开 4P5 和 4P6 上的信号线或 4P5 和 4P6 同时接低电平。

2. 锁相环载波同步观测

用示波器的一个通道观测 4P9，并将该通道作为同步通道；用示波器的另一个通道观测 5TP3。通过"载波频率"按钮将发送端载波频率调节到 1000kHz，观测 5TP3 信号的频率和相位变化，直到两路载波完全同步。

3. 锁相环同步带测量

（1）在 Costas 环同步的状态下，通过"载波频率"按钮，利用主控模块左侧的编码器，逐渐向上调节发送端载波频率，直到接收端载波无法跟踪发送端载波，记录锁相环同步带上限。

（2）通过主控模块左侧的编码器，逐渐向下调节发送端载波频率，直到接收端载波无法跟踪发送端载波，记录锁相环同步带下限。

重新完成两次上述操作，记录 3 次测量数据，取平均值，填入表 2-11-1。

表 2-11-1　同步带测量记录表

测量次数	接收端载波频率/kHz	发送端载波初始频率/kHz	同步带上限/kHz	同步带下限/kHz
第 1 次	128			
第 2 次	128			
第 3 次	128			
平均值	—	—		

4. 锁相环捕捉带测量

（1）单击"载波频率"按钮，将发送端载波频率调节到 950kHz（可以调至更低）；通过主控模块左侧的编码器逐渐提升发送端频率，直到接收端载波完全同步，记录锁相环捕捉带下限。

（2）将发送端载波频率调节到 1070kHz，通过主控模块左侧的编码器逐渐降低发送端载波频率，直到接收端载波完全同步，记录锁相环捕捉带上限。

重新完成两次上述操作，记录 3 次测量数据，取平均值，填入表 2-11-2。

表 2-11-2　捕捉带测量记录表

测量次数	接收端载波频率/kHz	发送端载波初始频率/kHz	捕捉带下限/kHz	发送端载波初始频率/kHz	捕捉带上限/kHz
第 1 次	128				
第 2 次	128				
第 3 次	128				
平均值	—	—			

5. 实验扩展

Costas 环还有其他和性能相关的参数，如捕获时间、失锁带等，实验中不太便于测量，感兴趣的学生可以自己思考测量方法并进行测试。

根据所测的参数，画出锁相环的工作范围，并标出对应的同步带和捕捉带。

6. 关机拆线

实验结束，关闭系统电源，拆除信号线，并按要求放置好实验附件。

2.11.6　"三对照"及实验报告要求

（1）完成实验步骤内容，并记录相关测量数据及波形，将编码与虚拟仿真结果、理论推算结果相对照，若有异常现象，请分析原因。

（2）叙述 Costas 环实现载波同步的原理。

（3）给出本实验平台载波同步范围，分析其性能。

2.11.7　思考题

随机相位差 θ 对解调性能有什么影响？

2.12　帧同步实验

2.12.1　实验目的

（1）掌握巴克码识别的原理。

（2）掌握同步保护的原理。

（3）掌握假同步、漏同步、捕捉态、维持态的概念。

2.12.2　实验仪器

（1）RZ9681 实验平台。

（2）实验模块。

● 主控模块 A1。

● 信源编码与信道复用模块 A3。

● 信源译码与解复用模块 A6。

（3）100MHz 双踪示波器。

（4）信号线。

（5）微型计算机（二次开发）。

2.12.3　理论知识学习

1．帧同步的概念

数字通信系统传输的是一个接一个按节拍传送的数字信号单元，即码元，因而在接收端必须按与发送端相同的节拍进行接收，否则，会因收发节拍不一致导致接收性能变差。此外，为了表述消息的内容，基带信号都是按消息内容进行编组的，因此，编组的规律在收发之间也必须一致。在数字通信中，称节拍一致为位同步，称编组一致为帧同步。在时分复用通信系统中，为了正确地传输信息，必须在信息码流中插入一定数量的帧同步码，它可以是一组特定的码组，也可以是特定宽度的脉冲；可以集中插入，也可以分散插入。集中式插入法也称连贯式插入法，即在每帧数据开头集中插入特定码型的帧同步码组，这种帧同步法只适用于同步通信系统，需要位同步信号才能实现。

2．帧同步码组

适合做帧同步码组的特殊码组很多，对帧同步码组的要求是它们的自相关函数尽可能尖锐，便于从随机数字信息序列中识别出这些帧同步码组，从而准确定位一帧数据的起始时刻。由于这些特殊码组 $\{x_1,x_2,x_3,\cdots,x_n\}$ 是一个非周期序列或有限序列，因此，在求其自相关函数时，除在时延 $j=0$ 的情况下，序列中的全部元素都参加相关运算外，在 $j\neq0$ 的情况下，序列中只有部分元素参加相关运算，其表达式为

$$R(j)=\sum_{i=1}^{n-j}x_i x_{i+j} \tag{2-12-1}$$

通常把这种非周期序列的自相关函数称为局部自相关函数。对帧同步码组的另一个要求是识别器应该尽量简单。目前，一种常用的帧同步码组是巴克码。

巴克码是一种非周期序列。一个 n 位的巴克码组为 $\{x_1,x_2,x_3,\cdots,x_n\}$，其中，$x_i$ 的取值为+1 或-1，

其局部自相关函数为

$$R(j) = \sum_{i=1}^{n-j} x_i x_{i+j} = \begin{cases} n & j=0 \\ 0\text{或}\pm 1 & 0 < j < n \\ 0 & j \geq n \end{cases} \tag{2-12-2}$$

目前已找到的所有巴克码组如表 2-12-1 所示。

表 2-12-1　目前已找到的所有巴克码组

n	巴 克 码 组
2	++
3	++-
4	+++-；++-+
5	++++-+
7	+++--+-
11	+++---+--+-+
13	+++++--++-+-+

以 7 位巴克码组{+++--+-}为例，其自相关函数如下：

$$R(j) = \sum_{i=1}^{7} x_i^2 = 1+1+1+1+1+1+1 = 7 \qquad j=0$$

$$R(j) = \sum_{i=1}^{6} x_i x_{i+1} = 1+1-1+1-1-1 = 0 \qquad j=1$$

3. 帧同步提取及同步状态

在实际数字通信系统中，由于采用了数字可编程（FPGA）器件，因此可以设计比较复杂的帧同步判决状态机，如图 2-12-1 所示，从而使漏同步（同步码出错）、假同步（信息码中有相同的同步码）的概率很小；因此，同步码不一定要选巴克码，本实验平台默认帧同步码为 01111110，实验时可以改变。

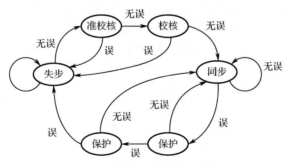

图 2-12-1　帧同步判决状态机

图 2-12-1 中的帧同步判决状态机不代表实验中实际使用的帧同步判决状态机，实验中以实际测量为准，并由学生自行绘制。

2.12.4　基于虚拟仿真实验平台进行预习

2.12.4.1　实验框图介绍

获得实验权限，从浏览器进入在线实验平台，在通信原理实验目录中选择帧同步及时分复用实验，进入帧同步及时分复用实验页面。帧同步原理实验框图如图 2-12-2 所示。

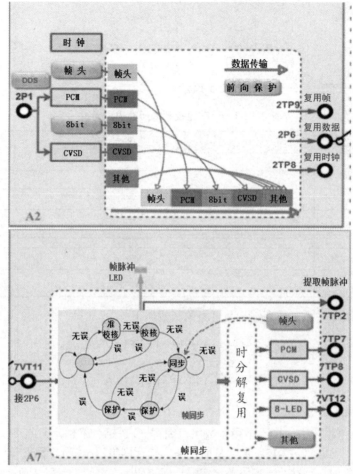

图 2-12-2　帧同步原理实验框图

本实验需要用到以下两个功能模块。

（1）A2。A2 完成两路模拟信号的信源编码和时分复用功能。

（2）A7。A7 完成帧同步提取、时分解复用功能。

本实验时分复用 8 个时隙，分别是帧头、PCM 数据、8bit 设置数据、CVSD 数据、4 路备用数据和其他。PCM 和 CVSD 编码的信源都是 DDS 信号，在本实验中，不关注复用内容，而关注帧同步相关实验内容。在实验中，可以通过"前向保护"按钮为帧头加错。具体方式为，通过 16bit 编码开关循环为 16 帧数据的帧头加错，编码设置为"0"帧头表示未加错，设置为"1"帧头表示加错，以便验证假同步、漏同步、捕捉态、维持态等状态。

帧同步提取由 A7 完成，A7 中的 FPGA 主要实现位同步、帧同步、数据分接、信源译码等。提取的帧同步信号从 7TP2 输出。如果进入同步状态，则 PCM、CVSD 译码将还原的模拟信号分别从 7TP7、7TP8 输出，可以通过恢复的模拟信号验证帧同步是否正确。

"DDS"按钮用于选择 PCM 和 CVSD 编码的模拟信号。

"帧头"按钮用于设置同步帧头数据，要求收发帧头数据必须相同。

"8bit"按钮用于设置开关量。

实验框图中各个观测点说明如下。

● 2P1：PCM 和 CVSD 编码模拟信号输入。

● 2TP9：复用帧同步输出。

- 2TP8：复用时钟输出。
- 2P6：复用数据输出。
- 7VT11：解复用数据输入。
- 7TP7：PCM 译码输出（模拟）。
- 7TP8：CVSD 译码输出（模拟）。
- 7TP2：帧同步脉冲输出。
- 7VT12：8bit 设置数据输出。

2.12.4.2　虚拟仿真实验过程

1. 发送端复用数据及帧头观测

（1）帧同步脉冲及复用后帧头观测。

用示波器的一个通道观测 2TP9 帧脉冲，并将该信号作为示波器的同步源；用另一个通道观测 2P6，观测帧头数据，分析帧头的起始位置；单击 A2 中的"帧头"按钮，尝试改变帧头数据，观察帧头的起始位置和帧同步脉冲的关系。可以尝试修改一些比较特殊的帧头，如 01111110（0x7E）、11100100（7 位巴克码+1 位 0）。

（2）复用后 8bit 数据及各时隙数据观测。

用示波器的一个通道观测 2TP9 帧脉冲，并将该信号作为示波器的同步源；用另一个通道观测 2P6，观测复用信道时隙关系及相应时隙数据，并根据实验原理所述定位到 3 时隙 8bit 数据位置，单击"8bit"按钮，尝试修改 8bit 编码开关，观测 2P6 的数据变化情况。

注意：结束该步骤时，要保证设置的 8bit 数据和帧头数据不同。

2. 帧同步脉冲提取观测

单击 A7 中的"帧头"按钮，将其修改为和复用端一样的帧头数据。用示波器的通道 1 观测 2TP9 帧脉冲，并将该通道作为同步通道；用另一个通道观测 7TP2，观察解复用端提取的帧同步脉冲，并分析其是否同步。

单击 A2 和 A7 间的连接开关，使其断开，观测 7TP2 是否还有帧同步脉冲。此时，输入端没有数据，无法检测到帧头，因此 A7 处于未同步状态。

尝试修改解复用帧头数据，将其修改为和复用端不同的帧头数据，观测 7TP2 是否还有帧同步脉冲，思考其原因。此时，输入端虽然有数据，但是无法检测到帧头，因此通信系统接收端处于未同步状态。

2.12.5　硬件平台实验开展

2.12.5.1　硬件平台实验框图说明

帧同步原理硬件平台实验框图如图 2-12-3 所示。

本实验需要用到以下功能模块。

（1）主控模块。

（2）A3。由 A3 完成时分复用功能。

（3）A6。由 A6 完成帧同步提取及时分解复用功能。

时分复用时接入 4 路信号，分别是帧头、PCM 数据、8bit 设置数据、CVSD 数据，PCM 和 CVSD 数据是信源编码数据，由 A3 的处理器和 FPGA 分别对从 3P1 与 3P2 处输入的数据进行 A/D 转换、PCM 和 CVSD 编码，之后由 FPGA 同时对帧头、PCM 数据、8bit 设置数据、CVSD 数据进行时分复用。在图 2-12-3 中，3P1 和 3P2 均连接了 DDS1，但在实际使用时，两个编码输入端可以分别接入不同的模拟信号，如 P02 的语音信号。

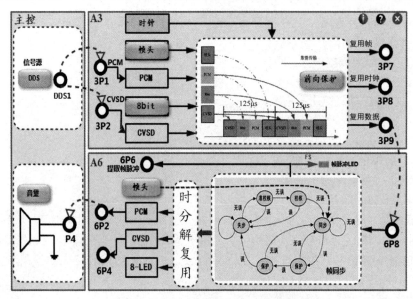

图 2-12-3　帧同步原理硬件平台实验框图

帧同步提取由 A6 完成，A6 中的 FPGA 主要完成位同步、帧同步、数据分接、信源译码等。提取的帧同步信号从 6P6 输出，同时用 FS 指示灯指示同步状态。如果通信系统接收端进入同步状态，则 PCM、CVSD 译码将还原的模拟信号分别从 6P2、6P4 输出，可以通过恢复的模拟信号验证帧同步是否正确。

在图 2-12-3 中，"8-LED" 按钮用于选择 A6 解复数据指示灯显示什么内容。

实验框图中各个观测点说明如下。

（1）A3。

- 3P1：PCM 编码模拟信号输入。
- 3P2：CVSD 编码模拟信号输入。
- 3P7：复用帧同步输出。
- 3P8：复用时钟输出，速率为 $256×10^3$Bd。
- 3P9：复用数据输出。

（2）A6。

- 6P8：解复用数据输入。
- 6P4：CVSD 译码输出（模拟）。
- 6P2：PCM 译码输出（模拟）。
- 6P6：帧同步脉冲输出。

2.12.5.2　实验内容及实验步骤

1. 实验准备

（1）实验模块在位检查。

在关闭系统电源的情况下，确认下列模块在位。

- A1。
- A3。
- A6。

（2）加电。

打开系统电源，A1 右上角的红色电源指示灯亮，几秒后 A1 左上角的绿色运行指示灯开始闪烁，说明模块工作正常。若两个指示灯工作不正常，则需要关闭系统电源后查找原因。

（3）选择实验内容。

在液晶显示屏上根据功能菜单进行选择：实验项目→原理实验→同步技术实验→帧同步实验，进入帧同步实验页面。

（4）信号线连接。

使用信号线按照实验框图中的连线方式进行连接，并理解各连线的含义。

2. 发送端复用及帧头观测

（1）帧同步脉冲及复用后帧头观测。

用示波器的一个通道观测 3P7 帧脉冲，并将该通道作为同步通道；用另一个通道观测 3P9，并观测帧头数据，分析帧头的起始位置；单击 A3 中的"帧头"按钮，尝试改变帧头数据，观察帧头起始位置和帧同步的关系。

（2）复用后 8bit 数据观测。

用示波器的一个通道观测 3P7 帧脉冲，并将该通道作为同步通道；用另一个通道观测 3P9，观察复用信道时隙关系，并根据实验原理所述，定位到 3 时隙 8bit 数据位置，单击"8bit"按钮，尝试修改 8bit 编码开关，观测 3P9 的数据变化情况。

注：结束该步骤时，要保证设置的 8bit 数据和帧头数据不同。

3. 帧同步提取观测及分析

（1）解复用同步帧脉冲观测。

单击 A6 中的"帧头"按钮，将其修改为和复用端一样的帧头数据。用示波器的通道 1 观测 3P7 帧脉冲，并将该通道作为同步通道；用另一个通道观测 6P6，观察解复用端提取的帧同步脉冲，并分析其是否同步。同时可以观测 A6 上的 FS 指示灯的状态，常亮表示同步状态，常灭表示非同步状态。

尝试拔掉 6P8 上的复用数据，观测 6P6 是否还有帧同步脉冲，以及 FS 指示灯是否常亮。此时，输入端没有数据，无法检测到帧头，因此通信系统接收端处于未同步状态。

尝试修改解复用帧头数据，将其修改为和复用端不同的帧头数据，观测 6P6 是否还有帧同步脉冲，以及 FS 指示灯是否常亮，思考其原因。此时，输入端虽然有数据，但是无法检测到帧头，因此通信系统接收端处于未同步状态。

结束该步骤时，恢复帧头同步状态，继续完成下面的操作。

（2）假同步测试。

假同步是指同步系统根据其同步算法进入同步状态，但实际系统并没有真正同步。设置复用发送端 8bit 数据，使其和帧头数据相同，多次重复完成 3P9 和 6P8 信号线的断开/连接操作。用示波器同时观测 3P7 和 6P6，观察 6P6 是否每次都可以输出帧同步脉冲。用示波器观测原始信号 3P1 和复用-译码恢复信号 6P2 是否每次都相同。如果不相同，则分析其原因。

（3）后向保护测量（捕捉态）。

在帧同步提取中，增加了后向保护，后向保护是为了防止伪同步的不利影响。后向保护是这样防止伪同步的不利影响的：在捕捉帧同步码的过程中，只有在连续捕捉到 n（n 为后向保护计数）次帧同步码后，才能认为系统已真正进入同步状态。后向保护的前提是系统处于捕捉状态。

用示波器分别观测发送端帧同步脉冲 3P7 和接收端检测的帧同步脉冲 6P6。单击"前向保护"按钮，弹出 16bit 编码开关，如图 2-12-4 所示。将 16bit 设置为全 1 码，则连续 16 帧数据帧头全部加错，观测此时 6P6 是否有帧脉冲输出。逐渐增加正确帧头的个数（将编码开关设置为 0），如 1bit、2bit、3bit、4bit……，观测 6P6 是否有帧脉冲输出，根据结论分析后向保护计数 n。

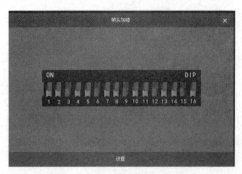

图 2-12-4　16bit 编码开关

后向保护时间是指从捕捉到第一个同步码到进入同步状态这段时间，可表示为 T_d。尝试分析后向保护时间 T_d。

（4）前向保护测试（维持态）。

系统在进入同步状态后设置了前向保护，目的是防止假失步的不利影响。前向保护是这样防止假失步的不利影响的：当同步系统检测不到同步码时，并不立即进入捕捉态，而是在连续 m 次（m 称为前向保护计数）检测不到同步码后，才判为系统真正失步，系统进入捕捉态，重新开始捕捉同步码。

用示波器分别观测发送端帧同步脉冲 3P7 和接收端检测的帧同步脉冲 6P6。单击"前向保护"按钮，弹出 16bit 编码开关。将 16bit 设置为全 0 码，即连续 16 帧数据帧头均未加错，观测此时 6P6 帧脉冲是否正确。逐渐增加错误帧头个数（将编码开关设置为 1），如 1bit、2bit、3bit、4bit……，观测 6TP6 帧同步检测信息是否丢失，用示波器观测 3P1 和 6P2 是否相同。根据结论分析前向保护计数 m。

尝试观测当开关位置为 0001000100010001、0010010110010011 时，帧同步提取情况和解复用-译码信号恢复情况。

前向保护时间是指从第一个帧同步码丢失起到帧同步系统进入捕捉态这段时间，可表示为 T_s。尝试分析前向保护时间 T_s。

（5）同步状态下解复用数据观测。

① 将系统设置为同步状态，完成下列操作。

② 单击"8-LED"按钮，选择"8-bits"选项，如图 2-12-5 所示。此时，A6 中部的 8 个 LED 用亮灭指示解复用得到的第 3 时隙 8bit 数据。

图 2-12-5　LED 指示

③ 尝试修改复用端 8bit 数据，观测 8 个 LED 是否跟着变化。

④ 用示波器分别观测 3P1（PCM 编码前）、6P2（解复用后 PCM 译码数据），观测波形是否相同；修改 3P1 输入信号，观测 6P2 的变化情况。

⑤ 用示波器分别观测 3P2（CVSD 编码前）、6P4（解复用后 CVSD 译码数据），观测波形是否相同；修改 3P2 输入信号，观测 6P4 的变化情况。

（6）非同步状态下解复用数据观测。

① 将系统设置为非同步状态，完成下列操作，理解帧同步的实际意义。

② 单击"8-LED"按钮，选择"8-bits"选项。

③ 尝试修改复用端 8bit 数据，观测 8 个 LED 是否跟着变化。

④ 用示波器分别观测 3P1（PCM 编码前）、6P2（解复用后 PCM 译码数据），观测波形是否相同；修改 3P1 输入信号，观测 6P2 的变化情况。

⑤ 用示波器分别观测 3P2（CVSD 编码前）、6P4（解复用后 CVSD 译码数据），观测波形是否相同；修改 3P2 输入信号，观测 6P4 的变化情况。

4. 关机拆线

实验结束，关闭系统电源，拆除信号线，并按要求放置好实验附件。

2.12.6　"三对照"及实验报告要求

（1）完成实验步骤，并记录相关波形及实验结论，这里还需要记录相关测量数据及波形，将编码与虚拟仿真结果、理论推算结果相对照，若有异常现象，请分析原因。

（2）画出实验中的帧同步判决状态机。

（3）叙述帧同步过程及后向保护和前向保护的作用。

2.12.7　思考题

如果希望在将开关设置为 0111011101110111 时，系统仍能同步，则帧同步判决状态机应怎么修改？

模块 3　探究性实验

绪论

本模块的各个实验基于探究性项目思想，由学生自主选择实验课题、自主设计实验方案、自主完成实验过程、自主分析数据并得到结论，以培养学生进行探究性实验的能力。探究性实验是课程"两性一度"的重要支撑环节，它要求学生自主提出问题、做出假设、设计解决方案并得出相关结论，能够有效培养学生的创新性思维及解决复杂问题的能力，促使学生将理论知识与实际应用相结合。经中国石油大学（华东）通信工程本科教学实践检验，该实验理念对学生理论理解水平、工程实践能力、创新思维方法等方面均有显著提升。

探究性实验的基本思想如下。

1. 科学探究的步骤

提出问题→做出假设→设计实验→进行实验→阐述和交流实验结果与结论。

2. 遵循实验设计的单一变量和对照性原则

（1）单一变量原则。

单一变量原则是指控制其他因素不变，只改变其中一个因素（要研究的因素），观察其对实验结果的影响。

遵循单一变量原则，既便于对实验结果进行科学的分析，又可以增强实验结果的可信度和说服力。

（2）对照性原则。

通常一个实验总分为实验组和对照组。

实验组是接受实验变量处理的对象组。对照组也称控制组，对实验假设而言，它是不接受实验变量处理的对象组。从理论上来说，由于实验组与对照组的无关变量的影响是相等的，被平衡了，因此实验组与对照组的差异可认定为来自实验变量的效果，这样得到的实验结果是可信的。

3. 探究性实验的设计思路

操纵实验变量，控制无关变量，捕获反应变量。

（1）实验变量（自变量）：实验中由实验者操纵的因素或条件。

（2）反应变量（因变量）：由实验变量引起的变化结果。

（3）无关变量：实验中除实验变量外的影响实验结果与现象的因素或条件，如试管的洁净程度、实验的时间长短等。

（4）额外变量：由无关变量引起的变化结果。

学生可以从如下 3 类探究性实验课题中选择一个，也可以提出符合要求的新的实验课题：实验选题、方案设计、实验实现。

3.1　第一类探究性实验课题

探究同一二进制数字调制系统的不同解调方式的抗噪声性能的差异。

（1）自主设计实验方案。

（2）按照方案搭建二进制数字调制系统。

（3）对比不同接收机的抗噪声性能。

（4）结合理论得出结论，完成探究过程。

（5）探究并总结系统中影响抗噪声性能的因素。

（6）拓展任务：两端加入一路或两路模拟信号数字化传输功能。

实验一 探究 2FSK 不同解调方式抗噪声性能的差异

1. 实验目的

（1）探究 2FSK 调制系统的相干解调、非相干解调和最佳接收机的抗噪声性能。

（2）探究影响抗噪声性能的因素。

2. 实验原理

（1）2FSK 调制原理。

2FSK 是利用数字基带信号控制载波的频率来传输信息的。例如，1 码用频率 ω_1 来传输，0 码用频率 ω_2 来传输，而其振幅和初始相位不变。在学习过程中，一般忽略 φ_1 和 φ_0，将其看作 0，因此，2FSK 已调信号可以看作频率分别为 f_1 和 f_2 的两个不同载频信号的叠加，故其表达式为

$$e_{2FSK}(t) = s_1(t)\cos\omega_1 t + s_2(t)\cos\omega_2 t \qquad (3\text{-}1\text{-}1)$$

式中

$$s_1(t) = \sum_n a_n g(t - nT_s), \quad s_2(t) = \sum_n a_n g(t - nT_s)$$

2FSK 已调信号的时域波形如图 3-1-1 所示。

2FSK 已调信号的产生方法有两种，如图 3-1-2 所示。

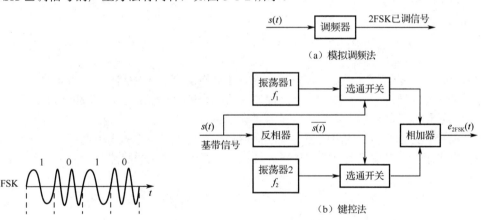

图 3-1-1 2FSK 已调信号的时域波形　　图 3-1-2 2FSK 已调信号的产生方法

① 模拟调频法，即用数字基带信号作为调制信号进行调频。

② 数字键控法，即用数字基带信号 $g(t)$ 及其反相信号分别控制两个开关门电路，以此对两路载波发生器进行选通。

这两种方法产生的 2FSK 已调信号的波形基本相同，只有一点差异，即由模拟调频法产生的 2FSK 已调信号在相邻码元之间的相位是连续的；而由数字键控法产生的 2FSK 已调信号则分别有两个独立的频率源，产生两个不同频率的信号，故相邻码元的相位不一定是连续的。

（2）2FSK 解调原理。

2FSK 已调信号的解调方法有相干解调、非相干解调（包络检波法）及最佳接收机。

① 相干解调：如图 3-1-3 所示，将经过调制的 2FSK 数字信号通过两个通频带不同的带通滤波器，滤除带外频率分量，实现信号分路，表示 1 码的载波进入上支路，表示 0 码的载波进入下支路，将这两路信号分别与相应的载波 ω_1、ω_2 相乘进行相干解调，经过抽样判决器恢复出基带二进制信号。

② 非相干解调：如图 3-1-4 所示，首先将得到的信号进行带通滤波后滤除载波频率以外的噪声及干扰，并实现信号分路，表示 1 码的载波进入上支路，表示 0 码的载波进入下支路；再经过包络检波器输出正极端的包络曲线；然后经过低通滤波器（在包络检波器之后，图中省略）输出基带包络信号；最后经过抽样判决器恢复出基带二进制信号。

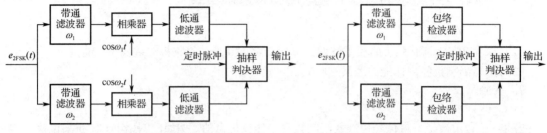

图 3-1-3　2FSK 相干解调原理框图　　　　　　图 3-1-4　2FSK 非相干解调原理框图

③ 最佳接收机：由于数字通信系统传输质量的主要指标是错误概率，因此，将错误概率最小作为"最佳"的准则。在分析数字信号的接收过程中，接收端对波形的检测并不重要，重要的是在噪声引起的误差下正确判断该波形携带的信息。

最佳接收机主要是由积分器和比较器构成的，如图 3-1-5 所示。在积分器的作用下，高斯白噪声的积分值几乎趋近于零，对接收信号进行相应的处理后，将输出的波形提供给判决电路（比较器），以便判决电路对接收信号中包含的发送信息做出错误概率尽可能小的判决。

（3）PCM 编码。

PCM 即脉冲编码调制，就是指把一个时间连续、取值连续的模拟信号变换成时间离散、取值离散的数字信号后在信道中传输。PCM 就是对模拟信号先抽样，再对抽样值的幅度进行量化、编码的过程。

抽样就是对模拟信号进行周期性扫描，把时间上连续的信号变成时间上离散的信号。抽样必须遵循奈奎斯特抽样定理。模拟信号经过抽样后还应当包含原始信号中的所有信息，即无失真地恢复原始信号。抽样速率的下限是由抽样定理确定的。

量化就是把经抽样得到的瞬时值的幅度离散化，即用一组规定的电平把瞬时抽样值用最接近的电平值来表示。一个模拟信号经过抽样、量化后，得到已量化的脉冲幅度调制信号，它仅为有限个数值。

编码就是用一组二进制码来表示每个有固定电平的量化值。然而，实际上量化是在编码过程中同时完成的，故编码过程也称 A/D 转换。

PCM 系统原理框图如图 3-1-6 所示。

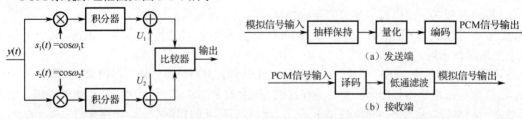

图 3-1-5　2FSK 最佳接收机原理框图　　　　　图 3-1-6　PCM 系统原理框图

3. 实验系统的构成

如图 3-1-7 所示，该系统是一个综合性的数字通信系统，实现一路模拟信号通过数字通信系统传输，模拟信号经过 PCM 编码、2FSK 调制、2FSK 解调（相干解调、非相干解调、最佳接收机）、PCM 译码还原出发送的模拟信号。

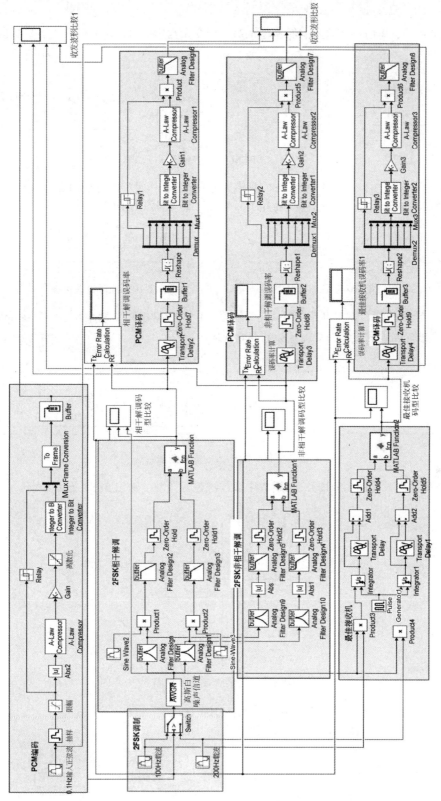

图3-1-7　系统整体框架

4. 系统模块及参数设置

（1）PCM 编码：作用是将输入的低通模拟信号转变为数字信号，其仿真框图如图 3-1-8 所示。

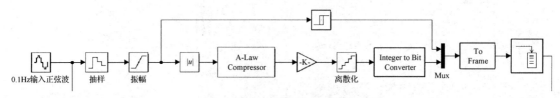

图 3-1-8　PCM 编码仿真框图

① 正弦波（见图 3-1-9）：振幅为 1V，频率为 0.1Hz，抽样时间为 0.0001s。
② 抽样器（见图 3-1-10）：抽样间隔为 1.6s（奈奎斯特间隔为 $1/(2f_H)$=5s）。

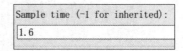

图 3-1-9　正弦波关键参数设置　　　　　　图 3-1-10　抽样器关键参数设置

③ 限幅、全波整流、量化和 8 进制编码（见图 3-1-11）：输出频率为 5Hz（8×（1/Sample time））的数字信号。每位编码的时长为 0.2s（Sample time/8）。

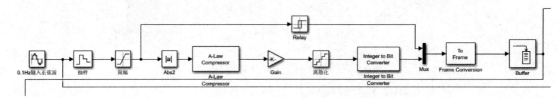

图 3-1-11　编码部分仿真框图

（2）2FSK 调制（见图 3-1-12）：采用数字键控法进行调制，输出 2FSK 已调信号。

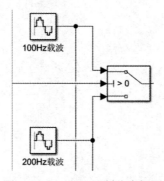

图 3-1-12　2FSK 调制仿真框图

① 上支路载波 1（见图 3-1-13）：载波频率为 100Hz。
② 下支路载波 2（见图 3-1-14）：载波频率为 200Hz。

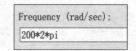

图 3-1-13　上支路载波关键参数设置　　　　图 3-1-14　下支路载波关键参数设置

（3）高斯信道（见图3-1-15）。

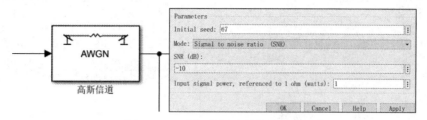

图 3-1-15　高斯信道关键参数设置

（4）传统接收——相干解调。

2FSK 相干解调仿真框图（见图3-1-16）及关键参数设置如下。

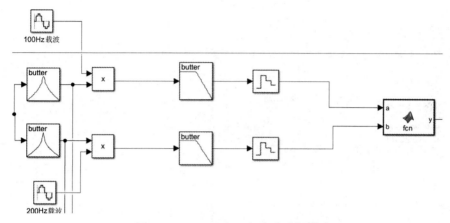

图 3-1-16　2FSK 相干解调仿真框图

① 上支路带通滤波器（见图3-1-17）：90～110Hz（比(100±5)Hz 略宽）。

② 下支路带通滤波器（见图3-1-18）：190～210Hz（比(200±5)Hz 略宽）。

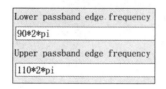
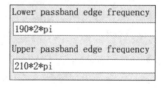

图 3-1-17　上支路带通滤波器关键参数设置　　　图 3-1-18　下支路带通滤波器关键参数设置

③ 相乘器（见图3-1-19）：上支路载波频率为 100Hz，下支路载波频率为 200Hz，两者相乘后得到低频分量。

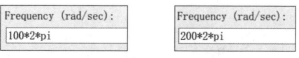

图 3-1-19　上、下支路载波关键参数设置

④ 上、下支路低通滤波器（见图3-1-20）：输入的数字信号的频率为 5Hz，滤出低频分量。

⑤ 抽样（见图3-1-21）：抽样时间为 0.2s。

⑥ 相干解调抽样判决（见图3-1-22）：上支路大于下支路判为 1，否则判为 0，用于恢复数字基带信号。

图 3-1-20 上、下支路低通滤波器关键参数设置　　　图 3-1-21 抽样器及关键参数设置

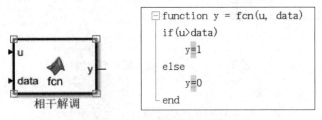

图 3-1-22 抽样判决函数

（5）传统接收——非相干解调。

2FSK 非相干解调仿真框图（见图 3-1-23）及关键参数设置如下。

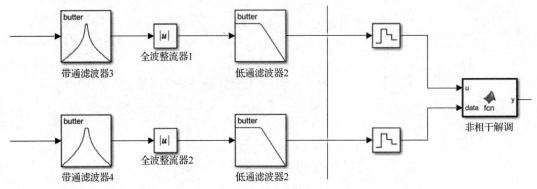

图 3-1-23 2FSK 非相干解调仿真框图

上、下支路带通滤波器和低通滤波器的带宽范围与相干解调的参数等同。

① 上支路带通滤波器：90～110Hz（比(100±5)Hz 略宽）。

② 下支路带通滤波器：190～210Hz（比(200±5)Hz 略宽）。

③ 全波整流器：将信号取绝对值，使下半轴信号向上翻折。

④ 上、下支路低通滤波器：输入的数字信号的频率为5Hz。

⑤ 抽样时间：0.2s。

⑥ 非相干解调抽样判决：上支路大于下支路判为1，否则判为0。

（6）最佳接收机。

2FSK 最佳接收机仿真框图（见图 3-1-24）及关键参数设置如下。

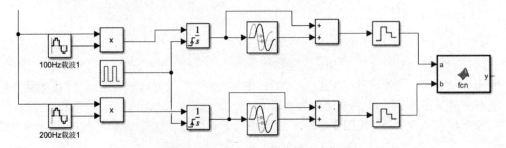

图 3-1-24 2FSK 最佳接收机仿真框图

① 上支路载波频率为 100Hz，下支路载波频率为 200Hz。

② 与调制信号相乘后进行积分，积分过程可以使噪声相互抵消。

③ 抽样时间为 0.2s。

④ 比较判决：上支路大于下支路判为 1，否则判为 0。

（7）PCM 译码：将解调后的数字信号恢复为原来的模拟信号，其仿真框图如图 3-1-25 所示。

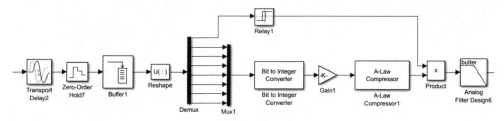

图 3-1-25　PCM 译码仿真框图

① 延时（见图 3-1-26、图 3-1-27）：相干解调和非相干解调的延时均为 1.2s。相干解调和非相干解调后的信号有 2 个码元的延时，一共 8 位编码，因此会有 6 位编码需要时移，每位编码需要 0.2s，故共需要 1.2s 的延时。

图 3-1-26　相干解调、非相干解调延时器关键参数设置　　　图 3-1-27　最佳接收机延时器关键参数设置

最佳接收机延时为 1.4s。最佳接收机后的信号有 1 个码元的延时，一共 8 位编码，因此会有 7 位编码需要时移，每位编码需要 0.2s，故共需要 1.4s 的延时。

② 抽样器（见图 3-1-28）：抽样时间间隔为 0.2s。

③ 末尾低通滤波器（见图 3-1-29）：带宽为 0.2Hz，比随机信号发生器后的低通滤波器的带宽 0.1Hz 略宽。

图 3-1-28　抽样器部分参数设置　　　　　图 3-1-29　末尾低通滤波器部分参数设置

5. 实验方案及结果分析

任务 1：探究 2FSK 调制系统的相干解调、非相干解调和最佳接收机的抗噪声性能

问题：在 2FSK 调制中，相干解调、非相干解调和最佳接收机的抗噪声性能的优劣顺序是怎样的？

假设：Pe 最佳接收机<Pe 相干解调<Pe 非相干解调（Pe 代表误码率），即最佳接收机的抗噪声性能优于传统接收机的抗噪声性能。

实验设计：在数字基带信号的码元速率、信道中的信噪比、前置带通滤波器和低通滤波器的带宽等相同的前提下，运行 3 个解调系统，对比误码率的异同。

（1）解调后的数字信号波形对比，如图 3-1-30 所示。

第 1 行：PCM 编码后的数字信号。

第 2 行：相干解调后的数字信号。

第 3 行：非相干解调后的数字信号。

第 4 行：最佳接收机的数字信号。

图 3-1-30 解调后的数字信号波形对比

（2）3 种解调方式的误码率。

① 相干解调的误码率（见图 3-1-31）：约为 0.047。

② 非相干解调的误码率（见图 3-1-32）：约为 0.137。

③ 最佳接收机的误码率（见图 3-1-33）：0.006。

图 3-1-31　相干解调的误码率　　　图 3-1-32　非相干解调的误码率　　　图 3-1-33　最佳接收机的误码率

（3）3 种解调方式恢复波形对比，如图 3-1-34 所示。

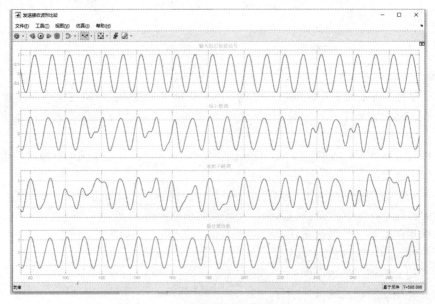

图 3-1-34　3 种解调方式恢复波形对比

第 1 行：随机模拟信号。

第 2 行：相干解调后经过 PCM 译码的恢复信号。

第 3 行：非相干解调后经过 PCM 译码的恢复信号。

第 4 行：最佳接收机经过 PCM 译码的恢复信号。

任务 2：探究影响系统抗噪声性能的因素

问题：影响系统抗噪声性能的因素有哪些？

假设 1：高斯信道的信噪比影响系统抗噪声性能，且信噪比越大，系统抗噪声性能越强。

实验设计：在数字基带信号的码元速率、前置带通滤波器和低通滤波器的带宽相同的前提下，改变高斯信道的信噪比，观察误码率的变化情况。

假设 2：解调器低通滤波器的带宽对系统抗噪声性能有影响。

实验设计：改变低通滤波器的带宽，观察误码率的变化（以相干解调为例）。

假设 3：解调器前置带通滤波器的带宽对系统抗噪声性能有影响。

实验设计：改变前置带通滤波器的带宽，观察误码率的变化情况（以相干解调为例）。

（1）改变高斯信道的信噪比（数字基带信号的码元速率、滤波器的带宽等相同）。

① 相干解调的误码率如表 3-1-1 所示。

表 3-1-1　相干解调的误码率

解 调 方 式	低通滤波器的带宽/Hz	前置带通滤波器的带宽/Hz	信噪比/dB	误 码 率
相干解调	10	上支路：(90,110) 下支路：(190,210)	-45	0.479
	10	上支路：(90,110) 下支路：(190,210)	-35	0.398
	10	上支路：(90,110) 下支路：(190,210)	-25	0.230
	10	上支路：(90,110) 下支路：(190,210)	-15	0.004
	10	上支路：(90,110) 下支路：(190,210)	-5	0

② 非相干解调的误码率如表 3-1-2 所示。

表 3-1-2　非相干解调的误码率

解 调 方 式	低通滤波器的带宽/Hz	前置带通滤波器的带宽/Hz	信噪比/dB	误 码 率
非相干解调	10	上支路：(90,110) 下支路：(190,210)	-45	0.490
	10	上支路：(90,110) 下支路：(190,210)	-35	0.467
	10	上支路：(90,110) 下支路：(190,210)	-25	0.378
	10	上支路：(90,110) 下支路：(190,210)	-15	0.013
	10	上支路：(90,110) 下支路：(190,210)	-5	0

③ 最佳接收机的误码率如表 3-1-3 所示。

表 3-1-3 最佳接收机的误码率

解 调 方 式	低通滤波器的带宽/Hz	前置带通滤波器的带宽/Hz	信噪比/dB	误 码 率
最佳接收机	10	上支路：(90,110) 下支路：(190,210)	−45	0.434
	10	上支路：(90,110) 下支路：(190,210)	−35	0.345
	10	上支路：(90,110) 下支路：(190,210)	−25	0.127
	10	上支路：(90,110) 下支路：(190,210)	−15	0.006
	10	上支路：(90,110) 下支路：(190,210)	−5	0

（2）改变相干解调部分的低通滤波器的带宽（数字基带信号的码元速率、前置带通滤波器的带宽、高斯信道的信噪比不变），结果如表 3-1-4 所示。

表 3-1-4 改变相干解调部分的低通滤波器的带宽后的误码率

解 调 方 式	低通滤波器的带宽/Hz	前置带通滤波器的带宽/Hz	信噪比/dB	误 码 率
相干解调	5	上支路：(90,110) 下支路：(190,210)	−45	0.004
	7.5	上支路：(90,110) 下支路：(190,210)	−45	0.236
	10	上支路：(90,110) 下支路：(190,210)	−45	0.540

（3）改变相干解调部分的前置带通滤波器的带宽（数字基带信号的码元速率、低通滤波器的带宽、高斯信道的信噪比不变），结果如表 3-1-5 所示。

表 3-1-5 改变相干解调部分的前置带通滤波器的带宽后的误码率

解 调 方 式	低通滤波器的带宽/Hz	前置带通滤波器的带宽/Hz	信噪比/dB	误 码 率
相干解调	10	上支路：(90,110) 下支路：(190,210)	−45	0.004
	10	上支路：(88,112) 下支路：(188,212)	−45	0.010
	10	上支路：(86,114) 下支路：(186,214)	−45	0.028

实验结果表明，上述假设均成立。

实验二 探究 2ASK 不同解调方式抗噪声性能的差异

1. 实验目的

（1）探究 2ASK 数字调制系统相干解调、非相干解调和最佳接收机的抗噪声性能。

（2）探究影响系统抗噪声性能的因素。

2. 实验原理

（1）2ASK 调制原理。

2ASK 是利用载波的振幅变化来传输数字信息的。2ASK 已调信号的表达式为

$$e_{2ASK}(t) = s(t)\cos\omega_c t \tag{3-1-2}$$

式中

$$s(t) = \sum_n a_n g(t - nT_b)$$

式中，T_b 为码元持续时间；$g(t)$ 为持续时间为 T_b 的基带脉冲波形，通常假设 $g(t)$ 是高度为 1、宽度为 T_b 的矩形脉冲；a_n 是第 n 个符号的电平值。2ASK 已调信号就是 OOK 信号。2ASK 已调信号的时域波形如图 3-1-35 所示。

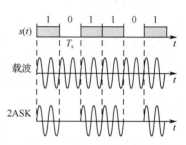

图 3-1-35　2ASK 已调信号的时域波形

2ASK 调制有两种方法：模拟调制法和数字键控法。

模拟调制法就是用基带信号与载波相乘，进而把基带信号 $s(t)$ 调制到载波上进行传输，如图 3-1-36 所示；数字键控法由基带信号 $s(t)$ 来控制电路的开关，进而进行调制，如图 3-1-37 所示。

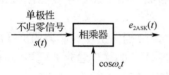

图 3-1-36　2ASK 模拟调制法原理框图

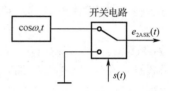

图 3-1-37　数字键控法原理框图

（2）2ASK 解调原理。

2ASK 已调信号有两种解调方法：非相干解调（包络检波法）和相干解调（同步检测法）。

2ASK 已调信号最常用的解调方法是包络检波法，如图 3-1-38 所示。这种方法利用的是信号的振幅与数字符号直接对应的特点，其原理与 AM 的包络检波的原理类似。由于它不需要任何载波信息，因此它属于非相干解调。

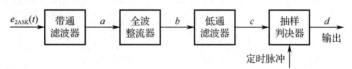

图 3-1-38　包络检波法原理框图

相干解调需要将载频位置的已调信号的频谱重新搬回原始基带位置，因此用接收的已调信号与本地载波相乘来实现。相乘后的信号只要滤除高频部分就可以了。为确保无失真地还原原始信号，必须在接收端提供一个与调制载波严格同步的本地载波，这是整个解调过程顺利进行的关键。相干解调原理框图如图 3-1-39 所示。

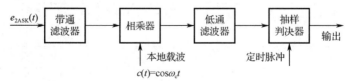

图 3-1-39　相干解调原理框图

（3）2ASK 最佳接收机原理框图如图 3-1-40 所示。

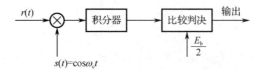

图 3-1-40　2ASK 最佳接收机原理框图

3．实验系统的构成

请仿照 2FSK 的仿真示例，自主搭建 2ASK 调制解调系统，有如下几点要求。

（1）自主设计实验方案，自行设计模块参数。

（2）按照实验方案搭建二进制数字调制系统。

（3）对比不同接收机的抗噪声性能。

（4）拓展任务：两端加入一路或两路模拟信号数字化传输功能。

4．实验方案

自主设计实验方案，探究实验目的中提到的问题，并完成探究过程，得出结论。实验方案设计示例如下。

任务 1：探究 2ASK 调制系统的相干解调、非相干解调和最佳接收机的抗噪声性能

问题：在 2ASK 调制中，相干解调、非相干解调和最佳接收机的抗噪声性能的优劣顺序是怎样的？

假设：$Pe_{\text{最佳接收机}} < Pe_{\text{相干解调}} < Pe_{\text{非相干解调}}$，即最佳接收机的抗噪声性能优于相干解调的抗噪声性能。

实验设计：在数字基带信号的码元速率、高斯信道的信噪比、前置带通滤波器和低通滤波器的带宽等相同的前提下，运行 3 个解调系统，对比 3 种解调方式的输出波形，对比误码率的异同，并将结果填入表 3-1-6（参数可自行设置）。

表 3-1-6　实验结果 1

解 调 方 式	低通滤波器的带宽/Hz	前置带通滤波器的带宽/Hz	信噪比/dB	误 码 率
相干解调				
非相干解调				
最佳接收机				

任务 2：探究影响系统抗噪声性能的因素

问题：影响系统抗噪声性能的因素有哪些？

假设 1：高斯信道的信噪比影响系统抗噪声性能，且信噪比越大，系统抗噪声性能越强。

实验设计：在数字基带信号的码元速率、前置带通滤波器和低通滤波器的带宽等相同的前提下，改变高斯信道的信噪比，观察误码率的变化情况（以相干解调为例），并将结果填入表 3-1-7（参数可自行设置）。

表 3-1-7　实验结果 2

解 调 方 式	低通滤波器的带宽/Hz	前置带通滤波器的带宽/Hz	信噪比/dB	误 码 率
相干解调				

假设 2：解调器前置带通滤波器的带宽对系统抗噪声性能有影响。

实验设计：改变前置带通滤波器的带宽，观察误码率的变化情况（以相干解调为例），并将结果填入表 3-1-8（参数可自行设置）。

表 3-1-8　实验结果 3

解 调 方 式	低通滤波器的带宽/Hz	前置带通滤波器的带宽/Hz	信噪比/dB	误 码 率
相干解调				

学生可自行探究更多影响系统抗噪声性能的因素。

5．实验结果

根据探究过程，记录必要数据，自主分析并得出相关实验结论，提交实验报告。

实验三　探究 2PSK 不同解调方式抗噪声性能的差异

1．实验目的

（1）探究 2PSK 数字调制系统的相干解调和最佳接收机的抗噪声性能。

（2）探究影响系统抗噪声性能的因素。

2．实验原理

（1）2PSK 调制原理。

2PSK 是相移键控最简单的一种形式，在 2PSK 中，通常用初始相位为 0 和 π 的载波分别表示二进制 1 与 0，故其表达式为

$$e_{2PSK}(t) = A\cos(\omega_c t + \varphi_n) \tag{3-1-3}$$

式中

$$\varphi_n = \begin{cases} 0 & \text{发送0时} \\ \pi & \text{发送1时} \end{cases}$$

2PSK 已调信号的表达式也可以写为

$$e_{2PSK}(t) = s(t)\cos\omega_c t \tag{3-1-4}$$

式中，$s(t)$ 为双极性信号。

2PSK 已调信号的时域波形如图 3-1-41 所示。

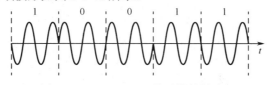

图 3-1-41　2PSK 已调信号的时域波形

2PSK 调制有两种方法：模拟调制法（见图 3-1-42）和数字键控法（见图 3-1-43）。

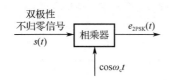

图 3-1-42　2PSK 模拟调制法原理框图

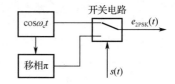

图 3-1-43　2PSK 数字键控法原理框图

（2）2PSK 解调原理。

2PSK 已调信号的主要解调方式有相干解调及最佳接收机。

① 相干解调：首先将经过调制的 2PSK 数字信号通过前置带通滤波器，滤除带外频率分量；然后将其与相应的本地载波相乘，进行相干解调；接着经过低通滤波器；最后用抽样信号进行抽样判决即可得到输出信号。2PSK 相干解调原理框图如图 3-1-44 所示。

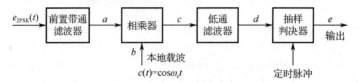

图 3-1-44　2PSK 相干解调原理框图

② 最佳接收机：2PSK 最佳接收机原理框图如图 3-1-45 所示。

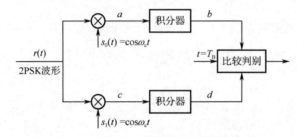

图 3-1-45　2PSK 最佳接收机原理框图

3. 实验系统的构成

请仿照 2FSK 的仿真示例，自主搭建 2PSK 调制解调系统，有以下几点要求。

（1）自主设计实验方案，自行设计模块参数。

（2）按照实验方案搭建二进制数字调制系统。

（3）对比最佳接收机和传统接收机的抗噪声性能。

（4）拓展任务：两端加入一路或两路模拟信号数字化传输功能。

4. 实验方案

自主设计实验方案，探究实验目的中提到的问题，并完成探究过程，得出结论。实验方案设计示例如下。

任务 1：探究 2PSK 调制系统的相干解调和最佳接收机的抗噪声性能

问题：在 2PSK 调制中，相干解调和最佳接收机的抗噪声性能的优劣顺序是怎样的？

假设：$Pe_{最佳接收机} < Pe_{相干解调}$，即最佳接收机的抗噪声性能优于相干解调的抗噪声性能。

实验设计：在数字基带信号的码元速率、高斯信道的信噪比、前置带通滤波器和低通滤波器的带宽等相同的前提下，运行两种解调系统，对比两种解调方式的输出波形，对比误码率的异同，并将结果填入表 3-1-9（参数可自行设置）。

表 3-1-9　实验结果 1

解调方式	低通滤波器的带宽/Hz	前置带通滤波器的带宽/Hz	信噪比/dB	误码率
相干解调				
最佳接收机				

任务 2：探究影响系统抗噪声性能的因素

问题：影响系统抗噪声性能的因素有哪些？

假设 1：高斯信道的信噪比影响系统抗噪声性能，且信噪比越大，系统抗噪声性能越强。

实验设计：在数字基带信号的码元速率、前置带通滤波器和低通滤波器的带宽等相同的前提下，改变高斯信道的信噪比，观察误码率的变化情况（以相干解调为例），并将结果填入表 3-1-10（参数可自行设置）。

表 3-1-10　实验结果 2

解 调 方 式	低通滤波器的带宽/Hz	前置带通滤波器的带宽/Hz	信噪比/dB	误 码 率
相干解调				

假设 2：解调器前置带通滤波器的带宽对系统抗噪声性能有影响。

实验设计：改变前置带通滤波器的带宽，观察误码率的变化情况（以相干解调为例），并将结果填入表 3-1-11（参数可自行设置）。

表 3-1-11　实验结果 3

解 调 方 式	低通滤波器的带宽/Hz	前置带通滤波器的带宽/Hz	信噪比/dB	误 码 率
相干解调				

学生可自行探究更多影响系统抗噪声性能的因素。

5. 实验结果

根据探究过程，记录必要数据，自主分析并得出相关实验结论，提交实验报告。

实验四　探究 2DPSK 不同解调方式抗噪声性能的差异

1. 实验目的

（1）探究 2DPSK 不同解调方式及最佳接收机的抗噪声性能。

（2）探究 2DPSK 数字调制系统中影响系统抗噪声性能的因素。

2. 实验原理

（1）2DPSK 调制原理。

2DPSK 调制利用前后相邻码元的载波相对相位来表示信息，因此又称相对相移键控。假设当前码元与前一码元的载波初始相位差为 $\Delta\varphi$，则可定义一种数字信息与 $\Delta\varphi$ 之间的关系：

$$\Delta\varphi = \varphi_n - \varphi_{n-1} = \begin{cases} 0 \rightarrow 0 \\ \pi \rightarrow 1 \end{cases} \tag{3-1-5}$$

差分编码规则：$b_n = a_n \oplus b_{n-1}$，其中，$\oplus$ 为模 2 加，b_{n-1} 为 b_n 的前一码元，最初 b_{n-1} 可任意设

定。以如图 3-1-46 所示的码元为例，其时域波形如图 3-1-47 所示。

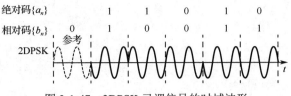

二进制信码	1	1	0	1	0
2DPSK(0)	π	0	0	π	π
信号相位(π)	0	π	π	0	0

图 3-1-46 2DPSK 已调信号　　　　　　　　　　图 3-1-47　2DPSK 已调信号的时域波形

2DPSK 调制原理框图如图 3-1-48 所示。

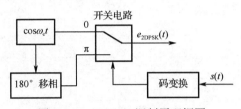

图 3-1-48　2DPSK 调制原理框图

（2）2DPSK 解调原理。

2DPSK 已调信号解调方法之一：相干解调（极性比较）——码反变换法，其解调原理是，对 2DPSK 已调信号进行相干解调，恢复出相对码，经码反变换器还原为绝对码，从而恢复出发送的二进制数字信息。在解调过程中，由于载波相位模糊性的影响，解调出的相对码也可能有 1 和 0 倒置的情况，但经差分译码（码反变换）得到的绝对码不会发生任何倒置现象，从而解决载波相位模糊性带来的问题。2DPSK 相干解调原理框图如图 3-1-49 所示，各点波形如图 3-1-50 所示。

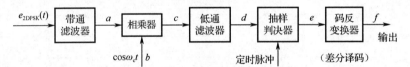

图 3-1-49　2DPSK 相干解调原理框图

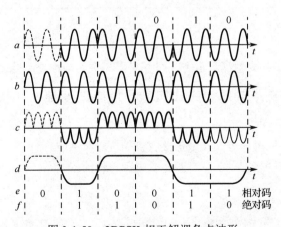

图 3-1-50　2DPSK 相干解调各点波形

2DPSK 已调信号解调方法之二：差分相干解调（相位比较），其解调原理框图如图 3-1-51 所示，各点波形如图 3-1-52 所示。

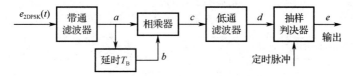

图 3-1-51 2DPSK 差分相干解调原理框图

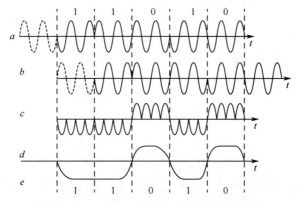

图 3-1-52 2DPSK 差分相干解调各点波形

2DPSK 已调信号解调方法之三：最佳接收机。2DPSK 已调信号最佳接收机在 2PSK 已调信号最佳接收机的基础上加上了码反变换器，把相对码变成绝对码，如图 3-1-53 所示。

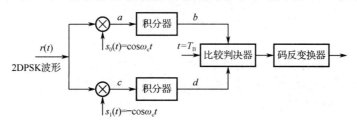

图 3-1-53 2DPSK 已调信号最佳接收机原理框图

3. 实验系统的构成

请仿照 2FSK 的仿真示例，自主搭建 2DPSK 调制解调系统，有以下几点要求。

（1）自主设计实验方案，自行设计模块参数。

（2）按照实验方案搭建二进制数字调制系统。

（3）对比各种接收机的抗噪声性能。

（4）拓展任务：两端加入一路或两路模拟信号数字化传输功能。

4. 实验方案

自主设计实验方案，探究实验目的中提到的问题，并完成探究过程，得出结论。实验方案设计示例如下。

任务 1：探究 2DPSK 调制系统的相干解调、非相干解调和最佳接收机的抗噪声性能

问题：在 2DPSK 调制中，相干解调、非相干解调和最佳接收机的抗噪声性能的优劣顺序是怎样的？

假设：Pe $_{最佳接收机}$<Pe $_{相干解调}$<Pe $_{非相干解调}$，即最佳接收机的抗噪声性能优于传统接收机的抗噪声性能。

实验设计：在数字基带信号的码元速率、高斯信道的信噪比、前置带通滤波器和低通滤波器的带宽等相同的前提下，运行 3 个解调系统，对比 3 种解调方式的输出波形，对比误码率的异同，并将结果填入表 3-1-12（参数可自行设置）。

表 3-1-12 实验结果 1

解 调 方 式	低通滤波器的带宽/Hz	前置带通滤波器的带宽/Hz	信噪比/dB	误 码 率
相干解调				
非相干解调				
最佳接收机				

任务 2：探究影响系统抗噪声性能的因素

问题：影响系统抗噪声性能的因素有哪些？

假设 1：高斯信道的信噪比影响系统抗噪声性能，且信噪比越大，系统抗噪声性能越强。

实验设计：在数字基带信号的码元速率、前置带通滤波器和低通滤波器的带宽等相同的前提下，改变高斯信道的信噪比，观察误码率的变化情况（以相干解调为例），并将结果填入表 3-1-13（参数可自行设置）。

表 3-1-13 实验结果 2

解 调 方 式	低通滤波器的带宽/Hz	前置带通滤波器的带宽/Hz	信噪比/dB	误 码 率
相干解调				

假设 2：解调器前置带通滤波器的带宽对系统抗噪声性能有影响。

实验设计：改变前置带通滤波器的带宽，观察误码率的变化情况（以相干解调为例），并将结果填入表 3-1-14（参数可自行设置）。

表 3-1-14 实验结果 3

解 调 方 式	低通滤波器的带宽/Hz	前置带通滤波器的带宽/Hz	信噪比/dB	误 码 率
相干解调				

学生可自行探究更多影响系统抗噪声性能的因素。

5. 实验结果

根据探究过程，记录必要数据，自主分析并得出相关实验结论，提交实验报告。

3.2 第二类探究性实验课题

探究同类数字调制系统二进制传输和多进制传输的抗噪声性能的差异。

（1）自主设计实验方案。

（2）按照实验方案搭建数字调制系统。

（3）对比二进制传输和多进制传输的抗噪声性能。

（4）结合理论得出结论，完成探究过程。

（5）探究并总结影响系统抗噪声性能的因素。

（6）拓展任务：两端加入一路或两路模拟信号数字化传输功能。

实验一　探究 2FSK 和 4FSK 抗噪声性能的差异

1. 实验目的

（1）探究 FSK 不同进制的抗噪声性能。

（2）探究其中一种数字调制系统中影响系统抗噪声性能的因素。

2. 实验原理

（1）2FSK 调制原理，见 3.1 节实验一。

MFSK 是指 M 种频率的载波对应 M 种基带码元，以 4FSK 为例，其时域波形如图 3-2-1 所示。

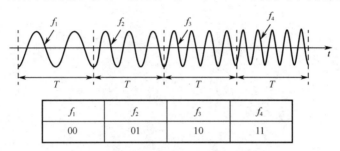

f_1	f_2	f_3	f_4
00	01	10	11

图 3-2-1　4FSK 已调信号的时域波形

MFSK 已调信号的产生与 2FSK 已调信号的产生类似，这里不再赘述。

（2）2FSK 解调原理，见 3.1 节实验一。

（3）MFSK 解调原理。

MFSK 解调原理同 2FSK 解调原理，只是支路更多了，每种载频对应一个分支，最终对各分支进行比较判决。MFSK 非相干解调原理框图如图 3-2-2 所示。

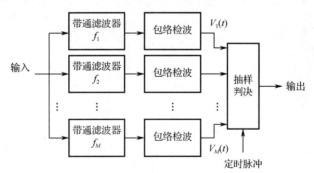

图 3-2-2　MFSK 非相干解调原理框图

3. 实验系统的构成

（1）系统整体框架如图 3-2-3 所示。

（2）系统整体框架描述：由两个主要部分构成，分别为 2FSK 调制解调和 4FSK 调制解调，在信号两端加入了模拟信号数字化传输功能，即 PCM 编码与译码过程。

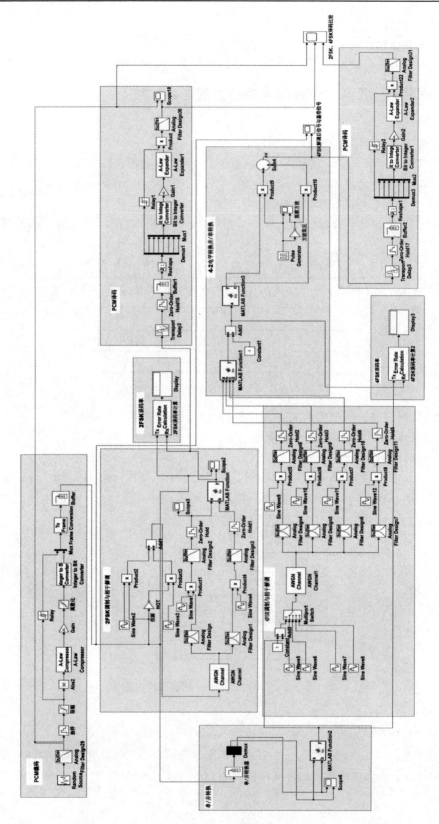

图 3-2-3　系统整体框架

4. 系统模块及参数设置

（1）PCM 编码：PCM 调制部分框架如图 3-2-4 所示。

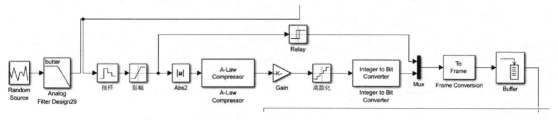

图 3-2-4　PCM 调制部分框架

① 低通滤波器（见图 3-2-5）：带宽为 0.1Hz，用来滤除信源的高频信息，使其更加圆滑。

② 抽样（见图 3-2-6）：抽样时间间隔为 1.6s。

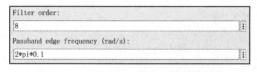

图 3-2-5　低通滤波器关键参数设置　　　　图 3-2-6　抽样器关键参数设置

③ 量化（见图 3-2-7）：本实验编码采用 A 律 13 折线进行压缩扩张，在 A-Law Compressor 的参数设置中，将 A 的取值设置为 87.6。

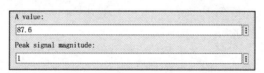

图 3-2-7　A-Law Compressor 关键参数设置

在此之后乘上 127，如图 3-2-8 所示，表明有 0～127 共 128 个量化电平，因此由 7 位二进制码来编码一个抽样值。十进制转化为二进制的模块设置的参数就是 7，如图 3-2-9 所示。将极性码和 7 位二进制码合到一起就形成一串 8 位一组的模拟信号数字化编码。并且，为满足奈奎斯特抽样定理，将模拟信号的抽样时间间隔设置为 1.6s，每个抽样编码为 8 位二进制码元，因此，一个二进制码元的时长为 0.2s。

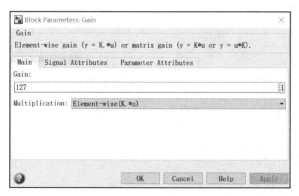

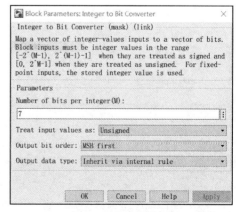

图 3-2-8　Gain 模块参数设置　　　　图 3-2-9　进制转换模块参数设置

（2）2FSK 调制（见图 3-2-10）。

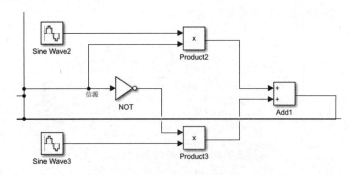

图 3-2-10　2FSK 调制仿真框图

2FSK 调制采用的是模拟调制的方法，两路载波的频率分别是 100Hz（见图 3-2-11）和 200Hz（见图 3-2-12）。载波与信号源相乘后相加就得到 2FSK 已调信号。

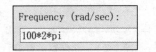

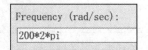

图 3-2-11　上支路载波参数设置　　　　　　　　图 3-2-12　下支路载波参数设置

（3）高斯信道。

通过改变信噪比的大小来改变加噪声的大小，信噪比越大，高斯噪声越小。这里将初始信噪比设置为 10dB，如图 3-2-13 所示。

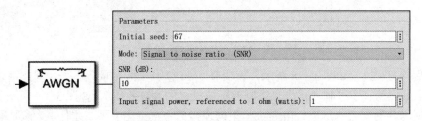

图 3-2-13　高斯信道参数设置

（4）2FSK 相干解调（见图 3-2-14）。

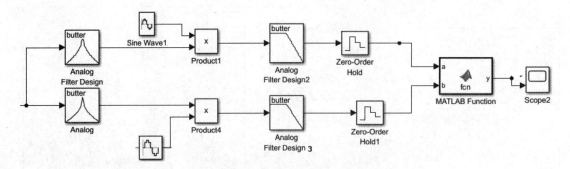

图 3-2-14　2FSK 相干解调仿真框图

2FSK 采用的解调方法是相干解调，其重要模块参数如下。

① 上支路带通滤波器（见图 3-2-15）：90～110Hz（比(100±5)Hz 略宽）。

② 下支路带通滤波器（见图 3-2-16）：190～210Hz（比(200±5)Hz 略宽）。

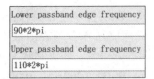
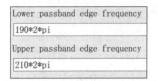

图 3-2-15　上支路带通滤波器参数设置　　　　　图 3-2-16　下支路带通滤波器参数设置

③ 相乘器：上支路的载波频率为 100Hz（见图 3-2-17），下支路的载波频率为 200Hz（见图 3-2-18），两者相乘后得到低频分量。

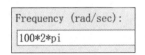
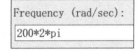

图 3-2-17　上支路载波参数设置　　　　　图 3-2-18　下支路载波参数设置

④ 上、下支路的低通滤波器参数设置：输入数字信号的频率为 5Hz，输出低频分量，如图 3-2-19 所示。

⑤ 抽样（见图 3-2-20）：抽样时间为 0.2s。

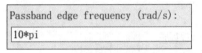

图 3-2-19　上、下支路的低通滤波器参数设置　　　　图 3-2-20　抽样参数设置

⑥ 相干解调抽样判决（见图 3-2-21）：上支路大于下支路判为 1，否则判为 0，用于恢复数字基带信号。

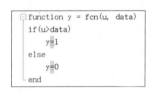

图 3-2-21　抽样判决参数设置

（5）4FSK 调制。

4FSK 调制仿真框图如图 3-2-22 所示。

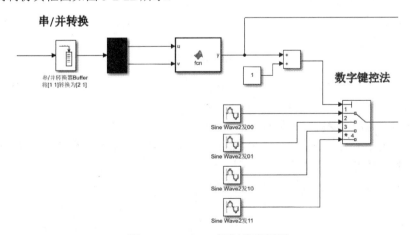

图 3-2-22　4FSK 调制仿真框图

　　4FSK 调制使用的是数字键控法，在进行 4FSK 调制时，首先要对一串二进制信号通过串/并转换器进行串/并转换，并用 Demux（多路复用器）将其变成两路送入自编程函数中，函数内容如图 3-2-23 所示。该函数的作用就是将二进制信号转换为四进制信号，四进制数为 0～3，加 1 是为了后续键控开关根据 1～4 选择载频。载频由低到高分别为 100Hz、200Hz、300Hz、400Hz。

```
function y = fcn(u, v)
  if(u==0&&v==0)
      y=0;
  elseif(u==0&&v==1)
      y=1;
  elseif(u==1&&v==0)
      y=2;
  else
      y=3;
  end
```

图 3-2-23　函数内容

（6）4FSK 解调。

4FSK 解调仿真框图如图 3-2-24 所示。

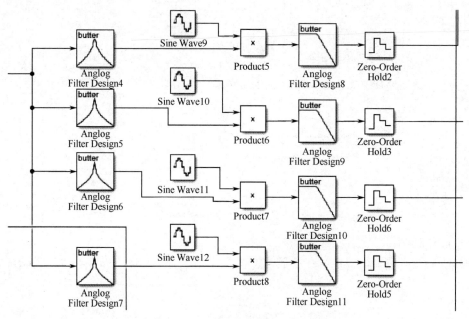

图 3-2-24　4FSK 解调仿真框图

　　4FSK 解调采用的方法仍然是相干解调，4FSK 已调信号经过信道后，经过 4 个带通滤波器。下面以图 3-2-24 中从上往下数的第一条支路为例进行说明。

　　第一条支路中的带通滤波器的带通范围为 90～110Hz（见图 3-2-25），滤除载波为 100Hz 以外的频率分量，输出的信号经过与频率为 100Hz 的相干载波相乘后，通过截止频率为 5Hz 的低通滤波器，以 0.2s 为抽样周期进行抽样。

　　第一条支路中的低通滤波器的截止频率为 5Hz，如图 3-2-26 所示。

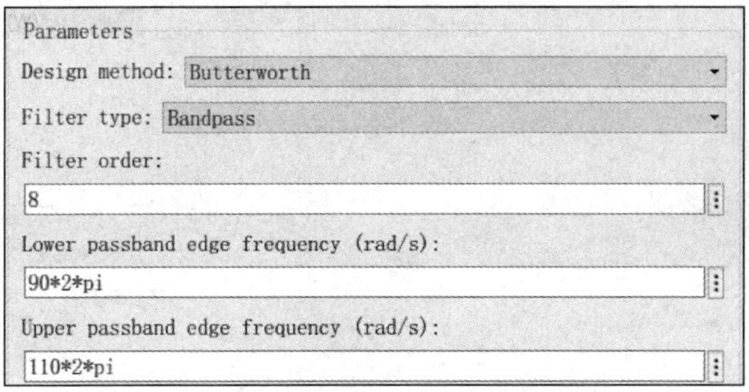

Parameters
Design method: Butterworth
Filter type: Bandpass
Filter order:
8
Lower passband edge frequency (rad/s):
90*2*pi
Upper passband edge frequency (rad/s):
110*2*pi

图 3-2-25　第一条支路带通滤波器参数设置

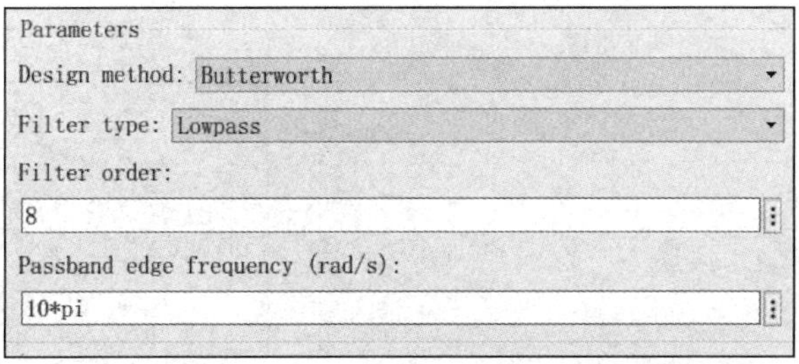

Parameters
Design method: Butterworth
Filter type: Lowpass
Filter order:
8
Passband edge frequency (rad/s):
10*pi

图 3-2-26　第一条支路低通滤波器参数设置

其他 3 条支路同理。

在全部支路都完成采样后，经过起抽样判决作用的函数进行判决，详细判决方式在图 3-2-27 中体现。这时得到的是一串四进制信号，其经过起 4-2 电平转换作用的函数，进行并/串转换后，两路信号相加恢复出原始信号，分别送至示波器和误码率计算模块，显示最终结果。

（7）4FSK 中的并/串转换。

4FSK 并/串转换仿真框图如图 3-2-28 所示。

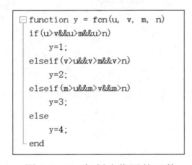

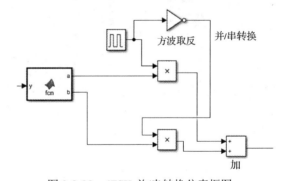

```
function y = fcn(u, v, m, n)
if(u>v&&u>m&&u>n)
    y=1;
elseif(v>u&&v>m&&v>n)
    y=2;
elseif(m>u&&m>v&&m>n)
    y=3;
else
    y=4;
end
```

图 3-2-27　起判决作用的函数

方波取反
并/串转换
y
fcn
a
b
×
×
+
+
加

图 3-2-28　4FSK 并/串转换仿真框图

由于串/并转换后两路码的码元时长均变为原来的 2 倍，因此可以巧用方波进行并/串转换。

首先产生一个周期为 2 倍源码元速率的方波，占空比为 50%，具体设置如图 3-2-29 所示。这样，在每个周期内就有 0.2s 的值为零。将该方波与一路并行信号相乘，相乘后该路并行信号的每个周期都有 0.2s 的值为零，值为零的这部分就可以让另一路并行信号与取反的方波相乘后的信号加进来，达到并/串转换的目的。

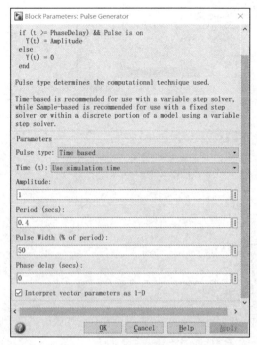
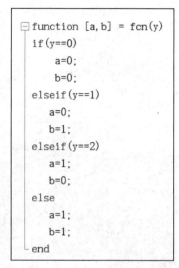

图 3-2-29   产生特定的方波

（8）PCM 译码。

PCM 译码仿真框图如图 3-2-30 所示。

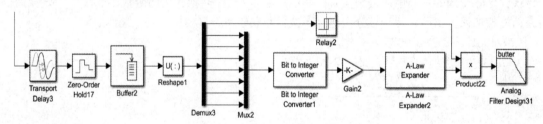

图 3-2-30   PCM 译码仿真框图

延时：在 2FSK 和 4FSK 进行 PCM 译码时，都需要延时，延时是为了同步，8 位一组。在 2FSK 中，通过观察解调前后波形发现延时了 2 个码元，为了 PCM 同步，需要再向后延时 6 个码元，即延时 1.2s。在 4FSK 中，发现延时了 4 个码元，因此 PCM 同步需要再延时 4 个码元，即延时 0.8s。具体参数设置如图 3-2-31 和图 3-2-32 所示。

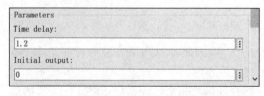
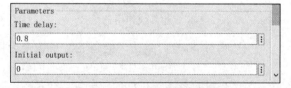

图 3-2-31   2FSK 延时设置   图 3-2-32   4FSK 延时设置

从多次的测试结果来看，延时的计算很重要，因为只要与一个码元匹配错误，最后得出的结果就会与正确结果相差很大。

PCM 译码过程与 PCM 编码过程相反，用 Buffer 模块将接收码元设置为 8 位一组，同样单独取出极性码，使用 Relay 进行转化（1 码输出+1，0 码输出-1），剩下 7 位都按大于零进行译码。

首先对后 7 位进行 2-10 进制转换；再除以 127，将信号恢复成原始大小；接着通过 A-Law Expander 对信号进行处理，处理方式与 PCM 译码部分相反；最后乘上正负极性，通过低通滤波器，滤除高频分量，让信号更加平滑，得到输出信号。该部分低通滤波器在正常情况下的截止频率应该为 0.1Hz，因为在信号源输入端通过的低通滤波器的截止频率就为 0.1Hz，但是经过多次测试发现，将截止频率设置为 0.15Hz 的效果最好。经过滤波器得到模拟信号。PCM 译码部分重要模块参数设置如图 3-2-33～图 3-2-36 所示。

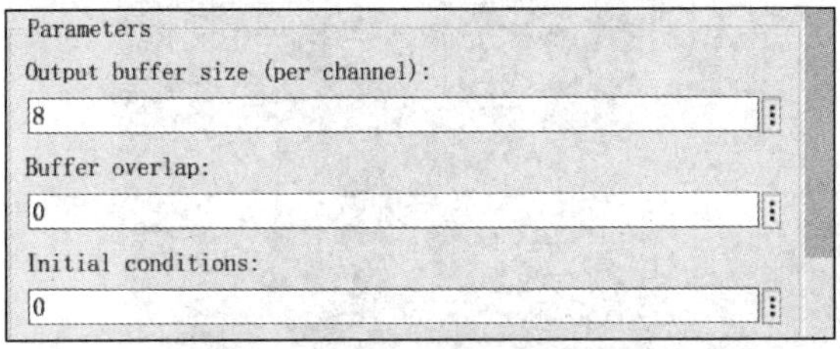

图 3-2-33 Buffer 参数设置

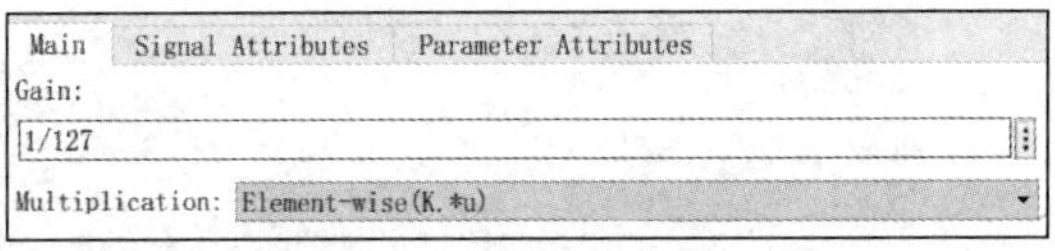

图 3-2-34 Gain 参数设置

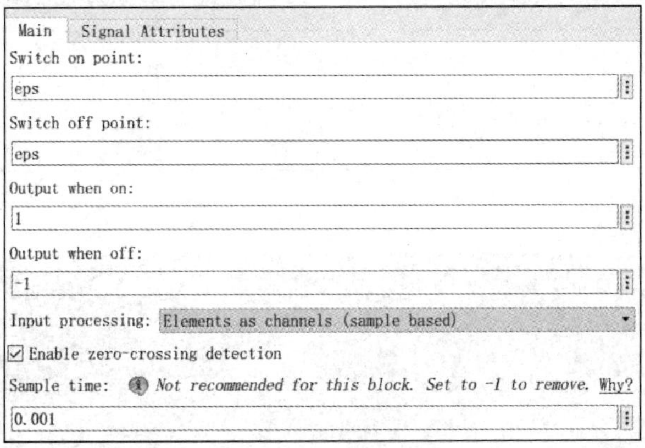

图 3-2-35 Relay 参数设置

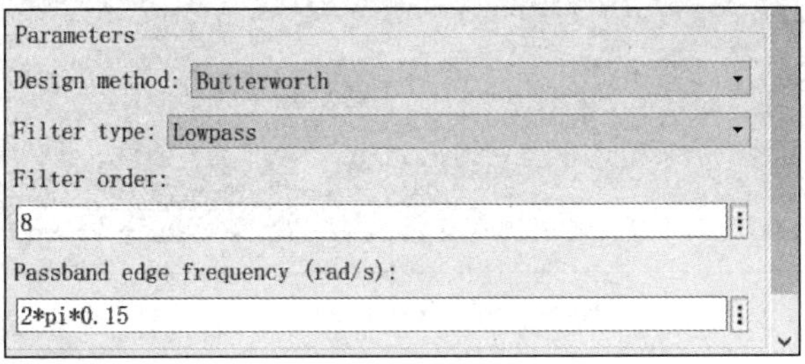

图 3-2-36 后置低通滤波器参数设置

5. 实验方案及结果分析

任务 1：探究同类数字调制系统的二进制传输和多进制传输的抗噪声性能的差异

问题：2FSK 系统和 4FSK 系统哪个抗噪声性能更好一些？

假设：2FSK 系统的抗噪声性能要优于 4FSK 系统的抗噪声性能。

实验设计：在先验概率、低通滤波器的截止频率相等，且运行时间为 100s 的前提下，运行 2FSK、4FSK 调制解调系统，计算输出信号的误码率并比较大小，得出结论。

（1）解调后数字波形对比如图 3-2-37 所示。

第1行：原始信号数字波形。

第2行：2FSK 系统解调后的数字波形。

第3行：4FSK 系统解调后的数字波形。

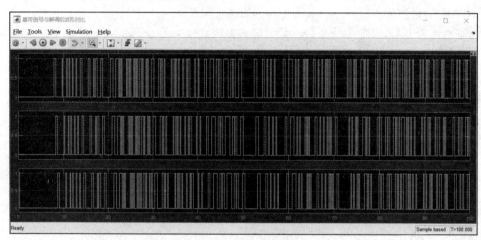

图 3-2-37　解调后数字波形对比

（2）解调后波形对比如图 3-2-38 所示。

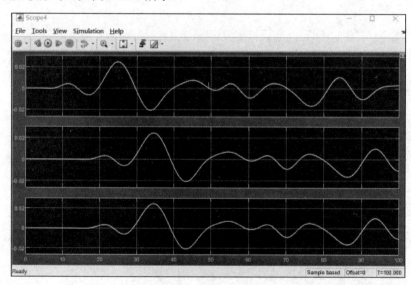

图 3-2-38　译码后波形对比

第1行：原始信号波形。

第2行：2FSK 系统调制和 PCM 解调后波形。

第3行：4FSK 系统调制和 PCM 解调后波形。

（3）2FSK 和 4FSK 的误码率对比如表 3-2-1 所示。

表 3-2-1　2FSK 和 4FSK 的误码率对比

信噪比/dB	−5	−15	−25	−35	−45
2FSK 的误码率	0	0.078	0.355	0.435	0.494
4FSK 的误码率	0	0.126	0.370	0.465	0.515

任务 2：探究 2FSK 数字调制系统中影响系统抗噪声性能的因素

问题：影响系统抗噪声性能的因素有哪些？

假设 1：高斯信道的信噪比影响系统抗噪声性能，且信噪比越大，系统抗噪声性能越强。

实验设计：在数字基带信号的码元速率、前置带通滤波器和低通滤波器的带宽等相同的前提下，改变高斯信道的信噪比，观察误码率的变化情况。

假设 2：解调器低通滤波器的带宽对系统抗噪声性能有影响。

实验设计：改变低通滤波器的带宽，观察误码率的变化情况（以相干解调为例）。

（1）改变高斯信道的信噪比（数字基带信号的码元速率、滤波器的带宽等相同），结果如表 3-2-2 所示。

表 3-2-2　改变高斯信道的信噪比后的误码率

2FSK 解调方式	低通滤波器的带宽/Hz	信噪比/dB	误 码 率
相干解调	10	−45	0.490
	10	−35	0.435
	10	−25	0.354
	10	−15	0.078
	10	−5	0

（2）改变相干解调部分的低通滤波器的带宽（数字基带信号的码元速率、前置带通滤波器的带宽、高斯信道的信噪比不变），结果如表 3-2-3 所示。

表 3-2-3　改变相干解调部分的低通滤波器的带宽后的误码率

2FSK 解调方式	低通滤波器的带宽/Hz	信噪比/dB	误码率
相干解调	5	−45	0.134
	7.5	−45	0.236
	10	−45	0.490

实验二　探究 2ASK 和 4ASK 抗噪声性能的差异

1. 实验目的

（1）探究 ASK 不同进制的抗噪声性能。

（2）探究其中一种数字调制系统中影响系统抗噪声性能的因素。

2. 实验原理

（1）2ASK 调制原理，见 3.1 节实验二。

（2）2ASK 解调原理，见 3.1 节实验二。

MASK 解调类似 2ASK 解调，只不过抽样判决器输出的是 M 进制信号，需要做 M-2 进制转换。

3. 实验系统的构成

请仿照 2FSK 和 4FSK 的仿真示例，自主搭建 2ASK 和 4FSK 调制解调系统，有以下几点要求。

（1）自主设计实验方案，自行设计模块参数。

（2）按照实验方案搭建二进制和多进制数字调制系统。

（3）探究其中一种数字调制系统中影响系统抗噪声性能的因素。

（4）拓展任务：两端加入一路或两路模拟信号数字化传输功能。

4. 实验方案

任务 1：探究同类数字调制系统二进制传输和多进制传输的抗噪声性能的差异

问题：2ASK 系统和 4ASK 系统哪个抗噪声性能更优一些？

假设：2ASK 系统的抗噪声性能要优于 4ASK 系统的抗噪声性能。

实验设计：在先验概率、低通滤波器的截止频率相等，且运行时间为 100s 的前提下（参数可自行设置），运行 2ASK、4ASK 调制解调系统，观察输出波形，计算输出信号的误码率，并将结果填入表 3-2-4，得出结论。

表 3-2-4　实验结果 1

信噪比/dB	−5	−15	−25	−35	−45
2ASK 的误码率					
4ASK 的误码率					

任务 2：探究 2ASK 数字调制系统中影响系统抗噪声性能的因素

问题：影响系统抗噪声性能的因素有哪些？

假设 1：高斯信道的信噪比影响系统抗噪声性能，且信噪比越大，系统抗噪声性能越强。

实验设计：在数字基带信号的码元速率、前置带通滤波器和低通滤波器的带宽等相同的前提下，改变高斯信道的信噪比，观察误码率的变化情况。

假设 2：解调器低通滤波器的带宽对系统抗噪声性能有影响。

实验设计：改变低通滤波器的带宽，观察误码率的变化情况（以相干解调为例）。

（1）改变高斯信道的信噪比（数字基带信号的码元速率、滤波器的带宽等相同），并将结果填入表 3-2-5。

表 3-2-5　实验结果 2

2ASK 解调方式	低通滤波器的带宽/Hz	信噪比/dB	误　码　率
相干解调			

（2）改变相干解调部分低通滤波器的带宽（数字基带信号的码元速率、前置带通滤波器的带宽、高斯信道的信噪比不变），并将结果入表 3-2-6。

表 3-2-6　实验结果 3

2ASK 解调方式	低通滤波器的带宽/Hz	信噪比/dB	误　码　率
相干解调			

学生可自行探究更多影响系统抗噪声性能的因素。

5. 实验结果

根据探究过程，记录必要数据，自主分析并得出相关实验结论，提交实验报告。

实验三 探究 2PSK 和 4PSK 抗噪声性能的差异

1. 实验目的

（1）探究 PSK 不同进制的抗噪声性能。

（2）探究其中一种数字调制系统中影响系统抗噪声性能的因素。

2. 实验原理

（1）2PSK 调制原理，见 3.1 节实验三。

MPSK 用载波间隔均匀的 M 种初相位表示 M 进制基带码元，一个 M 进制信号码元可以表示为

$$s_k(t) = A\cos(\omega_0 t + \theta_k) \qquad k = 1, 2, \cdots, M \tag{3-2-1}$$

式中，A 为振幅常数；θ_k 是一组间隔均匀的受调制相位。

可以将式（3-2-1）展开为

$$\begin{aligned} s_k(t) &= \cos(\omega_0 t + \theta_k) \\ &= a_k \cos\omega_0 t - b_k \sin\omega_0 t \end{aligned} \tag{3-2-2}$$

式中，$a_k = \cos\theta_k$；$b_k = \sin\theta_k$。

4PSK 常称为正交相移键控（QPSK），4PSK 已调信号的每个码元含有 2bit 的信息，2bit 的组合称为双比特码元，记为 ab。ab 与载波相位的对应关系有 A 方式和 B 方式，图 3-2-39 所示为 QPSK 已调信号的 A 方式与 B 方式的矢量图。

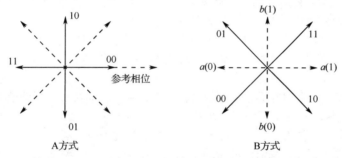

图 3-2-39 QPSK 已调信号的 A 方式与 B 方式的矢量图

图 3-2-40 所示为正交调相法产生 B 方式 QPSK 已调信号的原理框图。

将本地振荡载波向上的支路移相 $+\dfrac{\pi}{4}$，向下的支路移相 $-\dfrac{\pi}{4}$，即产生 A 方式的 QPSK 已调信号。

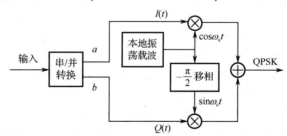

图 3-2-40 正交调相法产生 B 方式 QPSK 已调信号的原理框图

图 3-2-41 所示为相位选择法产生 B 方式 QPSK 已调信号的原理图。

将图 3-2-41 中的角度换成 0°、90°、180°、270°，即可产生 A 方式 QPSK 已调信号。

（2）2PSK 解调原理，见 3.1 节实验三。

QPSK 解调可以看作分两路 2PSK 已调信号的相干解调，如图 3-2-42 所示。

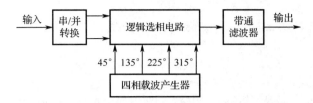

图 3-2-41　相位选择法产生 B 方式 QPSK 已调信号的原理框图

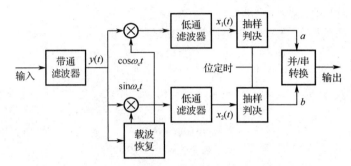

图 3-2-42　QPSK（B 方式）解调原理图

3．实验系统的构成

请仿照 2FSK 和 4FSK 的仿真示例，自主搭建 2PSK 和 QPSK 调制解调系统，有以下几点要求。

（1）自主设计实验方案，自行设计模块参数。

（2）按照实验方案搭建二进制和多进制数字调制系统。

（3）探究其中一种数字调制系统中影响系统抗噪声性能的因素。

（4）拓展任务：两端加入一路或两路模拟信号数字化传输功能。

4．实验方案

任务 1：探究同类数字调制系统二进制传输和多进制传输的抗噪声性能的差异

问题：2PSK 系统和 QPSK 系统哪个抗噪声性能更优一些？

假设：2PSK 系统的抗噪声性能要优于 QPSK 系统的抗噪声性能。

实验设计：在先验概率、低通滤波器的截止频率相等，且运行时间为 100s 的前提下（参数可自行设置），运行 2PSK、QPSK 调制解调系统，观察输出波形，计算输出信号的误码率，并将结果填入表 3-2-7，得出结论。

表 3-2-7　实验结果 1

信噪比/dB	-5	-15	-25	-35	-45
2PSK 的误码率					
QPSK 的误码率					

任务 2：探究 2PSK 数字调制系统中影响系统抗噪声性能的因素

问题：影响系统抗噪声性能的因素有哪些？

假设 1：高斯信道的信噪比影响系统抗噪声性能，且信噪比越大，系统抗噪性能越强。

实验设计：在数字基带信号的码元速率、前置带通滤波器和低通滤波器的带宽等相同的前提下，改变高斯信道的信噪比，观察误码率的变化情况。

假设 2：解调器低通滤波器的带宽对系统抗噪声性能有影响。

实验设计：改变低通滤波器的带宽，观察误码率的变化情况（以相干解调为例）。

（1）改变高斯信道的信噪比（数字基带信号的码元速率、滤波器的带宽等相同），并将结果填入表 3-2-8。

表 3-2-8　实验结果 2

2PSK 解调方式	低通滤波器的带宽/Hz	信噪比/dB	误 码 率
相干解调			

（2）改变相干解调部分低通滤波器的带宽（数字基带信号的码元速率、前置带通滤波器的带宽、高斯信的道信噪比不变），并将结果填入表 3-2-9。

表 3-2-9　实验结果 3

2PSK 解调方式	低通滤波器的带宽/Hz	信噪比/dB	误 码 率
相干解调			

学生可自行探究更多影响系统抗噪声性能的因素。

5. 实验结果

根据探究过程，记录必要数据，自主分析并得出相关实验结论，提交实验报告。

3.3　第三类探究性实验课题

探究不同二进制数字调制系统抗噪声性能的差异。

（1）自主设计实验方案。

（2）按照实验方案搭建多个数字调制系统。

（3）进行不同系统抗噪声性能的对比。

（4）结合理论得出结论，完成探究过程。

（5）探究并总结系统中影响系统抗噪声性能的因素。

（6）拓展任务：两端加入一路或两路模拟信号数字化传输功能。

实验一　探究 2ASK 和 2FSK 抗噪声性能的差异

1. 实验目的

（1）探究 2ASK 和 2FSK 的抗噪声性能。

（2）探究数字调制系统中影响系统抗噪声性能的因素。

2. 实验原理

（1）2ASK 调制原理，见 3.1 节实验二。

（2）2ASK 解调原理，见 3.1 节实验二。

（3）2FSK 调制原理，见 3.1 节实验一。

（4）2FSK 解调原理，见 3.1 节实验一。

（5）PCM 编码，见 3.1 节实验一。

3. 实验系统的构成

搭建系统仿真框图，用于对比 2ASK 和 2FSK 的抗噪声性能，如图 3-3-1 所示。

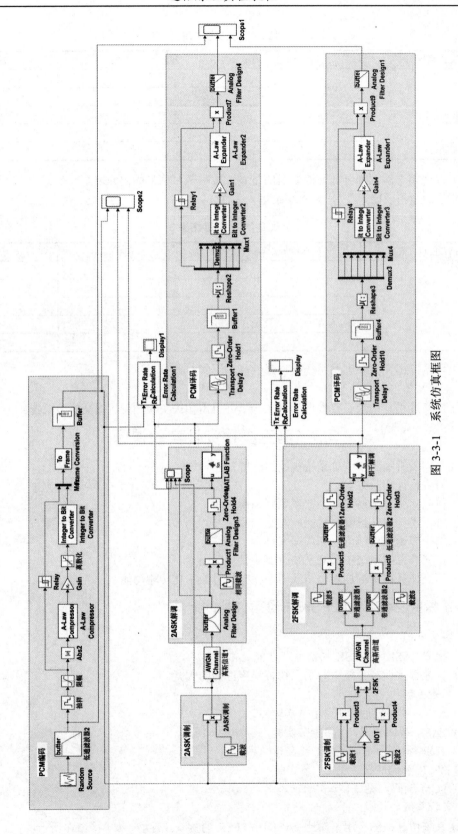

图 3-3-1　系统仿真框图

该系统包括 PCM 编码、2ASK 和 2FSK 调制解调及 PCM 译码，通过对比两种数字调制方式在相干解调下，以相同信噪比的误码率来判断不同数字调制方式的抗噪声性能差异，探究影响 2FSK 调制解调系统性能的因素。

4. 系统模块及参数设置

（1）PCM 编码：作用是将输入的低通模拟信号转变为数字信号，其仿真框图如图 3-3-2 所示。

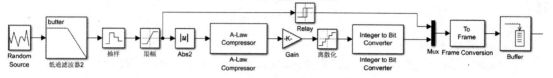

图 3-3-2   PCM 编码仿真框图

① 低通滤波器（见图 3-3-3）：带宽为 0.1Hz，用来滤除信源的高频信息，使其更加圆滑。

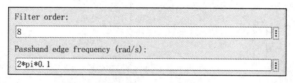

图 3-3-3   低通滤波器关键参数设置

② 抽样（见图 3-3-4）：抽样周期为 1.6s。

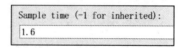

图 3-3-4   抽样器关键参数设置

③ 量化（见图 3-3-5）：本实验编码采用 A 律 13 折线来进行压缩扩张，在 A-Law Compressor 的参数设置中，将 A 的取值设置为 87.6。

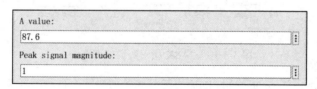

图 3-3-5   A-Law Compressor 关键参数设置

在此之后乘上 127，表明有 0～127 共 128 个量化电平，因此由 7 位二进制码来编码一个抽样值。十进制转化为二进制的模块设置的参数就是 7。最终将极性码和 7 位二进制码合到一起就形成一串 8 位一组的模拟信号数字化编码。并且，为满足奈奎斯特抽样定理，将模拟信号抽样时间间隔设置为 1.6s，每个抽样值编码为 8 个二进制码元，因此，一个二进制码元的时长为 0.2s。具体模块参数设置如图 3-3-6 和图 3-3-7 所示。

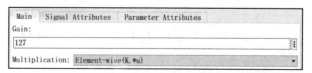

图 3-3-6   Gain 参数设置

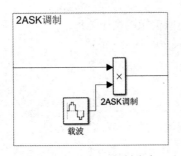

图 3-3-7　进制转换参数设置

（2）2ASK 调制与解调。

① 2ASK 调制（见图 3-3-8）：采用模拟调制法，载波频率为 100Hz，载波参数设置如图 3-3-9 所示。

图 3-3-8　2ASK 调制仿真　　　　　　　　　　图 3-3-9　载波参数设置

② 2ASK 解调：2ASK 相干解调仿真框图如图 3-3-10 所示。

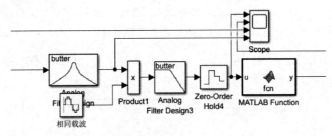

图 3-3-10　2ASK 相干解调仿真框图

采用相干解调方式，接收的 2ASK 已调信号与同频同相的本地载波相乘。前置带通滤波器的带通范围为 90～110Hz（见图 3-3-11），解调后低通滤波器的截止频率为 5Hz（见图 3-3-12）。

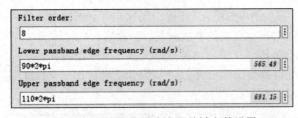

图 3-3-11　前置带通滤波器关键参数设置

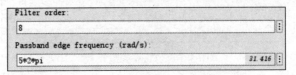

图 3-3-12　低通滤波器关键参数设置

（3）2FSK 调制与解调。

① 2FSK 调制：2FSK 调制仿真框图如图 3-3-13 所示。

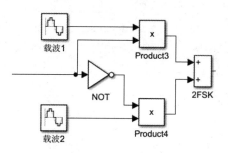

图 3-3-13 2FSK 调制仿真框图

2FSK 调制选用的两路载波频率分别为 100Hz（见图 3-3-14）和 200Hz（见图 3-3-15）。

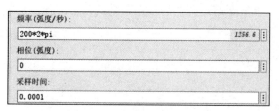

图 3-3-14 载波 1 关键参数设置

图 3-3-15 载波 2 关键参数设置

② 2FSK 解调：2FSK 相干解调仿真框图如图 3-3-16 所示。

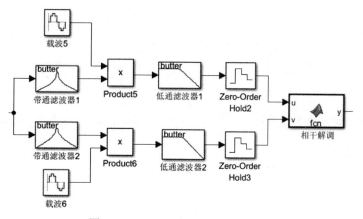

图 3-3-16 2FSK 相干解调仿真框图

2FSK 解调选用相干解调，分为上、下两个支路，上支路前置带通滤波器的带通范围为 190～210Hz（见图 3-3-17），下支路前置带通滤波器的带通范围为 90～110Hz（见图 3-3-18）。

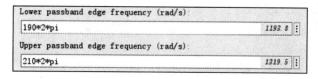

图 3-3-17 上支路前置带通滤波器关键参数设置

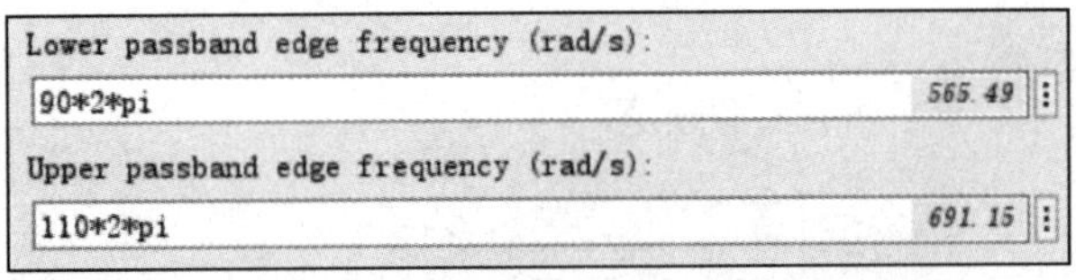

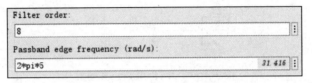

图 3-3-18　下支路前置带通滤波器关键参数设置

解调后低通滤波器的截止频率均为 5Hz（见图 3-3-19）。

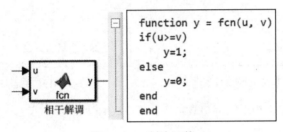

图 3-3-19　低通滤波器关键参数设置

对上、下两个支路进行比较判决，若上支路大于下支路，则判为 1，否则判为 0。判决函数如图 3-3-20 所示。

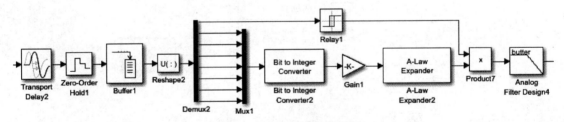

图 3-3-20　判决函数

（4）PCM 译码：PCM 译码仿真框图如图 3-3-21 所示。

图 3-3-21　PCM 译码仿真框图

关于延时的说明见 3.1 节相关内容。

5. 实验方案及结果分析

任务 1：探究不同数字调制方式（2FSK、2ASK）的抗噪声性能

问题：对于 2ASK 和 2FSK 系统，谁的抗噪声性能更优？

假设：2FSK 系统的抗噪声性能优于 2ASK 系统的抗噪声性能。

实验设计：在数字基带信号的码元速率、高斯信道的信噪比、解调方式等相同的前提下，运行多个系统，对比误码率的异同。

（1）对比在各调制方式下，解调输出的数字码型。

从图 3-3-22 中可以看出，2FSK 解调信号与原始信号（PCM 编码信号）更加接近，误码率更低。

图 3-3-22　两种调制方式下解调输出的数字码型

（2）对比两种调制方式下恢复出的模拟信号，如图 3-3-23 所示。

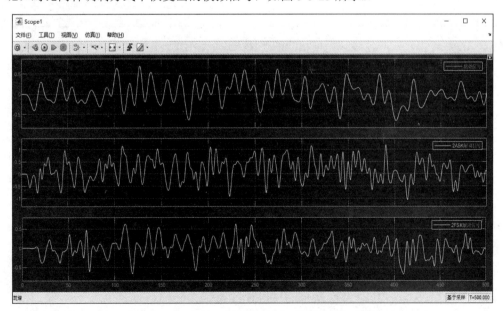

图 3-3-23　两种调制方式下解调输出的模拟信号

（3）在其他条件相同的情况下，对比两种调制方式下的误码率，如表 3-3-1 所示。

表 3-3-1　两种调制方式下的误码率

调制方式	解调方式	信噪比/dB	误码率
2ASK	相干解调	−20	0.228
2FSK	相干解调	−20	0.076

由表 3-3-1 可得，在其他参数保持相同的条件下，2FSK 调制方式的抗噪声性能优于 2ASK 调制方式的抗噪声性能。

任务 2：探究其中一种数字调制系统中影响系统抗噪声性能的因素

问题：影响系统抗噪声性能的因素有哪些？

假设 1：高斯信道的信噪比影响系统抗噪声性能，且信噪比越大，系统抗噪声性能越强。

实验设计：在数字基带信号的码元速率、前置带通滤波器和低通滤波器的带宽等相同的前提下，改变高斯信道的信噪比，观察误码率的变化情况。

假设 2：解调器低通滤波器的带宽对系统抗噪声性能有影响。

实验设计：改变低通滤波器的带宽，观察误码率的变化情况（以相干解调为例）。

下面以 2FSK 相干解调为例进行说明。

（1）改变高斯信道的信噪比（数字基带信号的码元速率、滤波器的带宽等相同），结果如表 3-3-2 所示。

表 3-3-2　改变高斯信道的信噪比的误码率

2FSK 解调方式	信噪比/dB	误码率
相干解调	−45	0.479
	−35	0.398
	−25	0.230
	−15	0.004
	−5	0

由表 3-3-2 可得，在其他参数保持相同的条件下，信噪比越大，系统抗噪声性能越强。

（2）改变相干解调部分低通滤波器的带宽（数字基带信号的码元速率、前置带通滤波器的带宽、高斯信道的信噪比不变），结果如表 3-3-3 所示。

表 3-3-3　改变相干解调部分低通滤波器的带宽的误码率

2FSK 解调方式	低通滤波器的带宽/Hz	信噪比/dB	误码率
相干解调	5	−45	0.004
	7.5	−45	0.236
	10	−45	0.540

由表 3-3-3 可得，在其他参数保持相同的条件下，相干解调部分低通滤波器的带宽越窄，系统抗噪声性能越强。

综上所述，两个假设均成立。

实验二　探究 2ASK 和 2PSK 抗噪声性能的差异

1. 实验目的

（1）探究 2ASK 和 2PSK 的抗噪声性能。

（2）探究数字调制系统中影响系统抗噪声性能的因素。

2．实验原理

（1）2ASK 调制原理，见 3.1 节实验二。

（2）2ASK 解调原理，见 3.1 节实验二。

（3）2PSK 调制原理，见 3.1 节实验三。

（4）2PSK 解调原理，见 3.1 节实验三。

3．实验系统的构成

请仿照 2ASK 与 2FSK 的仿真示例，自主搭建 2ASK 与 2PSK 调制解调系统，有以下几点要求。

（1）自主设计实验方案，自行设计模块参数。

（2）按照实验方案搭建两种调制方式性能对比系统。

（3）探究数字调制系统中影响系统抗噪声性能的因素。

（4）拓展任务：两端加入一路或两路模拟信号数字化传输功能。

4．实验方案

自主设计实验方案，探究实验目的中提到的问题，并完成探究过程，得出结论。实验方案设计示例如下。

任务 1：探究不同数字调制方式（2ASK、2PSK）的抗噪声性能

问题：对于 2ASK 和 2PSK 系统，谁的抗噪声性能更优？

假设：2PSK 系统的抗噪声性能优于 2ASK 系统的抗噪声性能。

实验设计：在数字基带信号的码元速率、高斯信道的信噪比、解调方式等相同的前提下，运行两种调制系统，对比两种解调方式的输出波形，对比误码率的异同，并将结果填入表 3-3-4（参数可自行设置）。

表 3-3-4 两种调制方式下解调输出的误码率

调制方式	解调方式	信噪比/dB	误码率
2ASK	相干解调		
2PSK	相干解调		

任务 2：探究系统中影响系统抗噪声性能的因素

问题：影响系统抗噪声性能的因素有哪些？

假设 1：高斯信道的信噪比影响系统抗噪声性能，且信噪比越大，系统抗噪声性能越强。

实验设计：自行选择一种数字调制方式，在数字基带信号的码元速率、前置带通滤波器和低通滤波器的带宽等相同的前提下，改变高斯信道的信噪比，观察误码率的变化情况（以相干解调为例），并将结果填入表 3-3-5（参数可自行设置）。

表 3-3-5 实验结果 1

解调方式	低通滤波器的带宽/Hz	前置带通滤波器的带宽/Hz	信噪比/dB	误码率
相干解调				

假设 2：解调器前置带通滤波器的带宽对系统抗噪声性能有影响。

实验设计：改变前置带通滤波器的带宽，观察误码率的变化情况（以相干解调为例），并将结果填入表 3-3-6（参数可自行设置）。

表 3-3-6　实验结果 2

解 调 方 式	低通滤波器的带宽/Hz	前置带通滤波器的带宽/Hz	信噪比/dB	误 码 率
相干解调				

学生可自行探究更多影响系统抗噪声性能的因素。

5．实验结果

根据探究过程，记录必要数据，自主分析并得出相关实验结论，提交实验报告。

实验三　探究 2FSK 和 2PSK 抗噪声性能的差异

1．实验目的

（1）探究 2FSK 和 2PSK 的抗噪声性能。

（2）探究数字调制系统中影响系统抗噪声性能的因素。

2．实验原理

（1）2FSK 调制原理，见 3.1 节实验一。

（2）2FSK 解调原理，见 3.1 节实验一。

（3）2PSK 调制原理，见 3.1 节实验三。

（4）2PSK 解调原理，见 3.1 节实验三。

3．实验系统的构成

请仿照 2ASK 与 2FSK 的仿真示例，自主搭建 2FSK 与 2PSK 调制解调系统，有以下几点要求。

（1）自主设计实验方案，自行设计模块参数。

（2）按照实验方案搭建两种调制方式性能对比系统。

（3）探究数字调制系统中影响系统抗噪声性能的因素。

（4）拓展任务：两端加入一路或两路模拟信号数字化传输功能。

4．实验方案

自主设计实验方案，探究实验目的中提到的问题，并完成探究过程，得出结论。实验方案设计示例如下。

任务 1：探究不同数字调制方式（2FSK、2PSK）的抗噪声性能

问题：对于 2FSK 和 2PSK 系统，谁的抗噪声性能更优？

假设：2PSK 系统的抗噪声性能优于 2FSK 系统的抗噪声性能。

实验设计：在数字基带信号的码元速率、高斯信道的信噪比、解调方式等相同的前提下，运行两种调制系统，对比两种解调方式的输出波形，对比误码率的异同，并将结果填入表 3-3-7（参数可自行设置）。

表 3-3-7 两种调制方式下解调输出的误码率

调 制 方 式	解 调 方 式	信噪比/dB	误 码 率
2FSK	相干解调		
2PSK	相干解调		

任务 2：探究系统中影响系统抗噪声性能的因素

问题：影响系统抗噪声性能的因素有哪些？

假设 1：高斯信道的信噪比影响系统抗噪声性能，且信噪比越大，系统抗噪声性能越强。

实验设计：自行选择一种数字调制方式，在数字基带信号的码元速率、前置带通滤波器和低通滤波器的带宽等相同的前提下，改变高斯信道的信噪比，观察误码率的变化情况（以相干解调为例），并将结果填入表 3-3-8（参数可自行设置）。

表 3-3-8 实验结果 1

解 调 方 式	低通滤波器的带宽/Hz	前置带通滤波器的带宽/Hz	信噪比/dB	误 码 率
相干解调				

假设 2：解调器前置带通滤波器的带宽对系统抗噪声性能有影响。

实验设计：改变前置带通滤波器的带宽，观察误码率的变化情况（以相干解调为例），并将结果填入表 3-3-9（参数可自行设置）。

表 3-3-9 实验结果 2

解 调 方 式	低通滤波器的带宽/Hz	前置带通滤波器的带宽/Hz	信噪比/dB	误 码 率
相干解调				

学生可自行探究更多影响系统抗噪声性能的因素。

5. 实验结果

根据探究过程，记录必要数据，自主分析并得出相关实验结论，提交实验报告。

3.4 基于 MSP430 单片机的信道编码实验

实验一 偶校验编/译码实验

1. 实验目的

下面以偶校验编码为例，介绍本节的实验系统、单片机软件设计，为后续实验奠定基础。

2. 实验系统介绍

本实验以课程组自制的基于 MSP430 单片机的信道编/译码器为基础，学生通过调整指定编码函数的 C 语言程序，实现对计算机串口输出的真实信号的信道编码，而且可以实现任意种类的信道编码。相对于基于 MATLAB 的二次开发实验，本实验系统的优点是通信信号为计算机串口输出的真实信号。相对于基于 FPGA 的二次开发实验，本实验系统的优点是学生对编程工具更为熟悉，可以直接上手。图 3-4-1 所示为中国石油大学（华东）通信原理课程组开发的基于 MSP430 单片机的信道编/译码器，其中，左侧为编码器，右侧为译码器。当然，也可以双工工作。

图 3-4-1　基于 MSP430 单片机的信道编/译码器

该编/译码器有两种工作模式：基本模式和拓展模式。

其中，基本工作模式及其电路连接关系分别如图 3-4-2、图 3-4-3 所示，将编码模块（左侧模块）输入端与发送端计算机（左侧计算机）串口相连，连接编码模块输出端和译码模块（右侧模块）输入端，将译码模块输出端与接收端计算机（右侧计算机）串口相连。发送端计算机串口调试助手循环发送字符，发送端计算机串口发出的物理信号被编码模块采集进单片机，编程对该信号进行信道编码，并将编码后信号发送到译码模块，译码模块运行译码程序，进行相应的译码，并将译码后信号送往接收端计算机，在接收端计算机串口调试助手中显示收到的字符。

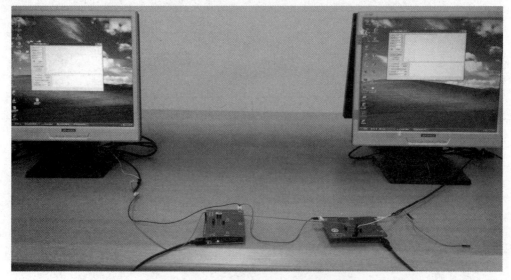

图 3-4-2　基于 MSP430 单片机的信道编/译码器的基本工作模式

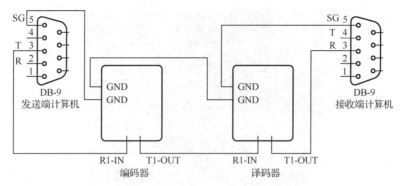

图 3-4-3　基本工作模式的电路连接关系

拓展工作模式及其电路连接关系分别如图 3-4-4、图 3-4-5 所示。拓展工作模式在基本工作模式的基础上，将编码模块发出的信道编码信号作为数字基带信号，送入通信原理综合实验箱。在通信原理综合实验箱中，可以选择不同的调制解调方式、加载不同大小的信道噪声，从通信原理综合实验箱输出的编码信号经信道译码后显示。本实验采用拓展工作模式。

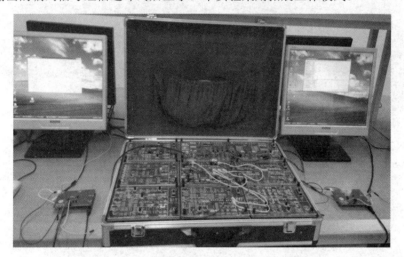

图 3-4-4　信道编/译码器的拓展工作模式

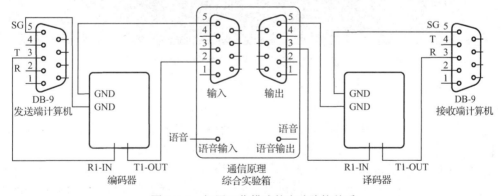

图 3-4-5　拓展工作模式的电路连接关系

图 3-4-6 所示为观察到的真实的编码信号（一个字节），图 3-4-7 所示为可满足 15 组学生同时进行实验的信道编/译码器。

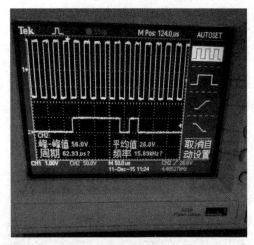

图 3-4-6　观察到的真实的编码信号（一个字节）

图 3-4-7　可满足 15 组学生同时进行实验的信道编/译码器

3．实验原理

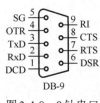

图 3-4-8　9 针串口

（1）串口通信。

串口传输数据，只要有接收数据针脚（接收脚）和发送数据针脚（发送脚）就能实现：同一个串口的接收脚和发送脚直接用线相连，两个串口相连或一个串口和多个串口相连。

对于 9 针串口和 25 针串口，均是 2 与 3 直接相连。9 针串口如图 3-4-8 所示。

两个不同串口（无论是同一台计算机的两个串口还是不同计算机的两个串口）的连接方法如表 3-4-1 所示。

表 3-4-1　两个不同串口的连接方法

9 针－9 针		25 针－25 针		9 针－25 针	
2	3	3	2	2	2
3	2	2	3	3	3
5	5	7	7	5	7

总结一个原则：接收脚（或线）与发送脚（或线）相连，彼此交叉，信号地对应相连。

（2）偶校验编/译码。

本实验对一个字符（8 位二进制码）的信码附加一位监督位，组成每组 9 位的偶校验码组。偶校验的规则是，在 9 位码组中，共有偶数个 1，即

$$a_8 \oplus a_7 \oplus a_6 \oplus a_5 \oplus a_4 \oplus a_3 \oplus a_2 \oplus a_1 \oplus a_0 = 0 \qquad (3\text{-}4\text{-}1)$$

式中，a_0 为监督位。确定 a_0 的规则是，8 位信息位中如果有偶数个 1，则 a_0 为 0；如果有奇数个 1，则 a_0 为 1，即

$$a_0 = a_8 \oplus a_7 \oplus a_6 \oplus a_5 \oplus a_4 \oplus a_3 \oplus a_2 \oplus a_1 \qquad (3\text{-}4\text{-}2)$$

在本实验中，偶校验编码完成后，8 位信息位 $a_8 \sim a_1$ 作为第一个字节发送；监督位 a_0 占用一个字节，作为第二个字节发送。

接收端以相同的规则计算收到的第一个字节的 8 位信息位，即

$$S_1 = a_8 \oplus a_7 \oplus a_6 \oplus a_5 \oplus a_4 \oplus a_3 \oplus a_2 \oplus a_1 \qquad (3\text{-}4\text{-}3)$$

如果计算结果与收到的第二个字节的值相等，则认为没有传输错误；否则，认为传输错误。

4. 实验实现

实验系统采用如图 3-4-4 所示的拓展工作模式。发送端计算机串口调试助手配置：波特率为 9600Bd，无校验码，每 4ms 发送一个字节。接收端计算机串口调试助手配置：波特率为 9600Bd，无校验码。通信原理综合实验箱选用 2PSK 调制，给信道加入适量噪声，使系统出现误码。

编码模块完成偶校验编码的程序如下：

```
#include <msp430g2553.h>
int j;
char b,c,trans0,trans1;
char a[60]={'\0'};
char r[60];
int count=0;
char receive[6]={'\0'};
char temp=0;
void channel_code()
{
   r[0] = a[temp] & 0x01;              //低位
   r[1] = ( a[temp] & 0x02) >> 1;
   r[2] = ( a[temp] & 0x04) >> 2;
   r[3] = ( a[temp] & 0x08) >> 3;              ①
   r[4] = ( a[temp] & 0x10) >> 4;
   r[5] = ( a[temp] & 0x20) >> 5;
   r[6] = ( a[temp] & 0x40) >> 6;
   r[7] = ( a[temp] & 0x80) >> 7;              //高位
//#########################################
```

```
    b=r[0];
      for(j=1;j<8;j++)
          b^=r[j];                          ②
      c=b<<7;
      trans0=a[temp];                       //发送原字符（1B）
      trans1=c;                             //发送校验位（1B）
//******************************************
    while (!(IFG2&UCA0TXIFG));
        UCA0TXBUF=trans0;
    while (!(IFG2&UCA0TXIFG));
        UCA0TXBUF=trans1;                   ③
    temp++;
    if (temp>=count)                        //temp 是输出
        {count=0;
        temp=0;}
    }
    void main(void)
    {
      WDTCTL = WDTPW + WDTHOLD;             //停止看门狗
      BCSCTL1 = CALBC1_1MHz;               //设置振荡频率
      DCOCTL = CALDCO_1MHz;
      P1SEL = BIT1 + BIT2 ;
      P1SEL2 = BIT1 + BIT2 ;
      UCA0CTL1 |= UCSSEL_2;                //SMCLK
      UCA0BR0 = 104;                       //时钟频率为 1MHz
      UCA0BR1 = 0;                         //时钟频率为 1MHz
      UCA0MCTL = BIT2;                     //Modulation UCBRSx = 1
      UCA0CTL1 &= ~UCSWRST;                //初始化串口状态
      IE2 |= UCA0RXIE;
      _EINT();
      while(1)
        while(count)
          channel_code();
    }
    #pragma vector=USCIAB0RX_VECTOR
    __interrupt void USCI0RX_ISR(void)
    {
      a[count]=UCA0RXBUF;                  //接收缓存区
      count++;
    }
```

该程序完成接收字符的偶校验编码功能，该功能由 channel_code()函数完成，该函数分为 3 段：①把接收字符 8 位拆开；②进行偶校验编码；③完成发送功能。

编码模块从发送端计算机接收一个字符，如 A，①段把 A 的 8 位（01000001）拆开，存放到数组 r 中，r[7]～r[0]的值依次为 0、1、0、0、0、0、0、1；②段对 r[7]～r[0]进行计算，由于有偶数个 1，因此根据偶校验编码规则，监督位为 0，将其存放到字符 c 中，并将信道编码后要发送的字符分别赋给 trans0 和 trans1；③段将两个字符发送出去。

简而言之，如果想进行其他编码，则只需替换②段程序，对 r[7]～r[0]进行编码，将编码后要发送的字符分别赋给 trans0、trans1 即可。

译码模块完成偶校验译码的程序如下：

```c
#include <msp430g2553.h>
int i=0;
int j;
char b,c=0,trans0;
char a[60]={'\0'};
char r[60];
int count=0;
char receive[6]={'\0'};
char temp=0;
char number=0;
void channel_decode()
{
    if(number%2==1)
    {
//**********************************
        r[0] = a[temp] & 0x01;              //低位
        r[1] = ( a[temp] & 0x02) >> 1;
        r[2] = ( a[temp] & 0x04) >> 2;
        r[3] = ( a[temp] & 0x08) >> 3;
        r[4] = ( a[temp] & 0x10) >> 4;
        r[5] = ( a[temp] & 0x20) >> 5;          ①
        r[6] = ( a[temp] & 0x40) >> 6;
        r[7] = ( a[temp] & 0x80) >> 7;      //高位
        b=r[0];
        for(j=1;j<8;j++)
            b^=r[j];
        c=b<<7;
//*************************************
    }
    else
    {
//###########################################
        if(a[count-1]==c)
            trans0=a[temp];                 ②
        else
            trans0='@';   //校验未通过，送特殊字符，表示接收了错码
//###########################################

        while (!(IFG2&UCA0TXIFG));
            UCA0TXBUF=trans0;
        count=0;
        number=0;
    }
}
```

```
void main(void)
{
  WDTCTL = WDTPW + WDTHOLD;
  BCSCTL1 = CALBC1_1MHz;
  DCOCTL = CALDCO_1MHz;
  P1SEL = BIT1 + BIT2 ;
  P1SEL2 = BIT1 + BIT2 ;
  UCA0CTL1 |= UCSSEL_2;
  UCA0BR0 = 104;
  UCA0BR1 = 0;
  UCA0MCTL = BIT2;
  UCA0CTL1 &= ~UCSWRST;
  IE2 |= UCA0RXIE;
  _EINT();
  while(1)
      if(count!=0)
          channel_decode();
}
#pragma vector=USCIAB0RX_VECTOR
__interrupt void USCI0RX_ISR(void)
{
  a[count]=UCA0RXBUF;                              //接收缓存区
  count++;
  number++;
}
```

该程序完成接收字符的偶校验译码功能，该功能由 channel_decode()函数完成，①段对收到的第一个字符进行译码计算；②段对收到的第二个字符进行译码计算（生成要发送到接收端计算机的字符），并将结果存放到变量 trans0 中后发出。具体到偶校验编码，第一个字符为信息码，第二个字符为监督码，每收到两个字符，就进行一个轮次的校验，如果校验通过，就发出信息码；如果校验不通过，就发出特殊字符@。

5. 实验过程

（1）实验环境搭建和配置。

将编/译码模块的单片机程序下载为前面的程序，对整个系统进行调试。

（2）调整通信原理综合实验箱噪声旋钮，在信道中加入适量噪声，使系统接收出现错误符号。

（3）发送 100 个符号，统计产生的错误符号的数目，并统计检出的错误符号的数目，分析部分错误符号没有被检出的原因。

实验二　正反码编/译码实验

1. 实验目的

（1）探究正反码在特定噪声下的抗噪声性能。

（2）提升工程素养。

2. 实验原理

（1）正反码编码。

监督位的数目与信息位的数目相同，监督码元与信息码元相同或相反由信息位中 1 的个数而定。

在本实验中，1 字节（8 位二进制码）作为一个信息位编码单位，码长 $n = 16$，其中，信息位 $k = 8$，监督位 $r = 8$，其编码规则如下。

① 当信息位中有奇数个 1 时，监督位是信息位的简单重复。

② 当信息位有偶数个 1 时，监督位是信息位的反码。

例如，若信息位为 11001010，则码组为 1100101000110101；若信息位为 11011010，则码组为 1101101011011010。

（2）正反码译码。

在上例中，先将接收码组中的信息位和监督位按模 2 相加，得到一个 8 位合成码组；然后由此合成码组产生一个校验码组。

若接收码组的信息位中有奇数个 1，则合成码组就是校验码组；若接收码组的信息位中有偶数个 1，则取合成码组的反码作为校验码组。

观察校验码组中 1 的个数，按表 3-4-2 进行判决及纠正可能发现的错码。

表 3-4-2　校验码组和错码的关系

	校 验 码 组	错 码 情 况
1	全为 0	无错码
2	有 7 个 1 和 1 个 0	信息位中有 1 个错码，其位置对应校验码组中 0 的位置
3	有 7 个 0 和 1 个 1	监督位中有 1 个错码，其位置对应校验码组中 1 的位置
4	其他组成	错码多于 1 个

例如，若发送码组为 1101101011011010，接收码组中无错码，则合成码组应为 11011010 11011010=00000000，由于接收码组信息位中有奇数个 1，因此校验码组就是 00000000，由表 3-4-2 判决无错码。若传输中产生了差错，使接收码组变成 1101101011**1**11010（加粗位出错），即监督位的 BIT5 出错，则合成码组为 11011010　11111010=00100000，由于接收码组信息位中有奇数个 1，因此校验码组就是 00100000，按表 3-4-2 进行判决，得出监督位 BIT5 出错，成功找到了错码，此时将其纠正过来即可。

若发送码组为 1100101000110101，接收码组中无错码，则合成码组应为 11001010 00110101=11111111，由于接收码组信息位中有偶数个 1，因此校验码组就是 11111111 的按位取反，即 00000000，按表 3-4-2 判决无错码。若传输中产生了差错，使接收码组变成 1100**0**01000110101（加粗位出错），即监督位的 BIT3 出错，则合成码组为 1100**0**010　00110101=11110111，由于接收码组信息位中有奇数个 1，因此校验码组就是 11110111，按表 3-4-2 进行判决，得出信息位 BIT3 出错，成功找到了错码，此时将其纠正过来即可。

若收到的码组为 1100**011**000110101，信息位的 BIT2 和 BIT3 出错，则合成码组为 11000**110** 00110101=11110011，由于接收码组信息位中有偶数个 1，因此校验码组就是 11110011 的按位取反，即 00001100，查表 3-4-2 可知，错码多于 1 个。

3．实验过程

（1）实验环境搭建和配置。

实验系统采用如图 3-4-4 所示的拓展工作模式。发送端计算机串口调试助手配置：波特率为 9600Bd，无校验码，每 4ms 发送一个字符。接收端计算机串口调试助手配置：波特率为 9600Bd，无校验码。通信原理综合实验箱选用 2PSK 调制。

（2）调整通信原理综合实验箱噪声旋钮，在信道中加入适量噪声，使系统接收出现错误字符，在如下实验步骤中，噪声及调制方式保持不变。在不进行纠错编码的情况下，实验 5 次，将每次实验的误字符率填入表 3-4-3。

表 3-4-3 实验结果 1

实 验 次 数	第 1 次	第 2 次	第 3 次	第 4 次	第 5 次
误 字 符 率					

（3）将编/译码模块的程序下载为实验一所示的偶校验编/译码程序，对整个系统进行调试，将实验系统中的偶校验编/译码更换为正反码编/译码。

在编码模块中，替换②段。将 r[7]～r[0] 作为信息位进行正反码编码，算出 8 位监督位，赋给字符变量 c，将原始信息字符赋给字符变量 b。将 b 赋给 trans0，将 c 赋给 trans1。

在译码模块中，删掉①段，即在收到第一个字节的信息字符时，不做处理。替换②段，即在收到第二个字节（监督位字节）时，联合处理第一个字节和第二个字节，按照正反码纠错及检错规则进行译码，将译码后得到的正确信息码组赋给字符变量 c，如果被判为多于 1 位出错，则将特殊字符@赋给字符变量 c，将 c 赋给 trans0。

下载刷新编码模块单片机程序和译码模块单片机程序，运行整个系统，将误字符率填入表 3-4-4。

表 3-4-4 实验结果 2

实 验 次 数	第 1 次	第 2 次	第 3 次	第 4 次	第 5 次
误 字 符 率					

（4）计算该信道编码的多余度、冗余度和编码效率；在接收的字符中，是否还有错误字符，如果有，请分析可能的原因。

实验三 汉明码编/译码实验

1. 实验目的

（1）探究汉明码在特定噪声下的抗噪声性能。

（2）提升工程素养。

2. 实验原理

对于 (n,k) 线性分组码，若希望用 $r=n-k$ 个监督码元构造出 r 个监督关系式来指出一位错码的 n 种可能位置，则 r 必须满足 $2^r-1 \geq n$ 或 $2^r \geq k+r+1$，当 "=" 成立时，构成的线性分组码称为汉明码（Hamming Code）。汉明码是能够纠正 1 位错码的高效线性分组码，下面以 (7,4) 汉明码为例来说明其编/译码规则。

假设 (7,4) 汉明码用 $a_6 \sim a_0$ 表示 7 个码元，其中，$a_6 \sim a_3$ 为信息位，$a_2 \sim a_0$ 为监督位，用 S_1、S_2 和 S_3 表示 3 个监督关系式的校正因子，并假设 S_1、S_2 和 S_3 的值与错码位置的对应关系如表 3-4-5 所示。

表 3-4-5 校正因子与错码位置的对应关系

$S_1 S_2 S_3$	错 码 位 置	$S_1 S_2 S_3$	错 码 位 置
001	a_0	101	a_4
010	a_1	110	a_5
100	a_2	111	a_6
011	a_3	000	无错码

可见，仅当一位错码的位置在 a_2、a_4、a_5 或 a_6 处时，校正因子 S_1 才为 1，否则 S_1 为 0，即 a_2、a_4、a_5 和 a_6 这 4 个码元构成偶监督关系，同理可得 S_2 和 S_3：

$$\begin{cases} S_1 = a_6 \oplus a_5 \oplus a_4 \oplus a_2 \\ S_2 = a_6 \oplus a_5 \oplus a_3 \oplus a_1 \\ S_3 = a_6 \oplus a_4 \oplus a_3 \oplus a_0 \end{cases} \qquad (3\text{-}4\text{-}4)$$

监督位 $a_2 \sim a_0$ 的取值应使上面 3 个式子中的 S_1、S_2 和 S_3 的值为 0，即无错码，即得式（3-4-5）。

$$\begin{cases} a_6 \oplus a_5 \oplus a_4 \oplus a_2 = 0 \\ a_6 \oplus a_5 \oplus a_3 \oplus a_1 = 0 \\ a_6 \oplus a_4 \oplus a_3 \oplus a_0 = 0 \end{cases} \qquad (3\text{-}4\text{-}5)$$

进行移项运算，解出监督位 $a_0 \sim a_2$，如式（3-4-6）所示。

$$\begin{cases} a_2 = a_6 \oplus a_5 \oplus a_4 \\ a_1 = a_6 \oplus a_5 \oplus a_3 \\ a_0 = a_6 \oplus a_4 \oplus a_3 \end{cases} \qquad (3\text{-}4\text{-}6)$$

根据式（3-4-6）构成的(7,4)汉明码编码器原理如图 3-4-9 所示。

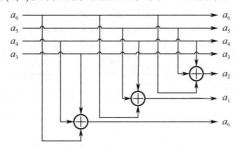

图 3-4-9　(7,4)汉明码编码器原理

根据式（3-4-6）可以计算出信息位与监督位的对应关系，如表 3-4-6 所示。

表 3-4-6　(7,4)汉明码信息位与监督位的对应关系

信息位	监督位	信息位	监督位
$a_6 \sim a_3$	$a_2 \sim a_0$	$a_6 \sim a_3$	$a_2 \sim a_0$
0000	000	1000	111
0001	011	1001	100
0010	101	1010	010
0011	110	1011	001
0100	110	1100	001
0101	101	1101	010
0110	011	1110	100
0111	000	1111	111

译码时，译码模块收到每个码组后，先按式（3-4-4）计算 S_1、S_2 和 S_3 的值，再按表 3-4-5 判断错码情况。例如，当接收码组为 0000011 时，计算可得 $S_1=0$，$S_2=1$，$S_3=1$，查表 3-4-5 可知，在 a_3 位有一位错码，于是将 a_3 位取反，即接收码组纠正为 0001011。

【例 3-4-1】根据(7,4)汉明码的编/译码规则（按偶校验原则进行配置），完成以下操作。

★对信息 1001 进行汉明码编码。

★已知收到的汉明码为 0110101，试问传送过程是否出错，如果出错，请问要传送的正确信

息应该是什么？

解：信息位为 1001，且为偶监督关系，根据表 3-4-6，得监督位为 100，汉明码编码后数据为 1001100。

收到的汉明码 $a_6a_5a_4a_3a_2a_1a_0$=0110101，代入式（3-4-4）得 $S_1S_2S_3$=110，查表 3-4-5 可知有错码，错码位置为 a_5，因此正确信息为 0010101。

3. 实验过程

（1）实验环境搭建和配置。

实验系统采用如图 3-4-4 所示的拓展工作模式。发送端计算机串口调试助手配置：波特率为 9600Bd，无校验码，每 4ms 发送一个字符。接收端计算机串口调试助手配置：波特率为 9600Bd，无校验码。通信原理综合实验箱选用 2PSK 调制。

（2）调整通信原理综合实验箱噪声旋钮，在信道中加入适量噪声，使系统接收出现错误符号，在如下实验步骤中，噪声及调制方式保持不变。在不进行纠错编码的情况下，实验 5 次，将每次实验的误字符率填入表 3-4-7。

表 3-4-7　实验结果 1

实 验 次 数	第 1 次	第 2 次	第 3 次	第 4 次	第 5 次
误 字 符 率					

（3）将编/译码模块的程序下载为实验一所示的偶校验编/译码程序，对整个系统进行调试，将实验系统中的偶校验编/译码更换为(7,4)汉明码。

在编码模块中，替换②段，将 r[7]～r[4]作为信息位进行汉明码编码，算出 3 位监督位，并将 r[7]～r[4]作为高位，3 位监督位作为低位写入字符变量 b 中，占据 b 的高 7 位。将 r[3]～r[0]作为信息位进行汉明码编码，算出 3 位监督位，并将 r[3]～r[0]作为高位，3 位监督位作为低位写入字符变量 c 中，占据 c 的高 7 位。将 b 赋给 trans0，将 c 赋 trans1。

在译码模块中，替换①段，处理收到的第一个字节，即包含信息位高 4 位的字节，按照汉明码规则进行校验后，将 4 位信息位写入字符变量 c 的高 4 位。替换②段，处理收到的第二个字节，即包含信息位低 4 位的字节，按照汉明码规则进行校验后，将 4 位信息位写入字符变量 c 的低 4 位，将 c 赋给 trans0。

下载刷新编码模块单片机程序和译码模块单片机程序，运行整个系统，将误字符率填入表 3-4-8。

表 3-4-8　实验结果 2

实 验 次 数	第 1 次	第 2 次	第 3 次	第 4 次	第 5 次
误 字 符 率					

（4）计算该信道编码的多余度、冗余度和编码效率；在接收的字符中，是否还有错误字符，如果有，请分析可能的原因。

实验四　循环码编/译码实验

1. 实验目的

（1）探究循环码在特定噪声下的抗噪声性能。

（2）提升工程素养。

2. 实验原理

循环码也是(n,k)线性分组码的一种，是指任一码组循环移位后，即将最右侧的一个码元移至左侧或反之，所得码仍为该码组中的一个许用码。例如，下面的码组 1 是循环码，而码组 2 则不是循环码，因为码组 2 中的第 2 个码元循环右移 1 位后为 001，而 001 不是码组 2 的许用码。

$$码组 1: \{000,110,101,011\}$$

$$码组 2: \{000,010,101,111\}$$

循环码的码组可以用多项式表示，称为码组多项式，一个长度为 n 的码组 $A=(a_{n-1}a_{n-2}\cdots a_0)$ 可以表示成如式（3-4-7）所示的多项式，多项式的系数就是码组中的各码元，x 仅是码元位置标记。

$$A(x) = a_{n-1}x^{n-1} + a_{n-2}x^{n-2} + \cdots + a_1 x + a_0 \tag{3-4-7}$$

在循环码中，若 $A(x)$ 是一个长度为 n 的许用码组，则 $x^i A(x)$ 在按模 x^n+1 加运算下，也是该码中的一个许用码组，即若满足式（3-4-8），则 $A'(x)$ 也是该编码中的一个许用码组。

$$x^i A(x) \equiv A'(x) \qquad （模(x^n+1)加） \tag{3-4-8}$$

例如，当 $n=7$ 时，$A(x) = a_6 x^6 + a_5 x^5 + a_4 x^4 + a_3 x^3 + a_2 x^2 + a_1 x + a_0$。

例如，1100101 的多项式可以表示为

$$\begin{aligned} A(x) &= 1 \cdot x^6 + 1 \cdot x^5 + 0 \cdot x^4 + 0 \cdot x^3 + 1 \cdot x^2 + 0 \cdot x + 1 \\ &= x^6 + x^5 + x^2 + 1 \end{aligned} \tag{3-4-9}$$

这里以 (7,4) 循环码为例，即信息位为 4 位，监督位为 3 位，其校正因子与错码位置的对应关系如表 3-4-9 所示。

表 3-4-9　校正因子与错码位置的对应关系

码 组 编 号	信息位 $a_6 \sim a_3$	监督位 $a_2 \sim a_0$	码 组 编 号	信息位 $a_6 \sim a_3$	监督位 $a_2 \sim a_0$
1	0000	000	9	1000	110
2	0001	101	10	1001	011
3	0010	111	11	1010	001
4	0011	010	12	1011	100
5	0100	011	13	1100	101
6	0101	110	14	1101	000
7	0110	100	15	1110	010
8	0111	001	16	1111	111

可以看出，码组 2 右移 2 位即得到码组 5；码组 6 右移 1 位即得码组 3。

3. 实验过程

（1）实验环境搭建和配置。

实验系统采用如图 3-4-4 所示的拓展工作模式。发送端计算机串口调试助手配置：波特率为 9600Bd，无校验码，每 4ms 发送一个字符。接收端计算机串口调试助手配置：波特率为 9600Bd，无校验码。通信原理综合实验箱选用 2PSK 调制。

（2）调整通信原理综合实验箱噪声旋钮，在信道中加入适量噪声，使系统接收出现错误字符，在如下实验步骤中，噪声及调制方式保持不变。在不进行纠错编码的情况下，实验 5 次，将每次实验的误字符率填入表 3-4-10。

表 3-4-10　实验结果 1

实 验 次 数	第 1 次	第 2 次	第 3 次	第 4 次	第 5 次
误 字 符 率					

（3）将编/译码模块的程序下载为实验一所示的偶校验编/译码程序，对整个系统进行调试，将实验系统中的偶校验编/译码更换为(7,4)循环码。

在编码模块中，替换②段，将 r[7]～r[4]作为信息位进行循环码编码，算出 3 位监督位，将 r[7]～r[4]作为高位，3 位监督位作为低位写入字符变量 b 中，占据 b 的高 7 位。将 r[3]～r[0]作为信息位进行循环码编码，算出 3 位监督位，将 r[3]～r[0]作为高位，3 位监督位作为低位写入字符变量 c 中，占据 c 的高 7 位。将 b 赋给 trans0，将 c 赋给 trans1。

在译码模块中，替换①段，处理收到的第一个字节，即包含信息位高 4 位的字节，按照循环码规则进行校验后，将 4 位信息位写入字符变量 c 的高 4 位。替换②段，处理收到的第二个字节，即包含信息位低 4 位的字节，按照循环码规则进行校验后，将 4 位信息位写入字符变量 c 的低 4 位，将 c 赋给 trans0。

下载刷新编码模块、译码模块单片机程序，运行整个系统，将误字符率填入表 3-4-11。

表 3-4-11　实验结果 2

实 验 次 数	第 1 次	第 2 次	第 3 次	第 4 次	第 5 次
误 字 符 率					

（4）计算该信道编码的多余度、冗余度和编码效率；在接收的字符中，分析是否还有错误字符，如果有，请分析可能的原因。

实验五　二维偶监督码编/译码实验

1. 实验目的

（1）探究二维偶监督码（方阵码）在特定噪声下的抗噪声性能。

（2）提升工程素养。

2. 实验原理

二维偶监督码的编/译码先把上述偶监督码的若干码组排成矩阵，每一码组写成一行，再按列的方向增加第二维监督位：

$$
\begin{matrix}
a_{n-1}^1 & a_{n-2}^1 & \cdots & a_1^1 & a_0^1 \\
a_{n-1}^2 & a_{n-2}^2 & \cdots & a_1^2 & a_0^2 \\
\vdots & \vdots & & \vdots & \vdots \\
a_{n-1}^m & a_{n-2}^m & \cdots & a_1^m & a_0^m \\
c_{n-1} & c_{n-2} & \cdots & c_1 & c_0
\end{matrix}
\tag{3-4-10}
$$

式中，$a_0^1 a_0^2 \cdots a_0^m$ 为 m 行偶监督码中的 m 个监督位；$c_{n-1}c_{n-2}\cdots c_1 c_0$ 为按列进行第二次编码所增加的监督位，它们构成了一个监督位行。

在本实验中，每个字符（8 位二进制码）作为一组信息位，3 个字符排成一个方阵，分别逐行、逐列进行偶校验编码：

$$
\begin{matrix}
a_8^1 & a_7^1 & a_6^1 & a_5^1 & a_4^1 & a_3^1 & a_2^1 & a_1^1 & a_0^1 \\
a_8^2 & a_7^2 & a_6^2 & a_5^2 & a_4^2 & a_3^2 & a_2^2 & a_1^2 & a_0^2 \\
a_8^3 & a_7^3 & a_6^3 & a_5^3 & a_4^3 & a_3^3 & a_2^3 & a_1^3 & a_0^3 \\
c_8 & c_7 & c_6 & c_5 & c_4 & c_3 & c_2 & c_1 & c_0
\end{matrix}
\tag{3-4-11}
$$

这种编码有可能检测偶数个错码，因为每行的监督位虽然不能用于检测本行的偶数个错码，但按列的方向有可能由 $c_8 \sim c_0$ 监督位检测出来。

有一些偶数错码不可能被检出。例如，构成矩形的 4 个错码 a_{n-2}^2　a_1^2　a_{n-2}^m　a_1^m 就不能被检测出来。

这种二维偶监督码适于检测突发错码。因为突发错码常常成串出现，随后有较长一段无错区间。

二维偶监督码不仅可以用于检测错码，还可以用于纠正一些错码，如仅在一行中有奇数个错码时。

3. 实验过程

（1）实验环境搭建和配置。

实验系统采用如图 3-4-4 所示的拓展工作模式。发送端计算机串口调试助手配置：波特率为 9600Bd，无校验码，每 4ms 发送一个字符。接收端计算机串口调试助手配置：波特率为 9600Bd，无校验码。通信原理综合实验箱选用 2PSK 调制。

（2）调整通信原理综合实验箱噪声旋钮，在信道中加入适量噪声，使系统接收出现错误字符，在如下实验步骤中，噪声及调制方式保持不变。在不进行纠错编码的情况下，实验 5 次，将每次实验的误字符率填入表 3-4-12。

表 3-4-12　实验结果 1

实 验 次 数	第 1 次	第 2 次	第 3 次	第 4 次	第 5 次
误 字 符 率					

（3）相对于实验一～实验四，实验五的难度更高，需要着眼于整个程序进行修改，而不是仅仅修改指定区域的程序。

在编码模块中，定义二维字符数组 t[4][9]，调整程序，使每编码 3 个字符后发送，而不是像实验一～实验四那样，每编码 1 个字符就发送。将第一个字符拆分成 8 个独立的二进制整数，放入数组 t[0][8]～t[0][1]，按照偶校验规则计算监督位，存入 t[0][0]。将第二个字符拆分成 8 个独立的二进制整数，放入数组 t[1][8]～t[1][1]，按照偶校验规则计算监督位，存入 t[1][0]。将第三个字符拆分成 8 个独立的二进制整数，放入数组 t[2][8]～t[2][1]，按照偶校验规则计算监督位，存入 t[2][0]。按照偶校验规则逐列计算监督位，存入 t[3][8]～t[3][0]。最终的数据如下：

$$
\begin{array}{ccccccccc}
t_{08} & t_{07} & t_{06} & t_{05} & t_{04} & t_{03} & t_{02} & t_{01} & t_{00} \\
t_{18} & t_{17} & t_{16} & t_{15} & t_{14} & t_{13} & t_{12} & t_{11} & t_{10} \\
t_{28} & t_{27} & t_{26} & t_{25} & t_{24} & t_{23} & t_{22} & t_{21} & t_{20} \\
t_{38} & t_{37} & t_{36} & t_{35} & t_{34} & t_{33} & t_{32} & t_{31} & t_{30}
\end{array}
\tag{3-4-12}
$$

将 $t_{08}t_{18}t_{28}t_{38}t_{07}t_{17}t_{27}t_{37}$ 组装成一个字节，送入发送缓冲区；将 $t_{06}t_{16}t_{26}t_{36}t_{05}t_{15}t_{25}t_{35}$ 组装成一个字节，送入发送缓冲区；将 $t_{04}t_{14}t_{24}t_{34}t_{03}t_{13}t_{23}t_{33}$ 组装成一个字节，送入发送缓冲区；将 $t_{02}t_{12}t_{22}t_{32}t_{01}t_{11}t_{21}t_{31}$ 组装成一个字节，送入发送缓冲区；将 $t_{00}t_{10}t_{20}t_{30}0000$ 组装成一个字节，送入发送缓冲区。

在译码模块中，需要调整整个程序，在收到 5 个字节后进行译码校验，而不是像实验一～实验四那样，每收到 2 个字节就进行译码校验。收到 5 个字节后，将其排列成如式（3-4-12）所示的矩阵，逐行、逐列进行校验。校验后，如果没有错误，则将 $t_{08}t_{07}t_{06}t_{05}t_{04}t_{03}t_{02}t_{01}$ 组装成一个字节，放入发送缓冲区；将 $t_{18}t_{17}t_{16}t_{15}t_{14}t_{13}t_{12}t_{11}$ 组装成一个字节，放入发送缓冲区；将 $t_{28}t_{27}t_{26}t_{25}t_{24}t_{23}t_{22}t_{21}$ 组装成一个字节，放入发送缓冲区；将 $t_{38}t_{37}t_{36}t_{35}t_{34}t_{33}t_{32}t_{31}$ 组装成一个字节，放入发送缓冲区。如果某个字节校验有错，则将特殊字符@放入发送缓冲区，替换错误字节。

下载刷新编码模块单片机程序和译码模块单片机程序，运行整个系统，将误字符率填入表 3-4-13。

表 3-4-13　实验结果 2

实 验 次 数	第 1 次	第 2 次	第 3 次	第 4 次	第 5 次
误 字 符 率					

（4）计算该信道编码的多余度、冗余度和编码效率；在接收的错误字符中，除@外，是否还有其他错误字符，如果有，请分析可能的原因。

实验六　汉明码+交织码编/译码实验

1. 实验目的

（1）探究(7,4)汉明码+交织度为 4 的交织码在特定噪声下的抗噪声性能。

（2）提升工程素养。

2. 实验原理

（1）交织码的编/译码。

在一般的通信中，比特差错常常成串发生。然而，信道编码（如汉明码）仅能检测和校正单个差错和不太长的差错串。为了解决成串的比特差错问题，采用交织技术：把一条消息中的相继比特分散开，即将一条消息中的相继比特以非相继方式发送。这样，即使在传输过程中发生了成串的比特差错，在恢复一条相继比特串的消息时，差错也就变成单个（或长度很短）的错误比特，这时再用信道纠正随机差错的编码技术（FEC）来消除随机差错。交织深度越大，离散度越大，通信系统抗突发差错能力也就越强。但交织深度越大，交织编码处理时间越长，从而造成数据传输时延增大。也就是说，交织编码是以牺牲时间为代价的。因此，交织编码属于时间隐分集。

交织编码的目的是将突发错码（差错）分散开，使之变成随机错码。图 3-4-10 所示为矩阵交织原理，将信号码元按行输入存储器后按列输出。图 3-4-11 所示为 16bit 信号交织和解交织情况。若图 3-4-11 中第 1 行的 m 个码元遇到脉冲干扰，造成大量错码，则可能因超出汉明码的纠错能力而无法纠错；但若在发送前进行了交织，按列发送，则能够将集中的错码分散到各个码组中，从而有利于纠错。

a_{11}	a_{12}	⋯	⋯	⋯	a_{1m}
a_{21}	a_{22}	⋯	⋯	⋯	a_{2m}
⋮	⋮	⋮	⋮	⋮	⋮
a_{n1}	a_{n2}	⋯	⋯	⋯	a_{nm}

图 3-4-10　矩阵交织原理

· 若输入码元序列为 $a_{11}a_{12}\cdots a_{1m}a_{21}a_{22}\cdots a_{2m}\cdots a_{n1}\cdots a_{nm}$

· 则输出码元序列为 $a_{11}a_{21}\cdots a_{n1}a_{12}a_{22}\cdots a_{n2}\cdots a_{1m}\cdots a_{nm}$

图 3-4-11　16bit 信号交织和解交织情况

（2）(7,4)汉明码+交织度为 4 的交织码的工作原理。

● 编码。

交织有很多不同的交织规则及交织深度，在本实验中，交织编码采用交织度为 4 的(28,16)交织码，可以纠正 4 个突发错码，交织码的每行称为交织码的字码，行数 m 称为交织度，子码采用(7,4)汉明码：

$$\begin{matrix} a_{61} & a_{51} & a_{41} & a_{31} & a_{21} & a_{11} & a_{01} \\ a_{62} & a_{52} & a_{42} & a_{32} & a_{22} & a_{12} & a_{02} \\ a_{63} & a_{53} & a_{43} & a_{33} & a_{23} & a_{13} & a_{03} \\ a_{64} & a_{54} & a_{44} & a_{34} & a_{24} & a_{14} & a_{04} \end{matrix} \tag{3-4-13}$$

发送时按列进行，送入信道的码字为 $a_{61}a_{62}a_{63}a_{64}a_{51}a_{52}\cdots a_{01}a_{02}a_{03}a_{04}$。

● 译码。

将一帧 28 位数据接收下来，码字为 $a_{61}a_{62}a_{63}a_{64}a_{51}a_{52}\cdots a_{01}a_{02}a_{03}a_{04}$，重新对它进行分组，分成 4 组汉明码后分别译码，分组结果为 $a_{61}a_{51}a_{41}a_{31}a_{21}a_{11}a_{01}$、$a_{62}a_{52}a_{42}a_{32}a_{22}a_{12}a_{02}$、$a_{63}a_{53}a_{43}a_{33}a_{23}a_{13}a_{03}$、$a_{64}a_{54}a_{44}a_{34}a_{24}a_{14}a_{04}$，译码后同汉明码。

● 举例说明。

基带数据 1001001011010101 的汉明码编码输出为 1001100 0010101 1101010 0101101，交织后

输出为 101000110100101110100100101，在传输过程中，如果出现了突发错码，如前 4 个码元都出错，则接收码组变为 010100110100101110100100101，译码时重新分组，分组为 0001100、1010101、0101010、1101101，进行汉明码译码，译码输出为 1001001011010101，因此交织度为 4 的(28,16)交织码可以纠正长度为 4 的突发错码。

3. 实验过程

(1) 实验环境搭建和配置。

实验系统采用如图 3-4-4 所示的拓展工作模式。发送端计算机串口调试助手配置：波特率为 9600Bd，无校验码，每 4ms 发送一个字符。接收端计算机串口调试助手配置：波特率为 9600Bd，无校验码。通信原理综合实验箱选用 2PSK 调制。

(2) 调整通信原理综合实验箱噪声旋钮，在信道中加入适量噪声，使系统接收出现错误字符，在如下实验步骤中，噪声及调制方式保持不变。在不进行纠错编码的情况下，实验 5 次，将每次实验的误字符率填入表 3-4-14。

表 3-4-14　实验结果 1

实 验 次 数	第 1 次	第 2 次	第 3 次	第 4 次	第 5 次
误 字 符 率					

(3) 相对于实验一～实验四，实验六的难度更高，需要着眼于整个程序进行修改，而不是仅仅修改指定区域的程序。

在编码模块中，定义二维字符数组 t[4][8]，调整程序，使每编码 2 个字符后发送，而不是像实验一～实验四那样，每编码 1 个字符就发送。首先对第一个字符进行汉明码编码，汉明码编码思路如实验三所示，将第一个字符的高 4 位信息位加上 3 位监督位后赋给字符数组 t[0][7]～t[0][1]，为 t[0][0]赋 0；第一个字符的低 4 位信息位加上 3 位监督位后赋给字符数组 t[1][7]～t[1][1]，为 t[1][0]赋 0。然后对第二个字符进行汉明码编码，将第二个字符的高 4 位信息位加上 3 位监督位后赋给字符数组 t[2][7]～t[2][1]，为 t[2][0]赋 0；第二个字符的低 4 位信息位加上 3 位监督位后赋给字符数组 t[3][7]～t[3][1]，为 t[3][0]赋 0。最终的数据如式（3-4-14）所示。

$$\begin{matrix} t_{07} & t_{06} & t_{05} & t_{04} & t_{03} & t_{02} & t_{01} \\ t_{17} & t_{16} & t_{15} & t_{14} & t_{13} & t_{12} & t_{11} \\ t_{27} & t_{26} & t_{25} & t_{24} & t_{23} & t_{22} & t_{21} \\ t_{37} & t_{36} & t_{35} & t_{34} & t_{33} & t_{32} & t_{31} \end{matrix} \quad (3\text{-}4\text{-}14)$$

将 $t_{07}t_{17}t_{27}t_{37}t_{06}t_{16}t_{26}t_{36}$ 组装成一个字节，送入发送缓冲区；将 $t_{05}t_{15}t_{25}t_{35}t_{04}t_{14}t_{24}t_{34}$ 组装成一个字节，送入发送缓冲区；将 $t_{03}t_{13}t_{23}t_{33}t_{02}t_{12}t_{22}t_{32}$ 组装成一个字节，送入发送缓冲区；将 $t_{01}t_{11}t_{21}t_{31}0000$ 组装成一个字节，送入发送缓冲区。

在译码模块中，需要调整整个程序，在收到 4 个字节后进行译码校验，而不是像实验一～实验四那样，每收到 2 个字节就进行译码校验。收到 4 个字节后，将其排列成如式（3-4-14）所示的矩阵，按照行进行校验。校验后，将 $t_{07}t_{06}t_{05}t_{04}t_{17}t_{16}t_{15}t_{14}$ 组装成一个字节，放入发送缓冲区；将 $t_{27}t_{26}t_{25}t_{24}t_{37}t_{36}t_{35}t_{34}$ 组装成一个字节，放入发送缓冲区。

下载刷新编码模块单片机程序和译码模块单片机程序，运行整个系统，将误字符率填入表 3-4-15。

表 3-4-15　实验结果 2

实 验 次 数	第 1 次	第 2 次	第 3 次	第 4 次	第 5 次
误 字 符 率					

（4）计算该信道编码的多余度、冗余度和编码效率；在接收的字符中，看是否还有错误字符，如果有，请分析可能的原因。

实验七　循环码+交织码编/译码实验

1. 实验目的

（1）探究(7,4)循环码+交织度为4的交织码在特定噪声下的抗噪声性能。

（2）提升工程素养。

2. 实验原理

在本实验中，交织编码采用交织度为4的(28,16)交织码，可以纠正4个突发错码，子码采用(7,4)循环码。发送端交织矩阵如式（3-4-15）所示。

$$
\begin{matrix}
a_{61} & a_{51} & a_{41} & a_{31} & a_{21} & a_{11} & a_{01} \\
a_{62} & a_{52} & a_{42} & a_{32} & a_{22} & a_{12} & a_{02} \\
a_{63} & a_{53} & a_{43} & a_{33} & a_{23} & a_{13} & a_{03} \\
a_{64} & a_{54} & a_{44} & a_{34} & a_{24} & a_{14} & a_{04}
\end{matrix}
\tag{3-4-15}
$$

发送时按列进行，送入信道的码字为 $a_{61}a_{62}a_{63}a_{64}a_{51}a_{52}\cdots a_{01}a_{02}a_{03}a_{04}$。

译码时，将一帧28位数据接收下来，码字为 $a_{61}a_{62}a_{63}a_{64}a_{51}a_{52}\cdots a_{01}a_{02}a_{03}a_{04}$，重新对它进行分组，分成4组循环码，分别进行译码，分组结果为 $a_{61}a_{51}a_{41}a_{31}a_{21}a_{11}a_{01}$、$a_{62}a_{52}a_{42}a_{32}a_{22}a_{12}a_{02}$、$a_{63}a_{53}a_{43}a_{33}a_{23}a_{13}a_{03}$、$a_{64}a_{54}a_{44}a_{34}a_{24}a_{14}a_{04}$，译码后同循环码。

3. 实验过程

（1）实验环境搭建和配置。

实验系统采用如图 3-4-4 所示的拓展工作模式。发送端计算机串口调试助手配置：波特率为9600Bd，无校验码，每4ms发送一个字符。接收端计算机串口调试助手配置：波特率为9600Bd，无校验码。通信原理综合实验箱选用 2PSK 调制。

（2）调整通信原理综合实验箱噪声旋钮，在信道中加入适量噪声，使系统接收出现错误符号，在如下实验步骤中，噪声及调制方式保持不变。在不进行纠错编码的情况下，实验5次，将每次实验的误字符率填入表 3-4-16。

表 3-4-16　实验结果 1

实 验 次 数	第 1 次	第 2 次	第 3 次	第 4 次	第 5 次
误 字 符 率					

（3）相对于实验一～实验四，实验七的难度更高，需要着眼于整个程序进行修改，而不是仅仅修改指定区域的程序。

在编码模块中，定义二维字符数组 t[4][8]，调整程序，使每编码 2 个字符后进行发送，而不是像实验一～实验四那样，每编码 1 个字符就发送。首先对第一个字符进行循环码编码，循环码编码思路如实验四所示，为第一个字符的高 4 位信息位加上 3 位监督位，赋给字符数组 t[0][7]～t[0][1]，为 t[0][0]赋 0；为第一个字符的低 4 位信息位加上 3 位监督位，赋给字符数组 t[1][7]～t[1][1]，为 t[1][0]赋 0。然后对第二个字符进行循环码编码，为第二个字符的高 4 位信息位加上 3 位监督位，赋给字符数组 t[2][7]～t[2][1]，为 t[2][0]赋 0；为第二个字符的低 4 位信息位加上 3 位监督位，赋给字符数组 t[3][7]～t[3][1]，为 t[3][0]赋 0。最终的数据如式（3-4-16）所示。

$$
\begin{array}{ccccccc}
t_{07} & t_{06} & t_{05} & t_{04} & t_{03} & t_{02} & t_{01} \\
t_{17} & t_{16} & t_{15} & t_{14} & t_{13} & t_{12} & t_{11} \\
t_{27} & t_{26} & t_{25} & t_{24} & t_{23} & t_{22} & t_{21} \\
t_{37} & t_{36} & t_{35} & t_{34} & t_{33} & t_{32} & t_{31}
\end{array}
\tag{3-4-16}
$$

将 $t_{07}t_{17}t_{27}t_{37}t_{06}t_{16}t_{26}t_{36}$ 组装成一个字节，送入发送缓冲区；将 $t_{05}t_{15}t_{25}t_{35}t_{04}t_{14}t_{24}t_{34}$ 组装成一个字节，送入发送缓冲区；将 $t_{03}t_{13}t_{23}t_{33}t_{02}t_{12}t_{22}t_{32}$ 组装成一个字节，送入发送缓冲区；将 $t_{01}t_{11}t_{21}t_{31}0000$ 组装成一个字节，送入发送缓冲区。

在译码模块中，需要调整整个程序，在收到 4 个字节后进行译码校验，而不是像实验一～实验四那样，每收到 2 个字节就进行译码校验。收到 4 个字节后，将其排列成如式（3-4-16）所示的矩阵，按照行进行校验。校验后，将 $t_{07}t_{06}t_{05}t_{04}t_{17}t_{16}t_{15}t_{14}$ 组装成一个字节，放入发送缓冲区；将 $t_{27}t_{26}t_{25}t_{24}t_{37}t_{36}t_{35}t_{34}$ 组装成一个字节，放入发送缓冲区。

下载刷新编码模块单片机程序和译码模块单片机程序，运行整个系统，将误字符率填入表 3-4-17。

表 3-4-17　实验结果 2

实 验 次 数	第 1 次	第 2 次	第 3 次	第 4 次	第 5 次
误 字 符 率					

（4）计算该信道编码的多余度、冗余度和编码效率；在接收的字符中，看是否还有错误字符，如果有，请分析可能的原因。

参考文献

[1] 樊昌信，曹丽娜. 通信原理[M]. 7 版. 北京：国防工业出版社，2012.

[2] 樊昌信，曹丽娜. 通信原理学习辅导与考研指导[M]. 北京：国防工业出版社，2013.

[3] 宋健京. 通信信号产生算法及其实现[D]. 南京：南京理工大学，2010.

[4] 万敏，张强，税正伟. Turbo 码中交织器的设计与仿真[J]. 微计算机信息，2010, 26(22): 155-156.

[5] 刘胜美. 浅谈数字基带传输系统无 ISI 传输特性[J]. 中国新通信，2023, 25(1): 27-28.

[6] 赵丽婕. 基于 SIMULINK 的 BPSK 数字通信系统建模[J]. 现代工业经济和信息化，2020, 10(5): 3.DOI:10.16525/j.CNKI.14-1362/n.2020.05.08.

[7] 付英华，许国良. 基于 Simulink 的通信系统眼图测试仿真[J]. 电子设计工程，2017, 25(4): 146-149.